图解建筑结构：
模式、体系与设计 [第二版]

Building Structures Illustrated:
Patterns, Systems, and Design [Second Edition]

全国高等学校建筑学学科专业指导委员会推荐教学参考书

图解建筑结构：
模式、体系与设计 [第二版]

Building Structures Illustrated:

Patterns, Systems, and Design [Second Edition]

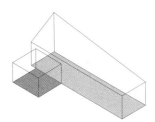

程大锦 | Francis Dai-Kam Ching

巴里·S. 奥诺伊 | Barry S. Onouye　　　　著

道格拉斯·祖贝比勒 | Douglas Zuberbuhler

张宇　陈艳妍　译

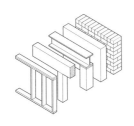

WILEY

天津大学出版社
TIANJIN UNIVERSITY PRESS

Building Structures Illustrated: Patterns, Systems, and Design[Second Edition] by
Francis D.K.Ching, Barry S.Onouye and Douglas Zuberbuhler
Copyright © 2014 by John Wiley & Sons, Inc. All rights reserved.
Simplified Chinese edition copyright 2018 Tianjin University Press

天津市版权局著作权合同登记图字 02-2009-8 号
本书中文简体字版由约翰·威利父子公司授权天津大学出版社独家出版。

图书在版编目（CIP）数据

图解建筑结构：模式、体系与设计 /（美）程大锦，（美）巴里·S.奥诺伊，
（美）道格拉斯·祖贝比勒著；张宇，陈艳妍译 . —2 版 . — 天津：天津大学
出版社，2018.1（2021.1 重印）
全国高等学校建筑学学科专业指导委员会推荐教学参考书
ISBN 978-7-5618-6004-5

Ⅰ . ①图… Ⅱ . ①程… ②巴… ③道… ④张… ⑤陈… Ⅲ . ①建筑结构 –
图解 Ⅳ . ① TU3-64
中国版本图书馆 CIP 数据核字（2018）第 004765 号

出版发行	天津大学出版社
地　　址	天津市卫津路 92 号天津大学内（邮编：300072）
电　　话	发行部：022-27403647
网　　址	publish.tju.edu.cn
印　　刷	廊坊市瑞德印刷有限公司
经　　销	全国各地新华书店
开　　本	210mm×285mm
印　　张	21.5
字　　数	600 千
版　　次	2018 年 1 月第 1 版
印　　次	2021 年 1 月第 2 次
定　　价	96.00 元

目 录

Building Structures Illustrated:
Patterns, Systems, and Design [Second Edition]

Preface to Chinese Edition

I am extremely grateful to Liu Daxin of the Tianjin University Press for again offering me the opportunity to address architecture and design students and faculty in the People's Republic of China through his publication of my works. At the same time special thanks go to Mr.Zhang Yu and Ms.Chen Yanyan of Southwest Jiaotong University, for their expert and sympathetic translation of my text.

Following on *Architecture: Form, Space and Order*, *Interior Design Illustrated* and *Architectural Graphics*, *Building Structures Illustrated* provides a clear and straightforward guide to understanding how building structures can be seen to be systems of interrelated parts for creating and supporting the habitable environments we call architecture. As with all of my works, the illustrations are instrumental in illuminating the ideas and concepts described in the text. I am privileged and honored to be able to offer this text and I hope it not only teaches but also inspires the reader to achieve the highest success in their future endeavors !

Francis Dai-Kam Ching
Professor Emeritus
University of Washington
Seattle, Washington
USA

图解建筑结构：
模式、体系与设计 [第二版]

中文版序言

衷心感谢天津大学出版社刘大馨编辑出版我的作品，再次让我有机会向中国建筑与设计专业的学生传授知识。同时，特别感谢西南交通大学的张宇、陈艳妍两位译者精准专业的中文翻译。

继《建筑：形式、空间和秩序》《图解室内设计》和《建筑绘图》之后，《图解建筑结构》为理解建筑结构提供了清晰直观的指导，建筑结构是由相互紧密联系的不同组成部分构成的多个系统，它们共同创造并支撑着我们称之为"建筑"的居住环境。本书继续秉承我著书的一贯风格，还是将插图作为图解阐释书稿文字内容的介质工具。我很荣幸地奉献此书，并且期盼它不仅仅服务于教学目的，而且能够激励读者通过自己未来的努力，取得最大的成功！

程大锦
华盛顿大学荣誉教授
华盛顿州，西雅图
美国

序 言

已有许多卓有声望的著作探讨到建筑结构问题，有的聚焦于静力学与材料强度，有的则涉及对结构部件（诸如梁、柱）进行设计及分解研究，还有的话题延伸到某些特殊结构材料。对从业者来说，关键是要通晓不同荷载条件下结构单件的性能表现，还要有能力遴选、掌握和塑造适合的结构材料及其连接方式。谅读者不难获取这些宝贵知识资源，故本书转而专注于：建筑结构如何由各局部组成一整合体系，以此生成并维持大家习称为"建筑学"（architecture）的适居环境。

本书的首要特色在于它是从整体上来把握建筑结构的。一开始简要回顾了结构体系怎样一路演化而来，随之讨论了结构模式概念以及这些支撑和横跨模式如何维系及强化建筑设计构想。全书的核心部分是剖析那些水平跨件和竖向支撑体系，正是它们庇护了我们的日常活动，并对外形和空间的垂直维度起作用。接下来转而讨论并回顾了一些关键方面：侧向力和静力、大跨结构的独特性质、高层结构的当前法则。书中末章对结构和其他建筑系统的整合作了简短而重要的回顾。

本书有意识避免以一种精确的数学方法来探讨建筑结构，与此同时，本书并未忽视那些支配着结构单件、组件及体系性能的基本原则。为了更好地起到指导初步设计过程的作用，本书讨论中伴有大量图解，以告知及导引读者，使他们了解结构模式是如何渗入到某个设计构思中的，甚而或可启发这方面更多的想法。

本书作者希望，这本有丰富图解的著作可用作学生及青年执业者设计时的案头资料，帮助他们认识到结构体系是设计、营造过程中关键而不可分的一环。

公制换算

国际单位制是世界公认的一套计量进位单位系统，采用米、千克、秒、安培、开（尔文）、坎（德拉）分别作为长度、质量、时间、电流、温度、发光强度的基本单位。为加强读者对国际单位制的认识，本书全文中将贯穿公制换算，其转换如下：

- 括号内所有数目字皆表示毫米单位，除非另加注明；
- 大于等于3英寸的尺寸换算成毫米数时，尾数就近约整到0或5；
- 注释：3847毫米 =3.847米；
- 在其他情况下，将指明公制度量单位。

1 建筑结构
Building Structures

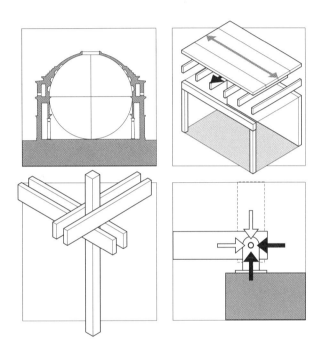

建筑，亦即我们在大小用地上所建可居的相对耐久的构筑物，在历史流程中从枝条、泥砖、石头构筑的简陋棚屋发展为更复杂精巧的今日混凝土、钢与玻璃构筑物。在建筑技术的这种演进中，保持始终如一的是结构体系中一些持久不变的形式，凭借它们建筑方可经受住地心引力、风力以及时不时的地震。

我们可将"结构体系"定义为由各构件组成的一套稳定组件，它被设计、建造出来，以一个整体来发挥支撑作用，并将外加荷载安全地传递到地面，而不超过各结构单元所容许的应力。尽管随着技术和文化进步，结构体系的种种形式、材料已有演化发展（且不提由不计其数的失败建造中得到的经验教训），但它们仍旧是所有建筑实体的基本要素，不论建筑的尺度、环境、功用为何。

下文作有扼要的历史纵览，图解了结构体系的历时发展，从最初尝试满足人们蔽日晒、遮风雨的基本需求，到跨度更大、高度更高、复杂程度日增的现代建筑。

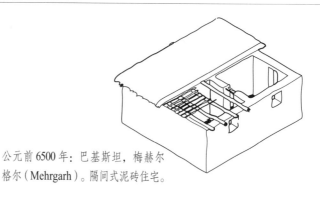

公元前 6500 年：巴基斯坦，梅赫尔格尔（Mehrgarh）。隔间式泥砖住宅。

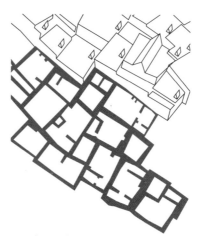

公元前 7500 年：安纳托利亚，分叉泥丘（Catal Hüyük）。泥砖住宅，内墙涂以灰泥。

公元前 5000 年：中国半坡遗址。地穴式住宅，以粗柱子支撑屋顶。

公元前 5000 年　　青铜时代

新石器时代发端于约公元前 8500 年农耕的出现，又随着约公元前 3500 年金属器具的发展而过渡到早期青铜时代。以洞穴遮蔽、栖居的时间已存在了数千年，并继而发展为一种建筑形式，有的将自然洞穴简单扩展为凿出的神庙、教堂，有的则在山体的某一面中凿就整座城镇。

公元前 9000 年：土耳其，哥贝克力山丘（Göbekli Tepe）。世界上现知最早的石制神庙。

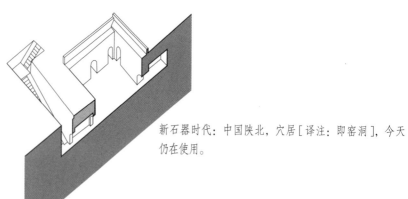

新石器时代：中国陕北，穴居［译注：即窑洞］，今天仍在使用。

公元前 3400 年：苏美尔人开始使用砖窑。

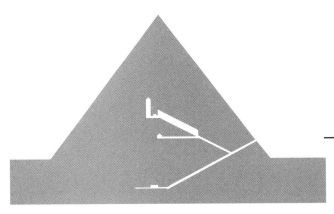

公元前 1500 年：埃及，卡纳克（Karnak）的阿蒙神庙。大柱厅（Hypostyle Hall）为横梁式（即柱—梁式）石砌建筑的主要实例。

公元前 2500 年：埃及，胡夫大金字塔。这一石砌金字塔直至 19 世纪时还是世界上最高的构筑物。

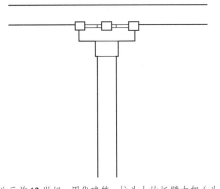

公元前 2600 年：印度河流域，哈拉帕（Harappa）与摩亨—佐达罗（Mohenjo-daro），今巴基斯坦和印度一带。烘烤砖块所砌的托梁拱圈。

公元前 12 世纪：周代建筑。柱头上的托臂支架（斗拱）支撑着出挑的屋檐。

公元前 2500 年　　　　　　　　　　　　　　　　　　　**公元前 1000 年**　　铁器时代

虽然穴居在全世界各地以各种形式持续下来，然而大多数建筑是通过把材料组装起来而创建的，由此限定空间，为遮风避雨、家庭活动及纪念活动提供空间，并彰显意义。早期的住屋由未剥皮的木材框架构成，辅以泥砖墙和茅草屋顶。有时候也在土中挖掘地穴，以提供额外的温暖与保护；另一些时候，住居则被建立在高脚柱上，以便在温热、潮湿气候下通风，抑或架于河湖滨岸之上。将厚重的大木作为结构性墙体框架和屋顶跨梁的做法随后继续得到发展，历经推敲改进，尤其出现在中国、朝鲜、日本的建筑中。

公元前 3000 年：斯堪的纳维亚，阿尔瓦斯特拉（Alvastra）。建于高脚柱上的住屋。

公元前 1000 年：安纳托利亚，卡帕多西亚（Cappadocia）。广泛挖掘的洞穴构成了住宅、教堂、修道院。

公元前 3000 年：埃及人将麦秆与泥土混合，以黏合焙干的砖块。

公元前 1500 年：埃及人加工熔融的玻璃。

公元前 1350 年：商代（中国）形成了高级铸铜技术。

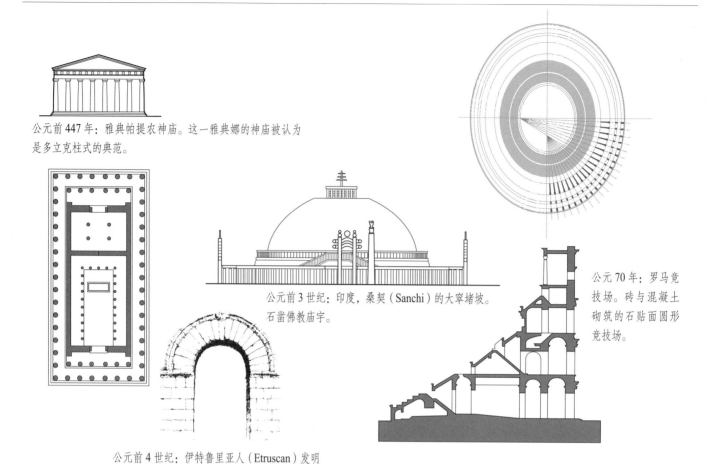

公元前447年：雅典帕提农神庙。这一雅典娜的神庙被认为是多立克柱式的典范。

公元前3世纪：印度，桑契（Sanchi）的大窣堵坡。石凿佛教庙宇。

公元70年：罗马竞技场。砖与混凝土砌筑的石贴面圆形竞技场。

公元前4世纪：伊特鲁里亚人（Etruscan）发明出砖拱和砖拱顶。意大利佩鲁贾的美丽门（Porta Pulchra）。

公元前 500 年　　　　　　　　　　　　　　　　　　　　　　　　　　**公元元年**

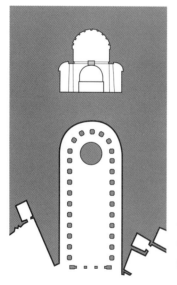

公元前200年：印度。佛教、耆那教、印度教的大量洞穴建筑实例。

公元前10年：约旦，佩特拉（Petra）。其官殿式陵墓系一半新建而成，另一半在岩石中凿出。

公元前5世纪：中国人铸铁。

公元前4世纪：巴比伦人和亚述人用沥青来黏合砖石。

公元前3世纪：罗马人用凝硬性的火山灰水泥制造混凝土。

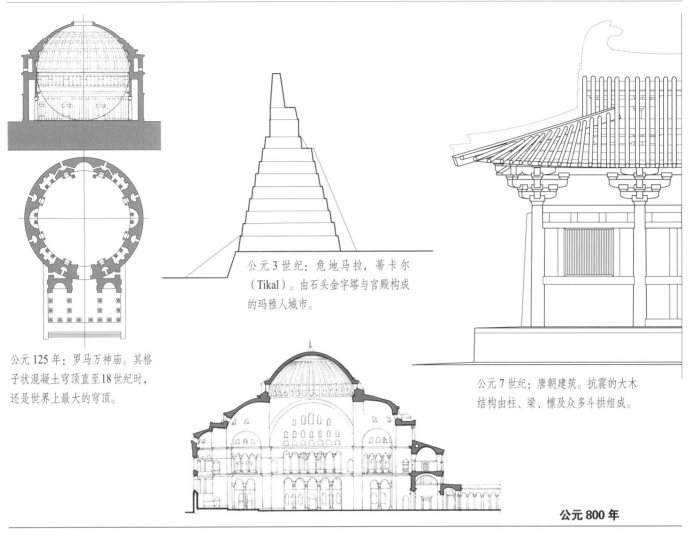

公元 125 年：罗马万神庙。其格子状混凝土穹顶直至18世纪时，还是世界上最大的穹顶。

公元 3 世纪：危地马拉，蒂卡尔（Tikal）。由石头金字塔与宫殿构成的玛雅人城市。

公元 7 世纪：唐朝建筑。抗震的大木结构由柱、梁、檩及众多斗拱组成。

公元 800 年

公元 532—537 年：伊斯坦布尔，圣索菲亚大教堂。中央穹顶展开为交叉拱顶，由此从圆形穹顶过渡到方形平面。混凝土被用于建造拱顶及较低处的拱。

公元 460 年：中国云冈石窟。在砂岩峭壁上凿就的佛寺。

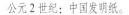

公元 2 世纪：中国发明纸。

公元 752 年：奈良东大寺。该佛寺是世界上最大的木构建筑。现今所见的重修模样只及最初寺庙规模的三分之二。

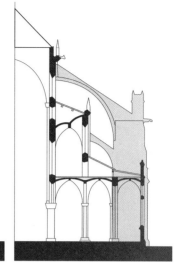

11 世纪：法国图尔尼（Tournus），圣·菲利贝尔修道院（Abbey Church of St-Philibert）。未加装饰的圆柱超过 4 英尺（1.2 米）粗，它支撑着开阔而明亮的中厅。

1163—1250 年：巴黎圣母院。琢石结构（cut stone structure）采用了室外飞扶壁，以将向外和向下的推力从屋顶或拱顶传递到某个坚固的扶壁上。

1056 年：中国，释迦塔［译注：即应县木塔］。世界上现存最古老的木塔，也是最高的木建筑，高达 220 英尺（67.3 米）。

1100 年：秘鲁，昌昌（Chan Chan）。城堡墙壁为泥砖砌成，灰泥覆盖。

公元 900 年

在有石材可用的地方，一开始是用它建造防御性的壁垒以及用作承重墙，来支撑木跨梁所承的楼板和屋顶。砖石拱顶和穹顶引导高度提升，跨度增大，而尖拱、簇柱、飞扶壁的出现使得更轻盈、更开敞的石骨架结构得以产生。

1100 年：埃塞俄比亚，拉利贝拉（Lalibela）。由整块石料凿出的教堂古迹。

1170 年：欧洲生产铸铁。

15 世纪：菲利波·伯鲁内列斯基（Filippo Brunelleschi，1377—1446，意大利建筑师）提出了直线透视法理论。

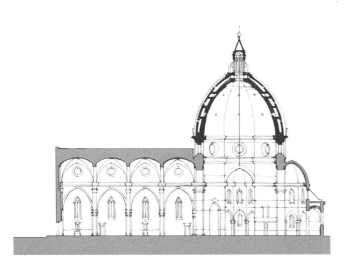

13 世纪：意大利佛罗伦萨大教堂（Cathedral of Florence）。菲利波·伯鲁内列斯基设计出双壁穹顶，坐落在鼓座上，以使其能够不必从地上立脚手架就可建造。

1506—1615 年：罗马圣彼得大教堂，多纳托·伯拉孟特（Donato Bramante，1444—1514，意大利建筑师）、米开朗琪罗（Michelangelo，1475—1564，意大利艺术家）、贾科莫·德拉·博尔塔（Giacomo della Porta，1533—1602，意大利建筑师）设计。直到最近仍是世界上已建的最大教堂，占地面积 5.7 英亩（23000 平方米）。

公元 1400 年   **公元 1600 年**

早在公元 6 世纪，伊斯坦布尔的圣索菲亚大教堂主拱廊就已加入铁条，以作连接拉杆。在中世纪和文艺复兴时期，铁既被用作装饰部件，也被用作结构部件，例如暗榫和连接杆，以加固砖石结构。不过，直到 18 世纪新的生产方法的出现，生铁和熟铁才得以大量生产，作为结构材料用在火车站、市场大厅及其他公共建筑的骨架结构上。石墙、石柱的厚重体量转变为钢铁框架，给人更轻盈的印象。

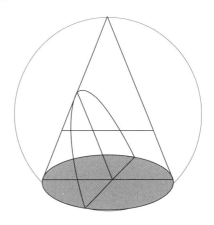

1638 年：伽利略（Galileo Galilei，1564—1642，意大利物理学家）出版了他的最后一部著作《论两门新科学》（*The Discourses and Mathematical Demonstrations Relating to Two New Sciences*），其所指两门新科学即材料强度和物体运动。

1687 年：伊萨克·牛顿（Isaac Newton，1643—1727，英国物理学家）出版了《自然哲学的数学原理》（*Philosophiae Naturalis Principia Mathematica*），书中描述了万有引力和三大运动定律，奠定了经典力学的基础。

16 世纪早期：鼓风炉可以大量生产生铁。

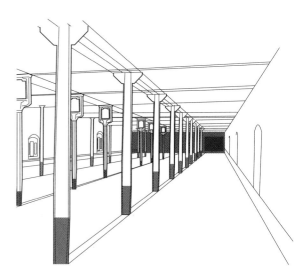

1653 年：印度阿格拉（Agra），泰姬陵。艾哈迈德·拉合尔（Ahmad Lahauri，17 世纪波斯建筑师）设计。这一标志性的白色穹顶大理石陵墓是莫卧尔王朝皇帝沙贾汗（Shah Jahan，1592—1666）为纪念爱妃姬曼·玛哈（Mumtaz Mahal，1593—1631）而建造的。

1797 年：迪塞灵顿亚麻纺织厂（Ditherington Flax Mill），英格兰舒兹伯利（Shrewsbury）。威廉·斯特拉特（William Strutt，1756—1830，英国纺织工）设计。世界上最古老的钢架建筑，有着生铁梁柱结构框架。

1700 年

1800 年

18 世纪晚期和 19 世纪早期：工业革命在农业、制造业、交通上带来了重大变化，改变了英国及世界其他地方的社会经济与文化风气。

在 19 世纪早期，中央供暖被广泛采用，此时，工业革命促使工业建筑、居住建筑、服务建筑规模的扩大。

1711 年：亚伯拉罕·达比（Abraham Darby，1678—1717，英国工业革命家）生产出高质量的铁，由焦炭冶炼，由砂模具铸制。

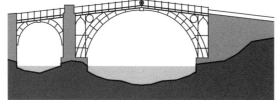

1777—1779 年：英格兰煤溪谷铁桥（Iron Bridge at Coalbrookdale）。托马斯·法罗斯·普里查德（Thomas Farnolls Pritchard，1723—1777，英国建筑师）设计。

1735 年：夏尔·玛丽·德·拉·孔达米纳（Charles Marie de la Condamine，1701—1774，法国探险家）在南美发现橡胶。

1801 年：托马斯·杨（Thomas Young，1773—1829，英国学者)研究了弹性，并以其名字来命名弹性模量［译注：称"杨氏模量"（Young's modulus）］。

1738 年：丹尼尔·伯努利（Daniel Bernoulli，1700—1782，瑞士物理学家）将液体流动与压力联系起来。

1778 年：约瑟夫·布拉默（Joseph Bramah，1748—1814，英国发明家）取得了带抽水马桶的实用厕所之专利。

1779 年：布里·希金斯（Bry Higgins，1741—1818，爱尔兰化学家）取得了可供室外涂刷的水凝水泥之专利。

1851 年：伦敦海德公园水晶宫，约瑟夫·帕克斯顿（Joseph Paxton，1803—1865，英国园艺家）设计。熟铁和玻璃的预制件被组装起来，建成了 990000 平方英尺（91974 平方米）的展览空间。

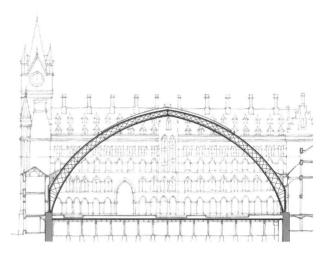

1868 年：伦敦圣·潘克拉斯火车站（St. Pancras Station），威廉·亨利·巴洛（William Henry Barlow，1812—1902，英国铁路工程师）设计。桁构拱结构及楼板层下的横拉杆可承抵向外的推力。

1860 年

有证据表明，几千年以前中国人已用石灰和火山灰的混合物来建造陕西的金字塔群［译注：指咸阳五陵塬，有西汉 9 个皇帝的陵墓］，但罗马人采用凝硬性火山灰制造的混凝土更像由硅酸盐水泥制成的现代混凝土。1824 年由约瑟夫·阿斯普丁（Joseph Aspdin，1778—1855，英国水泥制造商）提出了硅酸盐水泥的配方，1848 年由约瑟夫—路易·朗波（Joseph-Louis Lambot，1814—1887，法国水泥发明家）发明了钢筋混凝土，这促进了混凝土在建筑结构上的应用。

1824 年：约瑟夫·阿斯普丁取得了硅酸盐水泥制品的专利。

1827 年：乔治·西蒙·欧姆（George Simon Ohm，1789—1854，德国物理学家）用公式表述出电流、电压、电阻相关联的定律。

炼钢的现代纪元则始于 1856 年，亨利·贝塞麦（Henry Bessemer，1813—1898，英国工程师）描述了一种相对廉价的大量产钢法。

1850 年：亨利·沃特曼（Henry Waterman）发明升降机。

1853 年：伊莱沙·格雷夫斯·奥的斯（Elisha Graves Otis，1811—1861，美国工业家）推出了电梯安全系统，以防止缆绳破损时梯厢跌落。第一部奥的斯乘客电梯于 1857 年在纽约安装。

1855 年：亚历山大·帕克斯（Alexander Parkes，1813—1890，英国冶金学家）取得了赛璐珞的专利，这是第一种合成塑胶材料。

1867 年：约瑟夫·莫尼耶（Joseph Monier，1823—1906，法国园艺学家）取得了钢筋混凝土的专利。

1889 年：巴黎埃菲尔铁塔，亚历山大·古斯塔夫·埃菲尔（Alexandre Gustave Eiffel，1832—1923，法国工程师）设计。铁塔取代了美国华盛顿纪念碑，成为世界上最高的构筑物，这一头衔一直保持到1930年纽约克莱斯勒大厦建成。

1884 年：芝加哥家庭保险大楼，威廉·勒·巴隆·詹尼（William Le Baron Jenney，1832—1907，美国建筑师）设计。10层的钢与生铁结构框架承载了楼板与外墙的大部分重量。

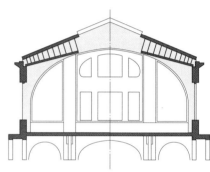

1898 年：法国盖布维莱尔（Gebweiler）的公共游泳馆，爱德华·朱布林（Eduard Züblin，1850—1916，法国工程师）设计。钢筋混凝土屋面拱顶由五个刚性框架组成，框架两两之间跨以薄板。

1875 年

1900 年

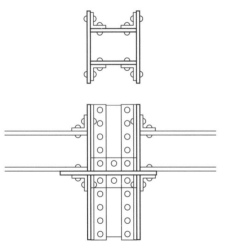

1881 年：夏尔·路易·斯特罗贝尔（Charles Louis Strobel，1852—1936，美国工程师）规范化了轧制熟铁截面及铆固结点。

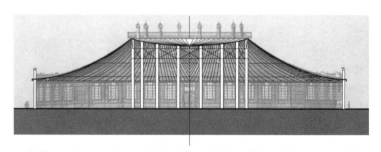

1896 年：全俄工业及艺术展的圆厅展馆，下诺夫哥罗德，弗拉基米尔·舒霍夫（Vladimir Shukhov，1853—1939，俄国工程师）设计。世界上第一座钢拉结构建筑。

1903 年：美国俄亥俄州辛辛那提，英格尔斯大楼（Ingalls Building），EA 事务所（Elzner & Anderson）设计。第一座钢筋混凝土高层建筑。

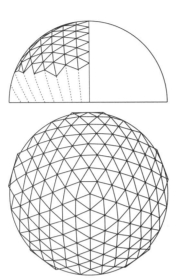

1922 年：德国耶拿（Jena）的天文馆，沃尔特·鲍尔费尔德（Walter Bauerfeld, 1879—1959, 德国工程师）设计。有记录的当代第一座网格球顶建筑，衍生自二十面体。

1453 英尺（442.9 米）

1931 年：纽约帝国大厦，SLH 事务所（Shreve, Lamb & Harmon）设计。1972 年之前一直为世界最高的摩天楼。

1940 年

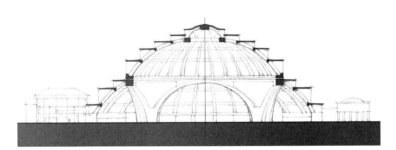

1913 年：布雷斯劳（Breslau）的百年厅（Jahrhunderthalle），马克斯·伯格（Max Berg, 1870—1947, 德国建筑师）设计。钢筋混凝土结构，包括一个直径 213 英尺（65 米）的穹顶，它对混凝土应用于密闭的公共大空间起到了促进作用。

随着改良钢材和计算机化应力分析技术的出现，钢结构已变得更轻盈，接缝更精密，使得结构形状可以陈列在外。

1903 年：亚历山大·格拉汉姆·贝尔（Alexander Graham Bell, 1847—1922, 苏格兰工程师）进行了空间结构形式的试验，这引领了后来的布克敏斯特·富勒（Buckminster Fuller, 1895—1983, 美国建筑师）、马克斯·门格林豪森（Max Mengeringhausen, 20 世纪德国工程师）、科纳德·瓦克斯曼（Konrad Wachsmann, 1901—1980, 德国建筑师）等对空间构架的研发。

1919 年：沃尔特·格罗皮乌斯（Walter Gropius, 1883—1969, 德国建筑师）创立了包豪斯学校（the Bauhaus）。

1928 年：欧仁·弗雷西内（Eugène Freyssinet, 1879—1962, 法国工程师）发明了预应力混凝土。

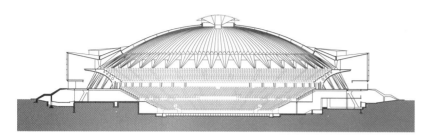

1960年：意大利罗马小体育官，皮埃尔·路易吉·奈尔维（Pier Luigi Nervi，1891—1979，意大利工程师）设计。直径达330英尺（100米）的钢筋混凝土肋拱穹顶，为1960年夏季奥运会而建。

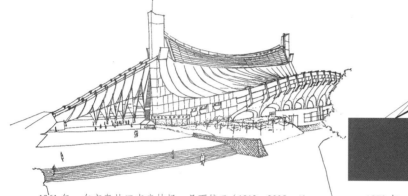

1961年：东京奥林匹克竞技场，丹下健三（1913—2005，日本建筑师）设计。建成时为世界上最大的悬索屋顶建筑结构，其钢索自两根钢筋混凝土支柱上悬吊下来。

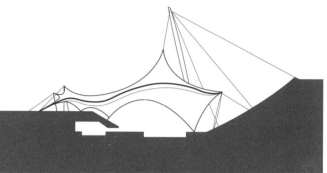

1972年：德国慕尼黑奥林匹克游泳馆，弗雷·奥托（Frei Otto，1925—，德国建筑师）设计。钢索与织物膜结合，以创造超轻盈、大跨度建筑结构。

1950 年   **1975 年**

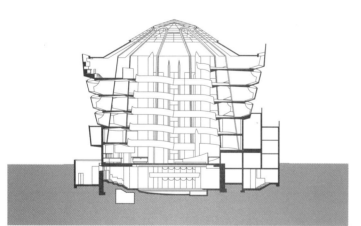

1943—1959年：纽约古根海姆博物馆（Guggenheim Museum），弗兰克·劳埃德·赖特（Frank Lloyd Wright，1867—1959，美国建筑师）设计。

1955年：开发出商用计算机。

1973年：原油价格的攀升刺激了对替代性能源的研究，从而节能成为建筑设计的要素之一。

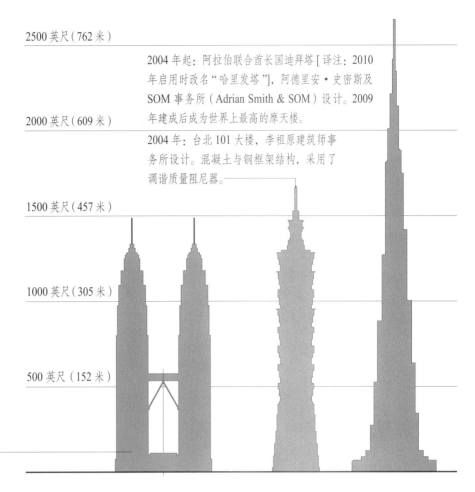

2500 英尺（762 米）

2000 年起：阿拉伯联合酋长国迪拜塔 [译注：2010 年启用时改名"哈里发塔"]，阿德里安·史密斯及 SOM 事务所（Adrian Smith & SOM）设计。2009 年建成后成为世界上最高的摩天楼。

2000 英尺（609 米）

2004 年：台北 101 大楼，李祖原建筑师事务所设计。混凝土与钢框架结构，采用了调谐质量阻尼器。

1500 英尺（457 米）

1000 英尺（305 米）

500 英尺（152 米）

1998 年：马来西亚吉隆坡，石油双子塔，西萨·佩里（Cesar Pelli，1916 —，美国建筑师）设计。在台北 101 大楼于 2004 年建成前，该建筑为世界上最高的摩天楼。

2000 年

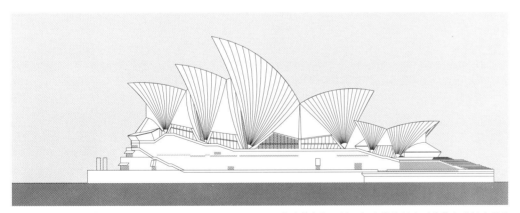

1973 年：悉尼歌剧院，伍重（Jørn Utzon，1918—2008，丹麦建筑师）设计。标志性的贝壳形结构由现场浇筑的混凝土预制肋梁构成。

前述历史纵览所传递的意义，不仅是要揭示结构体系是如何进化的，而且也是要说明它们曾对建筑设计产生过影响，并且影响还将继续产生。建筑艺术体现了难以言说、然而却可觉察的美学品质，这种品质从空间、形式、结构的合体中显露出来。结构体系使建筑物其他系统及我们的种种行为得到维持，并赋予建筑物形状、形态及其空间，就好比我们的骨骼体系赋予我们躯体形状、形态，并维持其器官及组织。所以当我们言及建筑结构设计时，我们指的是那些把形式与空间以一种有条理的方式联系起来的东西。

因而建筑结构设计就不只是涉及某一单件或部件的恰当尺寸，甚至也不限于设计具体某套结构组件。这不仅仅是使各种力相互抵消和转换的工作。更确切地说，这要求我们所考虑的方式能使结构单件、组件及结点的通盘布局和尺度概括表达出某个建筑构思，强化该设计方案中的建筑形式和空间布局，并使其得以建造实现。接下来还需要认识到结构是一种使各部件相互连接、相互关联的体系，了解清楚结构体系的各种类型，并正确评估具体某类结构单件、组件的性能。

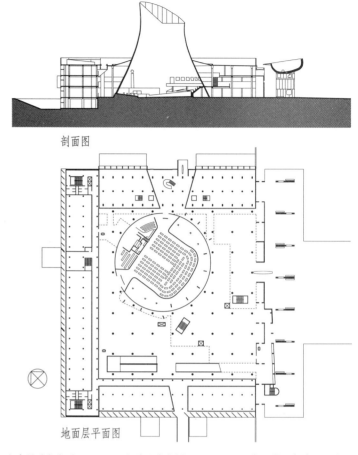

剖面图

地面层平面图

印度昌迪加尔（Chandigarh）的议会大厦，1951—1963 年，勒·柯布西耶（Le Corbusier，1887—1965，瑞士—法国建筑师）设计。

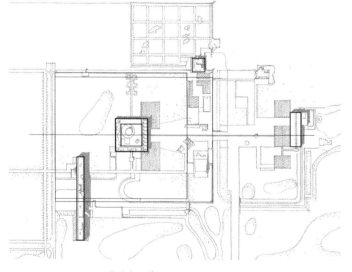

基址与环境图

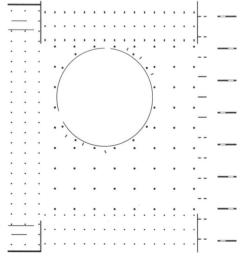

结构层平面图

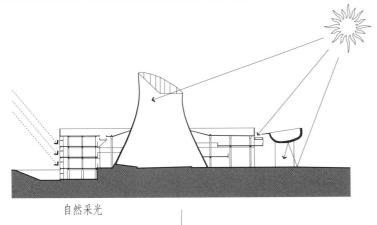

自然采光

要了解这些结构体系对建筑设计会产生何种影响效果，我们就应明白它们是怎样关涉建筑在概念上、体验上、文脉上的各类次序关系。

- 形式、空间布局。
- 形式和空间的界定、尺度与比例关系。
- 外形、形式、空间、采光、颜色、纹理、样式等品质。
- 由人体尺度、尺寸而定的行为举止次序关系。
- 依照目的和用途而定的空间功能分区。
- 前往建筑的通路以及建筑内水平、垂直移动路径。
- 在自然环境与建造环境之中被视作一整个构件的建筑物。
- 该处的感官特色与文化特色。

结构体系支持、补充着建筑构思，并最终使其成型，本章下文部分就是对结构体系各主要方面的概述。

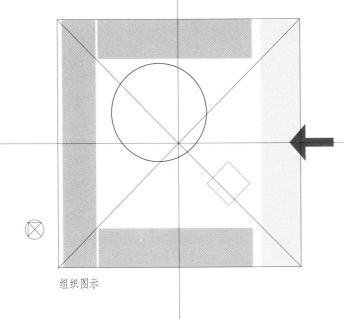

组织图示

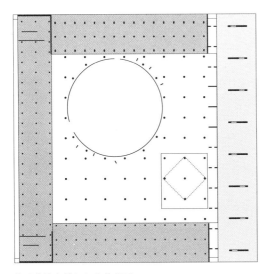

关于结构支撑组织的构思图

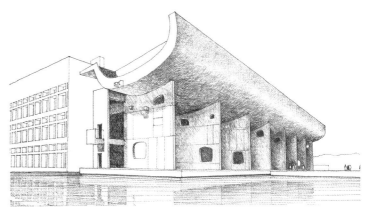

关于结构支撑形式的构思图

形式意图　Formal Intent

结构体系可以按照三种基本方式与建筑设计的形式相关。
这三种基本方式是：

- 显露结构体系
- 隐藏结构体系
- 彰显结构体系

显露结构体系　Exposing the Structure

历史上，在 18 世纪后期出现钢铁构筑物之前，建筑中占主
导的是砖石承重的墙体结构。这类结构体系同时还作为围
合的基本体系，由此也表现出建筑的形式，通常还以一种
坦率而直接的手法表现出来。

无论形式上如何做更改，其结果总是使结构所用材料得以
铸造或雕琢，从而在建筑结构体量中创造出添加的元素、
减除的空间或浮雕。

即使到了现代，有些建筑实例仍将其结构体系(不论是木材、
钢材还是混凝土)显露出来，有效地利用它们来表现基本
的建构形式。

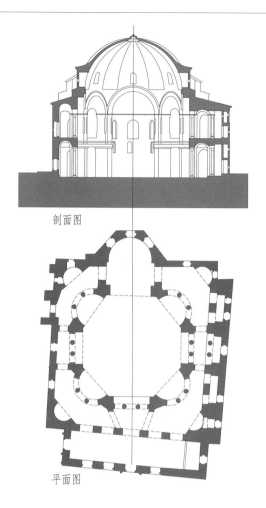

剖面图

平面图

土耳其伊斯坦布尔，圣塞尔吉乌斯和圣巴克乌斯教堂（SS. Sergius
& Bacchus），公元 527—536 年。土耳其人将这座东正教教堂改
作清真寺。其特征是有一个中心穹顶平面，有人认为它是圣索菲
亚大教堂的原型。

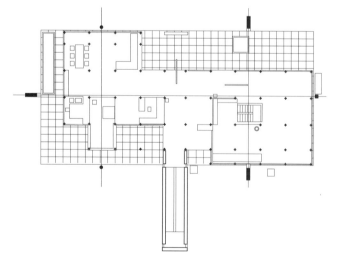

苏黎世柯布西耶中心 / 海蒂·韦伯博物馆（Centre Le Corbusier/
Heidi Weber Pavilion），1965 年，柯布西耶设计。结构性的钢遮
阳篷悬浮在模数化钢框架结构上方，四面是涂瓷漆的钢板和玻璃。

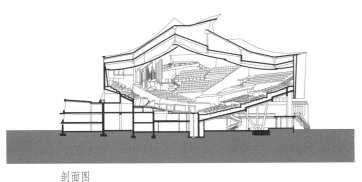

剖面图

下层平面图

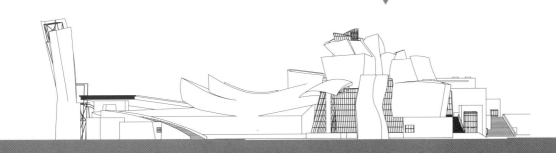

隐藏结构体系 Concealing the Structure

按照这种策略，结构体系被隐藏起来，或是被建筑物的外表层和屋顶遮掩住。隐藏结构体系的有些理由出于实用，比如有时结构构件必须加上镀层以防火；又或者是因周边环境，比如有时所需的外部形式与室内空间要求不一致。在后一种情况下，可由结构组织起室内空间，而由外部壳层的形式来回应基址条件或限制。

设计师或许仅仅想要自由的外壳表达，而没有考虑结构体系将会如何有助于或妨碍对形式的选择。又或许，结构体系可能会被遮掩住，而这更多的是因疏忽所致，而不是有意为之。在上述两种情况下，会引出一个合乎逻辑的问题：作为成果出来的设计是有意为之？偶然产生？存心做成？甚而，无心得出？

◀ 德国柏林爱乐音乐厅，1960—1963 年，汉斯·夏隆（Hans Scharoun，1893—1972，德国建筑师）设计。作为表现主义运动的范例，这个音乐厅拥有不对称的建筑结构以及帐篷状的混凝土屋顶和位于台阶式坐席中央的舞台。音乐厅的外观服从于其功能与音响要求。

西班牙毕尔巴鄂（Bilbao）的古根海姆博物馆，1991—1997 年，弗兰克·盖里（Frank Gehry，1929—，美国建筑师）设计。这座当代艺术博物馆竣工时令人耳目一新，其雕塑般的钛表层形式广为人知。对于这种显然随机的形式，其轮廓表达与可建造性尽管很难按传统建筑术语来理解，但却通过使用 CATIA 套件（该套件综合了计算机辅助设计 [CAD]、计算机辅助工程 [CAE]、计算机辅助制造 [CAM]）得以化为现实。

▼

彰显结构体系　Celebrating the Structure

结构体系不仅是显露出来，而且是作为设计特色加以充分发挥，彰显出建筑结构的形式和物质实体。壳层和膜结构往往具有丰富的特性，使它们在这一门类中成为合适的入选者。

还有一些结构全然受强力支配，由此表现出某种方式来解决作用于其身的力。这类结构常常因其惹人注目的意象而成为映象标志。想想埃菲尔铁塔或悉尼歌剧院吧。

当判断一座建筑物是否彰显其结构时，我们应该小心地区分开结构性的表现与富有表现力的形式，后者实际上并非结构性的，而只是看起来如此。

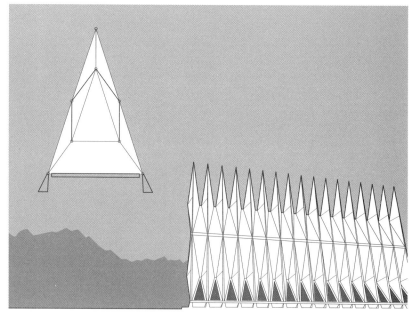

美国科罗拉多州的科罗拉多泉（Colorado Springs），美国空军军官学校学员教堂，1956—1962年，沃尔特·内奇（Walter Netsch, 1920—2008, 美国建筑师）及SOM公司（Skidmore, Owings & Merrill）设计。高入云霄的结构由100个同样的四面体构成，通过单个结构单元的三角体系以及三角形的建筑剖面而获得稳定性。

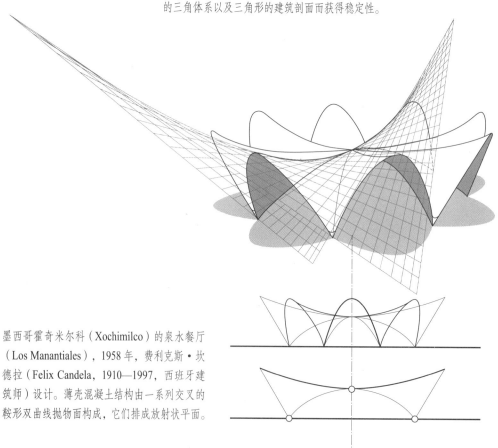

墨西哥霍奇米尔科（Xochimilco）的泉水餐厅（Los Manantiales），1958年，费利克斯·坎德拉（Felix Candela, 1910—1997, 西班牙建筑师）设计。薄壳混凝土结构由一系列交叉的鞍形双曲线抛物面构成，它们排成放射状平面。

美国弗吉尼亚州尚蒂伊（Chantilly），杜勒斯国际机场主航站楼，1958—1962年，埃罗·沙里宁（Eero Saarinen，1910—1961，芬兰建筑师）设计。向外倾斜、向上收分的长长两列柱子之间悬挂着垂曲线缆索，它们支撑着弯曲得很优美的混凝土屋顶，它让人联想到飞翔。

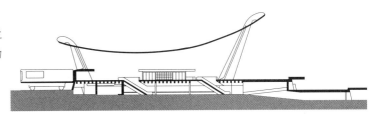

中国香港，香港汇丰银行，1979—1985年，诺曼·福斯特（Norman Foster，1935—，英国建筑师）设计。以四根铝镀层钢柱为一组，共八组柱从地基升起并支撑着五层悬空桁架，楼板结构从这些桁架上悬挂下来。

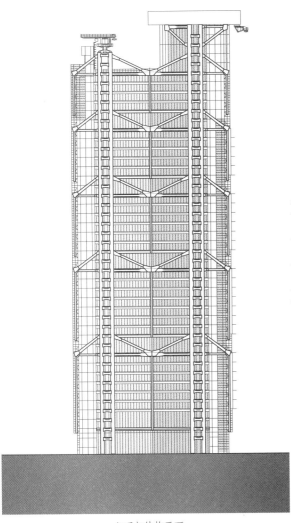

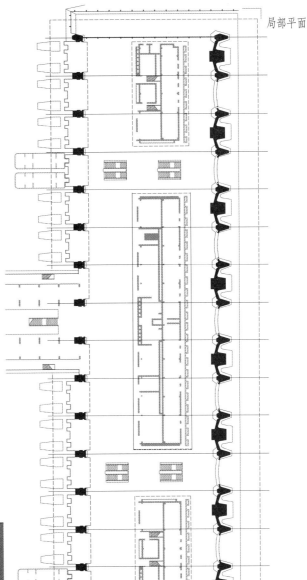

局部平面

立面与结构平面

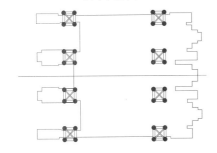

空间布局　Spatial Composition

结构体系的形式及其支撑件、横跨件的式样可能会与该设计的空间排布构成相关，关联方式主要有两种：第一种是结构体系形式与空间布局形式相对应；第二种是更宽松的配合，结构形式、式样容许空间排布上有更多自由灵活性。

对应　Correspondence

当结构形式与空间布局有某种对应时，要么以支撑—横跨结构体系的式样来定出建筑物内部空间的布置，要么空间排布就意味着某类相应的结构体系。在设计过程中，先考虑哪一种情况呢？

在理想情况下，我们把空间和结构合起来看作建筑形式的共同决定因素。但往往是先根据要求和需要来排布空间，然后才考虑结构方面。而从另一角度来说，有些时候，结构形式可以是设计过程中的推动力。

不论是在哪种情况下，如果结构体系已经注定了某种空间式样应是哪种尺寸甚至应是哪种用途，那么将来若要灵活使用或改建就不太可能了。

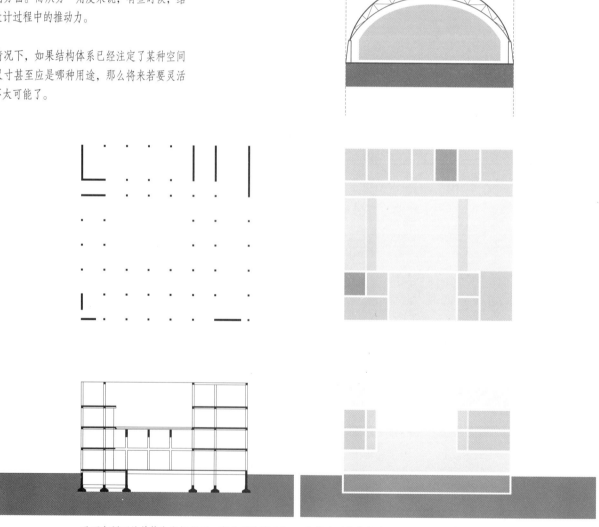

平面和剖面的结构和空间图示。意大利科莫（Como）的法西奥住宅（Casa del Fascio），1932—1936年，朱塞佩·特拉尼（Giuseppe Terragni，1904—1943，意大利建筑师）设计。

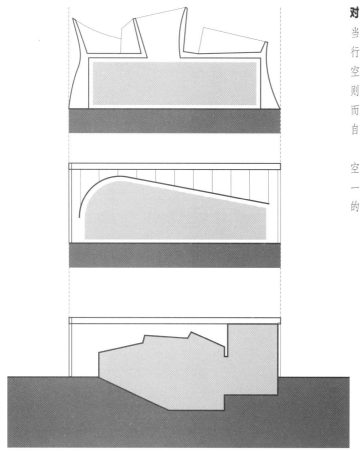

对比　Contrast

当结构形式与空间布局缺少对应时，那优先考虑哪一个都行。既可以让结构大到足以在其体量内遮蔽、包含一系列空间，也可以以空间布局为主导，结构暗藏其中。较为规则的空间布局，其表皮可以是不规则、不对称的结构体系；而在结构网格打造的一套统一点网下，反而可以定出一种自由空间布局作为对比。

空间与结构之间的差别可能利于提供灵活的布局；容许进一步扩建发展；显露各个建筑体系的特性；或表达室内外的不同需求和各种关联。

意大利罗马音乐公园（Parco della Musica）的西诺波利厅（Sala Sinopoli），1994—2002 年，伦佐·皮亚诺（Renzo Piano，1937—，意大利建筑师）设计。由辅助结构支撑的是镀铅屋顶，意在减少室外噪声渗入音乐厅；由主要结构支撑的是樱桃木材质的内屋面，用以调谐音响环境。

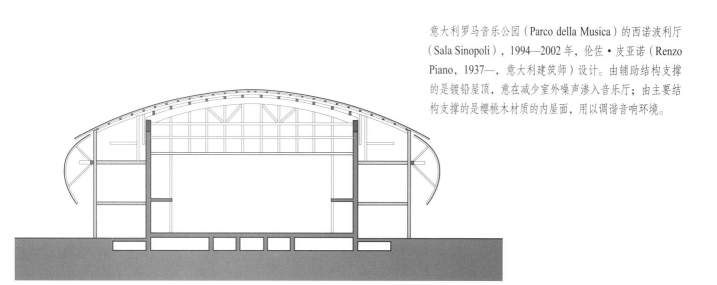

一套体系，可以定义为：相互关联、相互依赖的各部分组合起来，形成更复杂、统一的整体，服务于一个共同目的。一座建筑物可以被理解为具象化的若干系统和子系统，它们既必须彼此关联、协调、整合，也必须与建筑物的三维形式和空间组织结为一体。

具体而言，建筑物的结构体系是由稳定的一套结构单件组成的，经设计、建造，用以支撑和传递外加荷载，使之安全传到地面，而不致超过构件里的容许应力。在外加荷载下，每个结构构件既有一致的特征，又有独有的特性。但在单独研究解决每个结构单件、构件问题之前，设计师务必要理解结构体系如何以全面的方式来适应与支持建筑方案，使其形式、空间、内部关系满足任务所需和环境所需。

不论建筑物的规模大小，它都包含了有形的结构体系和围护体系，以此界定、组织建筑物的各种形式和空间。这些要素可以进一步归为下部结构和上部结构两类。

下部结构 Substructure

下部结构是建筑物最低的一部分——即建筑基础，它局部或整体建在地表面以下。其主要功能是支撑和锚固上部机构，并将其荷载安全传到地层中。基础体系是分散、分解建筑荷载的关键环节，正因如此，尽管它通常被藏在视线之外，但它务必设计得既能适应上部结构的形式和排布，又能回应土壤、岩石、地下水的变化情况。

基础上的主要荷载是垂直作用于上部结构的恒载加活载。此外，基础体系必须锚固上部结构，以对抗风荷载引起的滑动、倾覆、隆起，要禁得起地震造成的突然地层移动，并抵御地下室侧墙上的周围土体和地下水所产生的压力。在某些情况下，基础体系还需要承抵拱形结构或抗拉结构的推力。

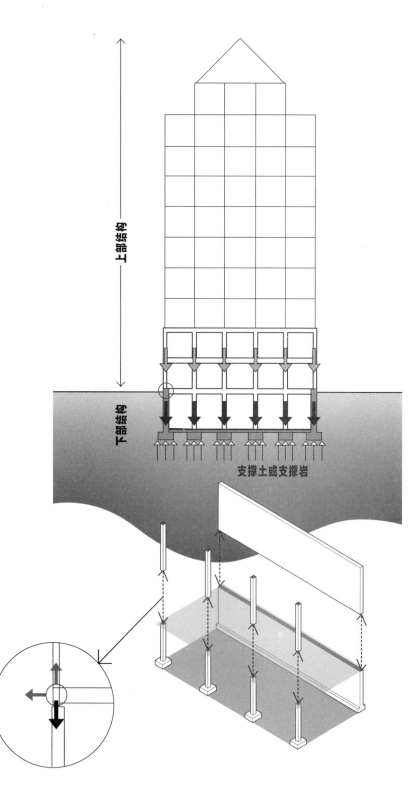

上部结构

下部结构

支撑土或支撑岩

建筑物场地及其周围环境,对于我们选用哪类下部结构,并由此设计出哪种结构模式,有着重要影响。

- 与上部结构的关系:必要的基础构件采用何种类型和模式,对上部结构的支护分布大有影响,甚至有决定性影响。为维持结构强度,荷载传递时的竖向连续性应尽可能保持。
- 土壤类型:建筑物结构完整性最终取决于基础底面岩土荷载的稳度和强度。地基岩土的承载力因而可能会限制建筑物规模,或是需要做深基础。
- 与地形的关系:建筑场地的地形特征兼有生态上和结构上的含义和重要性,这就要求任何场地开发对以下几点保持敏感:自然排水模式,可能导致漫溢、冲蚀、滑坡的土质条件,栖息地保护措施。

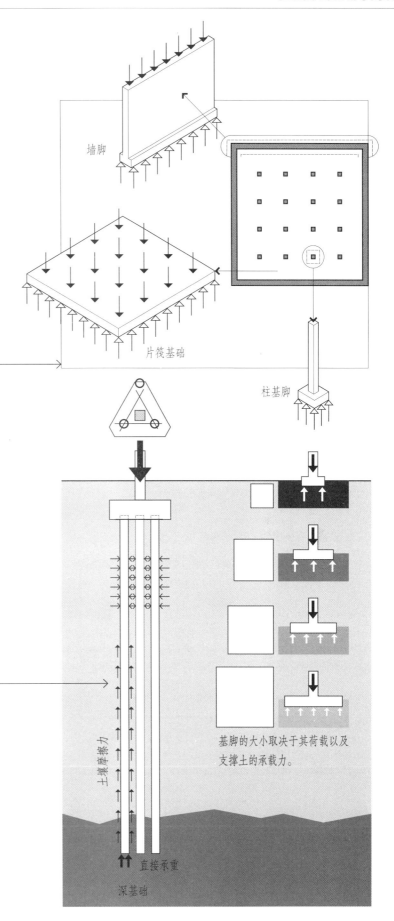

墙脚

片筏基础

柱基脚

浅基础 **Shallow Foundations**

当有足够承载力的稳定土出现在地表面附近时,可采用浅基础或扩展基础。它们直接置于下部结构最低端的下方,将建筑物荷载通过垂直压力直接传递给支撑土。

- 点:柱基脚
- 线:基础墙和墙脚
- 面:片筏基础,即厚重的钢筋混凝土板用作单一的一整块基脚,支撑若干支柱或整个建筑物,适用于基础土的容许承载力相对低于建筑荷载,室内柱基脚过大,因此较为经济的做法是将柱脚融合为一个单片板。片筏基础可以用格网状的肋、梁、墙加强。

深基础 **Deep Foundations**

深基础由沉箱灌桩构成,它们向下延伸穿过不适宜土壤,将建筑荷载传递到更合适的承重层——远在上部结构下方的岩石层或密实砂卵石层。

土壤摩擦力

直接承重

深基础

基脚的大小取决于其荷载以及支撑土的承载力。

上部结构　Superstructure

上部结构是建筑物从基础往上的竖向延伸，它由外壳和内部结构组成，建筑形式及其空间布局、空间构成由此而定。

外壳　Shell

建筑的外壳或表皮由屋顶、外墙、门窗组成，为建筑室内空间提供防护和遮蔽。

· 屋顶与外墙通过构造分层装配，使室内空间免受恶劣天气的影响，并控制湿度、热度和空气流通。
· 外墙和屋顶还会降低噪声，保障建筑居住者的安全与隐私。
· 门提供出入通道。
· 窗提供光线、空气、景观。

结构　Structure

结构体系需要支撑建筑物的外壳以及室内楼板、墙体、隔断，并把外加荷载传递到下部结构。

· 柱、梁、承重墙支撑着楼板和屋顶结构。
· 楼板结构是室内空间的水平基准面，承载着我们的室内活动和家具陈设。
· 室内结构墙和非承重隔断将建筑内部细分为各个空间单元。
· 侧向力承抵构件的排布是为了提供侧向稳定性。

建造过程中，是由下部结构升起上部结构，而循着同样的路径，上部结构将其荷载传到下部结构。

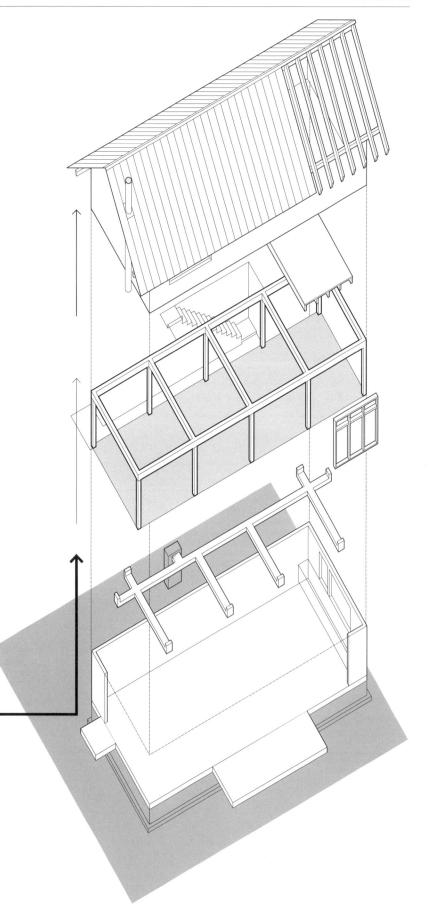

建筑设计在形式上作何打算，可以由场地及周边环境、任务书、功能来赋予／提示／指定，也可以出自某种目的与意蕴。在思考选用何种形式空间的同时，我们也应该开始考虑选用何种结构——材料由哪些成分构成，用何种支撑、横跨、抗侧向力体系，并考虑这些选择将如何影响、支持、加深设计构思中的形式空间考量。

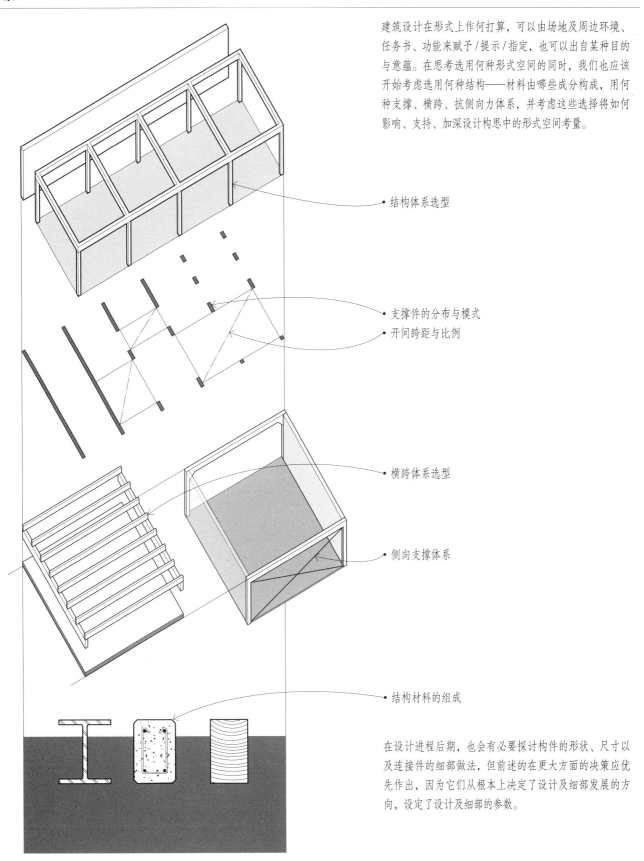

• 结构体系选型

• 支撑件的分布与模式
• 开间跨距与比例

• 横跨体系选型

• 侧向支撑体系

• 结构材料的组成

在设计进程后期，也会有必要探讨构件的形状、尺寸以及连接件的细部做法，但前述的在更大方面的决策应优先作出，因为它们从根本上决定了设计及细部发展的方向，设定了设计及细部的参数。

结构体系选型　Types of Structural Systems

我们既然有确切看法认为结构体系及其空间构成是富有表
现力的，那么我们应认识到，要应对作用力并把这些力转
向到结构基础上，就有各种体系，并发展出不同的形式属
性——在此认识基础上，我们可以恰当地选取某种结构体
系。

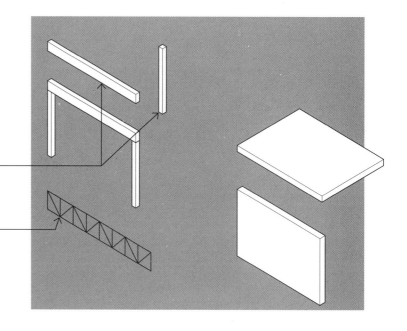

- 散件作用结构（bulk-active structure）将外力转向主要是
  通过散件及其材料的连续性，比如柱、梁。

- 向量作用结构（vector-active structure）将外力转向主要
  是通过受拉杆件和受压杆件的组合，比如桁架。

- 结构单件（比如承重墙、楼板和屋顶板、穹隆与拱顶）的
  比例关系会从视觉上提示我们，它们在结构体系里起什
  么作用，以及它们的材料特性如何。砖墙抗压能力很强
  但抗弯能力较弱，就比做同样事情的钢筋混凝土墙厚度
  大。钢柱就比承受同样荷载的木柱要细。四寸厚的钢筋
  混凝土板就比四寸厚的木面板跨距更远。

- 面作用结构（surface-active structure）将外力转向主要是
  沿某个连续的表面，比如片状结构或壳状结构。

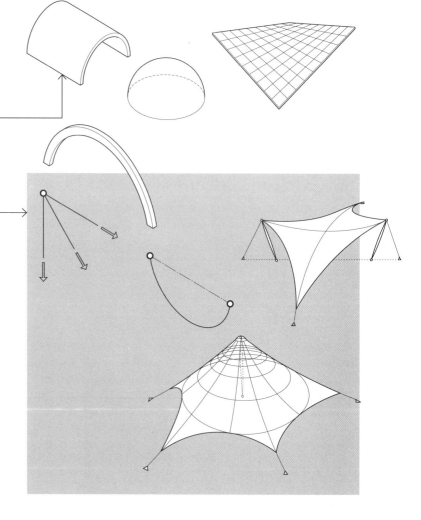

- 形态作用结构（form-active structure）将外力转向主要是
  通过其材料的形式，比如一道拱或缆索体系。

- 当结构越来越少依赖于材料的质量和硬度，而越来越取决
  于其几何形状的稳定性时，就像薄膜结构和空间桁架那
  样，构件越做越薄，越做越细，最后它们不再具备有空
  间尺度和空间维度。

结构分析与设计　Structural Analysis and Design

先对结构设计和结构分析作出区分，这将有利于接下来讨论结构设计。结构分析的过程，就是确定（现有的或假设的）某结构或其任一组成部件有能力安全承载给定的荷载，而不产生材料病害或过度变形。这一分析要考虑到构件的布置、形状、尺寸，所用连接件和支撑件的种类，采用材料的容许应力。换言之，结构分析只能在给出特定结构和荷载情况时才能做。

而另一方面，结构设计指的是这一过程：布置某结构体系的各个部件，把它们相互连接起来，确定它们的大小和比例，使之安全承载给定的荷载，而不超出所采用材料的容许应力。结构设计就像其他设计活动一样，必须在一个不确定的、含糊的、大体近似的环境中运作。所要寻求的这一结构体系，不仅要满足荷载要求，而且还要解决手边的建筑设计、城市设计、任务功能问题。

结构设计进程的第一步可以由建筑设计本身激发，即其场地及周边环境，或者是可以用到哪些材料。

- 建筑设计构思可以引出一种特定的配置或模式。
- 场地及周边环境可以提示我们做出某种结构回应。
- 结构材料可以由建筑规范要求、物资供应、劳力资源、造价等决定。

一旦定好建筑体系类型、其配置或模式、结构材料成分，那么设计进程就可以继续深入到组件和单个部件的大小和比例，以及连接体的细部做法。

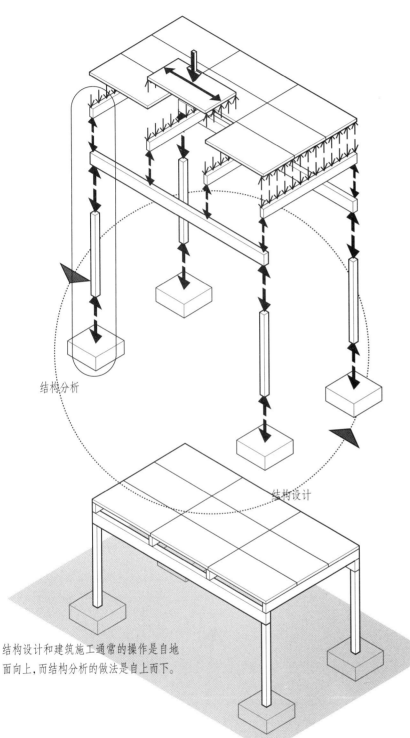

结构分析

结构设计

结构设计和建筑施工通常的操作是自地面向上，而结构分析的做法是自上而下。

- 为清晰起见，侧向力承抵构件被省去。参见第5章所述侧向力承抵体系及策略。

连接体的细部做法 Detailing of Connections

作用力以哪种方式从一个结构单件传到下一个？结构体系作为一个整体怎么运转？这在很大程度上都取决于用哪种节点和连接体。结构单件相互连接的方式有以下三种。

- 对接使得其中一个单件保持连续，通常还要加入第三个中介单件来做连接。
- 搭接使得所有连接单件彼此绕开，在节点上保持连续。
- 节点单件也可以用模制接头，从而形成一个结构连接体。

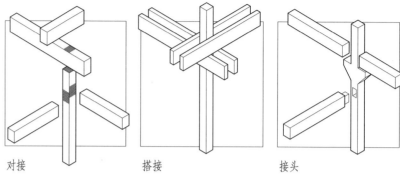

对接   搭接   接头

我们还可以将结构连接体按照几何形态来归类。

- 点：螺栓连接。
- 线：焊接连接。
- 面：胶黏结。

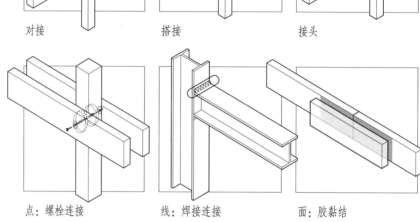

点：螺栓连接   线：焊接连接   面：胶黏结

结构连接体有三种基本类型。

- 铰节点允许扭转，但承抵任何方向的位移。
- 球节点或滚动支撑允许扭转，但承抵垂直方向（正冲着或背着其表面）的位移。
- 刚性节点或固定节点会维持连接单件之间的角度关系不变，限制扭转和任何方向的位移，并提供作用力和抗弯承载力。
- 缆索锚固与支撑允许扭转，但承抵的只是沿缆索方向的位移。

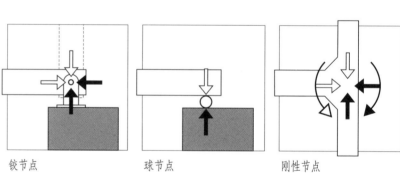

铰节点   球节点   刚性节点

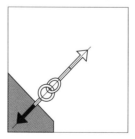

缆索锚固与支撑

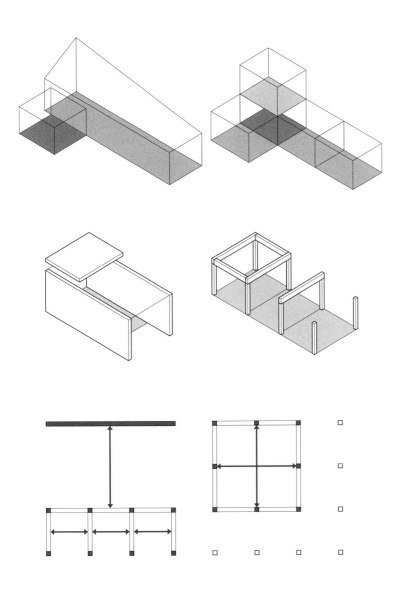

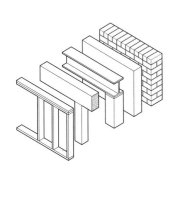
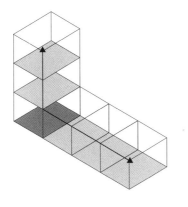

在设计过程中，我们趋向于首先思考大的整体模式，然后才考虑组成较大整体的主要结构单元。因此当我们计划着手做某个建筑的结构方案时，我们必须既考虑建筑创作本身，也考虑结构单件的特性和配置。这就引出了一系列基本问题。

建筑物设计　Building Design

- 是否应有一种包罗万象的形式，或者说建筑创作是否由相互连贯的各部分组成？如果是这样，那这些部分会按等级秩序排列吗？
- 主要的建筑单件本质上是面状还是线状的？

建筑任务书　Building Program

- 任务书要求的空间大小比例，结构体系的跨度性能以及由此产生的支撑体排布间距，它们之间是否需要彼此关联？
- 采用单向跨还是双向跨体系，是否有空间方面的强烈需求？

系统整合　Systems Integration

- 力学体系和其他建筑体系将怎样与结构体系整合？

规范要求　Code Requirements

- 针对建筑的使用目的、用房情况、规模，建筑规范要求是什么？
- 需要哪种构造和结构材料？

经济可行性　Economic Feasibility

- 可用材料、制作过程、运输要求、劳动力与设备需求、架设时间将如何影响我们对某一结构体系的选择？

- 是否有必要为水平/垂直方向的扩建和增建留出余地？

法定约束 Legal Constraints

在建筑物大小（高度与面积）与其使用目的、居住荷载、构造类型之间存在一种控制关系。弄清建筑物的预计规模很重要，因为建筑物大小既与所需结构体系类型相关，也与结构、构造上采用的材料相关。

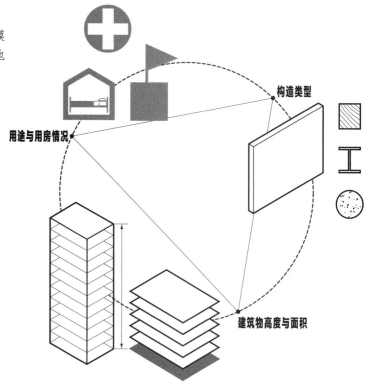

分区法规 Zoning Ordinances

分区法规约束着建筑物的容许体量（高度与面积）和形状，这是基于它在市镇中所处地段和在场地中所处位置，通常会详细指定在各个方面规模有多大。

• 建筑构筑物占多大场地？待建总建筑面积有多大？这些都可以用区块面积百分比来表示。
• 建筑物可达到的最大面宽和进深可以用场地尺寸的百分比来表示。
• 分区法规还可以详细规定特定区域的建筑构筑物有多高，以便提供充分的采光、空气、空间，并改善街景和步行环境。

建筑物的大小和形状还间接受从建筑构筑物到基地建筑红线的必要最短距离约束，以便提供空气、采光、太阳辐射和保证私密性。

• 建筑红线
• 必要的前面、侧面、后面退线

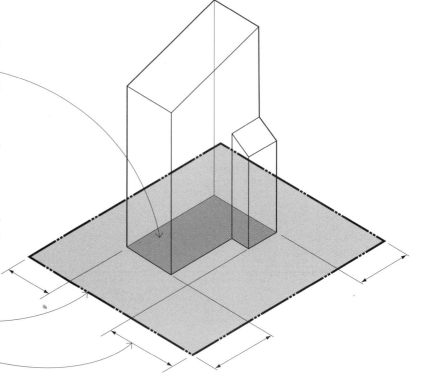

建筑规范所指定的建筑物必要的构造材料耐火等级，取决于其区位、用途与用房情况、层高与每层面积。

建筑高度与面积   Building Height and Area

除了分区法规会限制建筑物的用途以及总建筑面积、高度、体量，还有诸如《国际建筑规范》（IBC, the International Building Code®）等建筑规范，会依据构造类型和用房人群来限制建筑物的最大高度和每层最大面积。这体现了耐火等级、建筑大小、用房情况之间的内在联系。建筑物越大，入住人数越多，用房情况越有潜在风险，则结构就越应耐火。目的是遇火时保护建筑物，控制火势，以便有必要的时间将住户安全疏散并给消防留出反应时间。规模限制也可以超出，只要建筑物装了自动喷水灭火系统，或是由防火墙分割的防火分区面积不超过限制大小。

用房分类   Occupancy Classifications

A	会堂
	礼堂、剧场、体育馆
B	商务
	办公楼、实验室、高等教育设施
E	教育
	儿童保育设施和中小学
F	工厂与实业
	制造、装配、大规模生产设施
H	高风险
	处理某品类危险物质的设备
I	公共机构
	监护人群使用设施，诸如医院、疗养院、管教所
M	贸易
	供商品陈列和销售的商店
R	居住
	住宅、公寓楼、旅馆
S	储藏
	仓储设施

建筑高度既可以表示为从地面层算起的总高，也可以表示为楼层层数。

最大高度与面积　Maximum Height and Area

在《国际建筑规范》表 503 中，建筑物的允许高度和面积是由用房人群和构造类型交织确定的。因为用房情况通常在确定高度和面积以前就已确定，所以本表格正是这样录入的：由用房人群一列从上往下读，找到用房情况和与其相符的建筑设计。然后横着读，就可以看到基于构造类型的允许高度和建筑面积了。

要注意 A 类别和 B 类别构造类型的区别在于耐火的级别。因为 A 类别有更高的耐火性，所以任何构造类型的 A 类建筑都比 B 类建筑有更高的允许高度和面积。按有害程度对用房人群分类，按耐火性对建筑类型分类，运用这一原则，消防及人身安全级别越高，建筑就可以越高越大。

高度以两种方式表达。第一种是按从地面层算起的高度尺寸，它通常不依赖于用房情况，但与耐火性相关；第二种是按楼层数算高度，与用房情况相关。两套标准都可用于单个分析。这是为了避免各楼层间的楼面到楼面高度过高（如果这些高度没有列表显示的话）造成建筑超过从地面层算起的限高尺寸。

对页的插图展示了允许的高度和建筑面积下，用房情况与构造之间的关系。下表中的示例展示了一类可耐火构造到五类非耐火等级构造的不同。

《国际建筑规范》表 503

构造类型

耐火性最好 ·············· > 耐火性最差

一类	二类	三类	四类	五类
A B	A B	A B	HT	A B

从地面层算起的高度尺寸（建筑高度）　< ···············> 55

人群（用房）

- A（会堂）
- B（商务）
- E（教育）　········> 2 层，每层建筑面积 14500 平方英尺（1347 平方米）
- F（工厂）
- H（高风险）
- I（公共机构）
- M（贸易）
- R（居住）
- S（储藏）
- U（公共设施）

构造类型

一　　二　　三　　四　　五

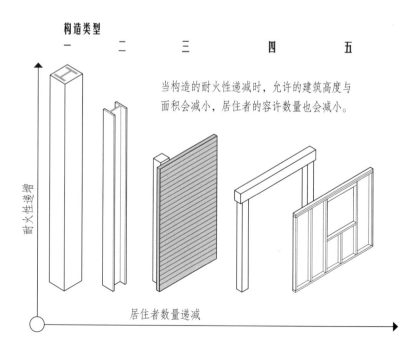

当构造的耐火性递减时，允许的建筑高度与面积会减小，居住者的容许数量也会减小。

耐火性递增

居住者数量递减

节选自《国际建筑规范》表 503（展示了允许的最大建筑高度、最大楼层数及与之相称的每层最大建筑面积）[单位：英尺 / 层 / 平方英尺（为对照参考，括号内列出了公制数值，单位：米 / 层 / 平方米）]

构造类型	一类	二类	三类	四类	五类
来自《国际建筑规范》表 601	A 级 防火	A 级 防火	B 级 部分耐火	大木结构	B 级 非耐火等级

用房

A-2
（餐馆）

不限 / 不限 / 不限

65 英尺 /3 层 /15500 平方英尺（19.8 米 /3 层 /1440 平方米）

55/2/9500（16.8 米 /2 层 /883 平方米）

65/3/15000（19.8 米 /3 层 /1394 平方米）

40/1/6000（12.2 米 /1 层 /557 平方米）

B
（商务）

不限 / 不限 / 不限

65/5/37500（19.8 米 /5 层 /3484 平方米）

55/4/19000（16.8 米 /4 层 /1765 平方米）

65/5/36000（19.8 米 /5 层 /3344 平方米）

40/2/9000（12.2 米 /2 层 /836 平方米）

M
（零售）

不限 / 不限 / 不限

65/4/21500（19.8 米 /4 层 /1997 平方米）

55/4/12500（16.8 米 /4 层 /1161 平方米）

65/4/20500（19.8 米 /4 层 /1904 平方米）

40/1/9000（12.2 米 /1 层 /836 平方米）

R-2
（公寓）

不限 / 不限 / 不限

65/4/24000（19.8 米 /4 层 /2230 平方米）

55/4/16000（16.8 米 /4 层 /1486 平方米）

65/4/20500（19.8 米 /4 层 /1904 平方米）

40/2/7000（12.2 米 /2 层 /650 平方米）

构造类型 **Types of Construction**

《国际建筑规范》根据其主要构件耐火性，将建筑的构造
分为五类：

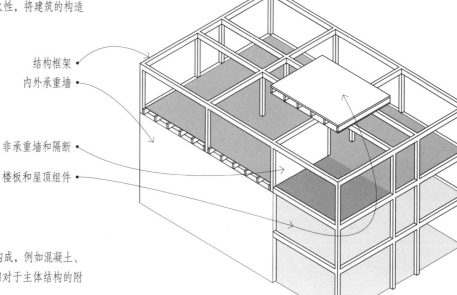

结构框架

内外承重墙

非承重墙和隔断

楼板和屋顶组件

- **一类** 建筑的主要构件由不可燃材料构成，例如混凝土、
  砖石、钢材。如果可燃材料使用在相对于主体结构的附
  属设施上，也是允许的。
- **二类** 建筑与一类建筑相似，只是降低了主要建筑构件的
  必要耐火等级。
- **三类** 建筑设有不可燃外墙，主要室内构件可用规范许可
  的任意材料。
- **四类** 建筑（大木结构，简称"大木"）设有不可燃外墙，
  主要室内构件是实木或胶合板的。木材要达到指定的最
  小尺寸，没有隐蔽空间。
- **五类** 建筑的结构单件、外墙、内墙可用规范许可的任意
  材料。

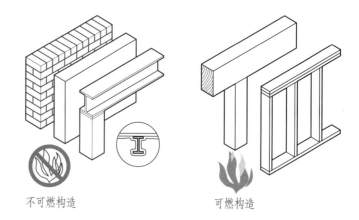

不可燃构造　　　　　　　可燃构造

- 防护构造要求所有建筑构件，除了非承重内墙和隔断以
  外，构造达到耐火一小时。
- 非防护构造对耐火性无要求，除非规范中因外墙邻近建
  筑红线而对外墙保护提出要求。

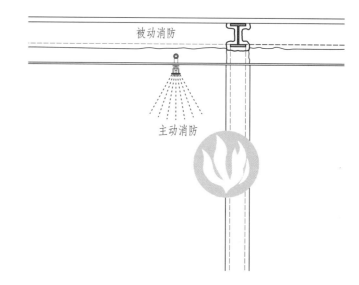

被动消防

主动消防

耐火极限的必要小时数（基于《国际建筑规范》表 601 ）

构造类型 建筑构件	一类		二类		三类		四类	五类	
	A	B	A	B	A	B	大木	A	B
结构框架	3	2	1	0	1	0	2	1	0
承重墙 　外墙	3	2	1	0	2	2	2	1	0
内墙	3	2	1	0	1	0	1/大木	1	0
非承重墙 　外墙	非承重外墙的耐火要求是基于其防火间距，它可能来自基地内部边线、街道中心线或同一房地产两座建筑间的某条假想线。								
内墙	0	0	0	0	0	0	1/大木	0	0
楼板构造	2	2	1	0	1	0	大木	1	0
屋顶构造	$1\frac{1}{2}$	1	1	0	1	0	大木	1	0

按照美国材料和试验协会（ASTM, the American Society for Testing and Materials）的定义，耐火等级是基于各种不同材料和构造组合在火灾试验中的表现。不过，建筑规范允许设计师用几种替代方法来证明符合耐火标准。一种方法是允许采用由保险商实验室（Underwriters Laboratory）或工厂互保组织（Factory Mutual）等公认机构确认的耐火等级。《国际建筑规范》里本身包含着一系列指定组合件，描述了可以用在结构部件、楼板与屋顶构造、墙体上的防护措施，以达到必要的耐火等级。

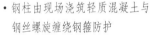

- 钢柱由现场浇筑轻质混凝土与钢丝螺旋缠绕钢箍防护
- 1~4 小时耐火极限

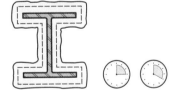

- 钢柱由珍珠岩石膏灰泥或蛭石石膏灰泥抹在金属网上防护
- 3~4 小时耐火极限

- 钢筋混凝土柱配以轻骨料
- 1~4 小时耐火极限

在做任何结构体系的规划时，都应将两条属性计入设计中，并引导设计发展，保障其稳定性、耐久性和效用。这两条属性是——冗余量和连续性。不只要用在某种指定材料或某一类结构构件上（比如梁、柱、桁架），而是要用在一整个建筑结构上，它可被视为由相互关联的各部分组成的一个整体系统。

建筑结构的失效可能是随便因为断裂、失稳或塑性变形，致使结构组件、单件、节点无法维持本来设计的承载功能。为避免失效，结构设计往往会取一个安全因子，表示成最大应力的比值，即一个结构部件在使用中允许承受的设计最大应力。

在正常情况下，任何结构单件都会经受弹性形变，当受力时会弯曲，而当力撤去时会恢复原状。但是，比如地震中产生的那些极端荷载，可能造成非弹性形变，使构件无法恢复原状。为了承抵这种极端荷载，必须用延性材料的构件来建造。

延性是指材料具有如下属性：能在受到超出弹性极限的应力后，在断裂之前，经受住塑性变形。延性是结构材料必要的一种属性，因塑性状态是残余应力的一项指标，经常被看作将发生故障时的视觉警告。此外，结构部件的延性允许多余的荷载分散到其他部件上，或分散到同一部件的其他部位。

冗余量 Redundancy

除了采用安全因子和应用延性材料外，还有一个防止结构失效的办法是在结构设计中计入冗余量。冗余结构包含了静定结构中不必要的部件、连接体、支撑构件，为的是一旦某部件、连接体、支撑构件失效，还有其他现成构件可以提供备用路径来传递作用力。换言之，冗余的概念是指提供多条传力路径，作用力可借此绕过某个结构病害点或某处结构失效局部。

冗余量在地震多发区是非常有必要的，尤其是在建筑结构的抗侧向力体系中。它还是大跨结构至关重要的一项属性，因为其主桁架、拱结构或主梁若失效，则将导致大部分结构失效，甚至整体坍塌。

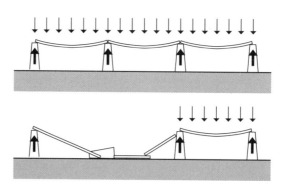

• 简支梁在各端头支撑，是静定结构；运用平衡方程式很容易判定其支座反力。

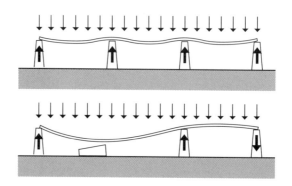

• 如果同一道梁沿其长向连续越过四根柱，那这一结构组件就是超静定的，因为与适用的平衡方程式相比，有更多的支座反力。事实上，跨过多个支撑的梁的连续性导致了竖向荷载和侧向荷载沿支架底座有冗余路径。

将结构冗余扩展到一整个结构体系，可提供保护，防止结构发生连续倒塌。连续倒塌可以描述为从初始时一个结构部件的局部失效蔓延到另一个，最终导致一整个结构的倒塌或大得不成比例的一部分结构倒塌。这是个重点问题，因为连续倒塌可能导致重大的结构性破坏和造成生命损失。

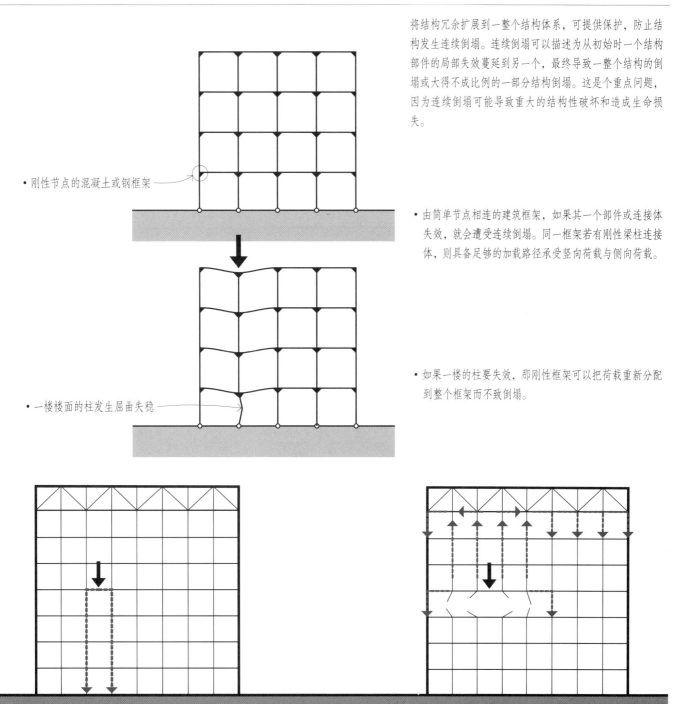

• 刚性节点的混凝土或钢框架

• 由简单节点相连的建筑框架，如果其一个部件或连接体失效，就会遭受连续倒塌。同一框架若有刚性梁柱连接体，则具备足够的加载路径承受竖向荷载与侧向荷载。

• 一楼楼面的柱发生屈曲失稳

• 如果一楼的柱要失效，那刚性框架可以把荷载重新分配到整个框架而不致倒塌。

• 竖向荷载通常由梁承接，并将荷载通过弯转引到相邻的柱上。柱子转而又把荷载沿一道连续的路径向下传到基础上。

• 如果某一特定楼层面的柱受损或被毁，竖向荷载会被楼上的柱子重新导向主要的屋顶桁架或主梁。桁架或主梁会把荷载重新分配给仍在起作用的其他柱子。整个建筑结构中的冗余量提供了替代的加载路径，有助于防止连续倒塌。

连续性　Continuity

结构中连续性为贯穿于建筑结构的荷载提供了直接的、不间断的加载路径，从屋顶层向下直到基础。连续的加载路径有助于确保结构承受的所有作用力都能从它们的施用点上传到基础。沿某条加载路径的所有单件和连接体都必须有足够的强度、刚度和变形性能来传递荷载，不致累及建筑结构发挥整体作用的能力。

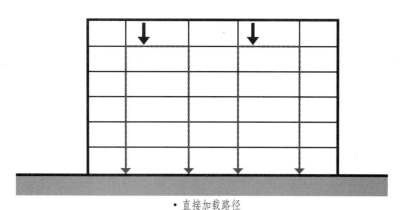

• 直接加载路径

• 为防止连续倒塌，结构部件和组件应该充分联系在一起，以便力和位移可以在结构的各竖向、横向构件间转移。

• 强连接让所有的建筑构件作为整体一道起作用，增加了结构的整体强度和刚度。不充分连接表示的是加载路径中的一种弱连接，它是地震时造成建筑受损和倒塌的一个常见原因。

• 刚性非结构性单件应该从主体结构中恰当地隔离出来，以防止它吸引的荷载造成对非结构性构件的损坏，而且这一过程中，会产生意想不到的加载路径，对结构单件造成损坏。

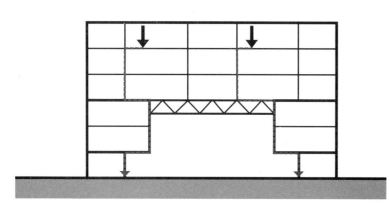

• 迂回加载路径

• 贯穿建筑结构的加载路径应该尽可能直接；应避免分支线。

• 若破坏相邻楼层上竖向对齐的柱子和承重墙，会导致竖向荷载转为横向，在下面的支撑梁、纵梁、桁架上引起很大的弯曲应力，由此需要截面更厚的部件。

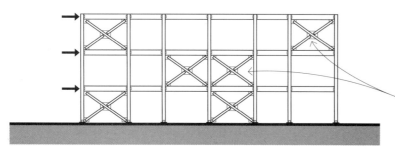

来自屋顶的侧向力由三楼楼面的斜撑来抵御。斜撑将侧向力传到三楼隔板，它又转而把荷载加在二楼的斜撑。侧向力在二楼聚集，然后穿过二楼隔板，传给地面层的斜撑。加载路径是迂回的，因为斜撑在竖向上不是连续的。

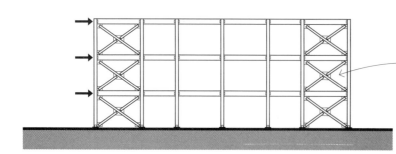

• 当竖向斜撑体系以连续方式排布时，在这种情况下就构成了一个竖向桁架，荷载有非常直接的路径可传到基础。

2 结构模式
Structural Patterns

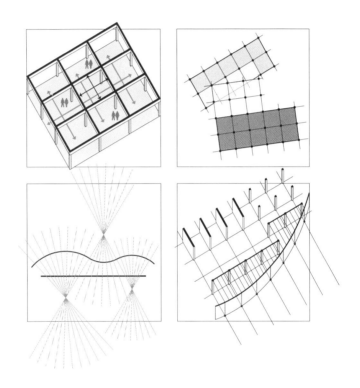

要思考一个建筑概念或者发展它的潜能，关键是要去理解它是如何建造的。一个建筑方案中的空间及形式的本质和概念中的结构搭建是齐头并进的，它们相辅相成。为了阐述这种共生的关系，这个章节介绍了结构模式的发展以及它们是如何影响在一个建筑概念中体现的形式构成和空间布局。

这一章以规则的和不规则的网格模式开始，接下来将讨论过渡和关联模式。

- 结构模式：支撑件、横跨体系、抗侧向力单件等模式；
- 空间模式：由对某结构体系的选择推测出空间构成；
- 关联模式：基地的性质和周边环境所决定的布局情况。

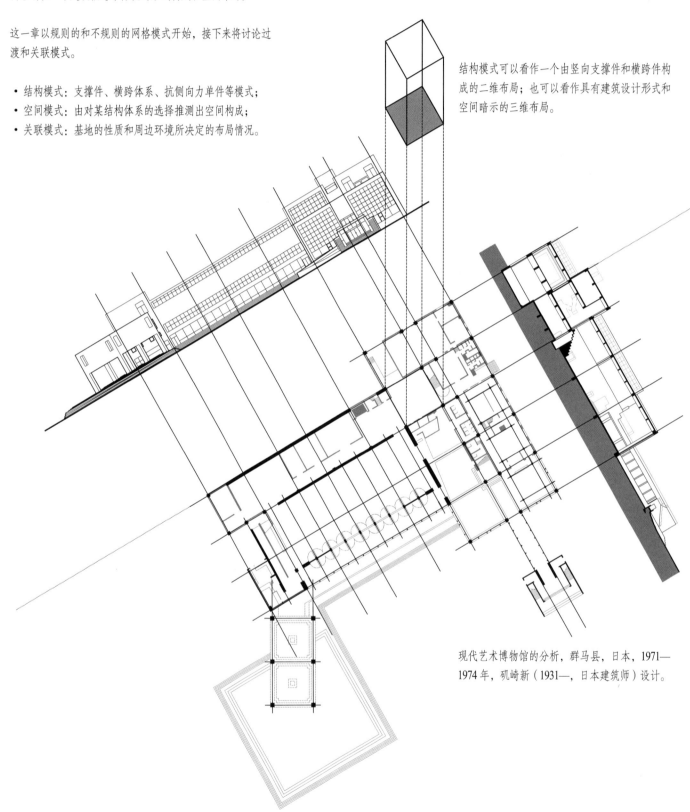

结构模式可以看作一个由竖向支撑件和横跨件构成的二维布局；也可以看作具有建筑设计形式和空间暗示的三维布局。

现代艺术博物馆的分析，群马县，日本，1971—1974 年，矶崎新（1931—，日本建筑师）设计。

结构模式是由竖向支撑件、横跨体系和抗侧向力单件组成的三维结构。

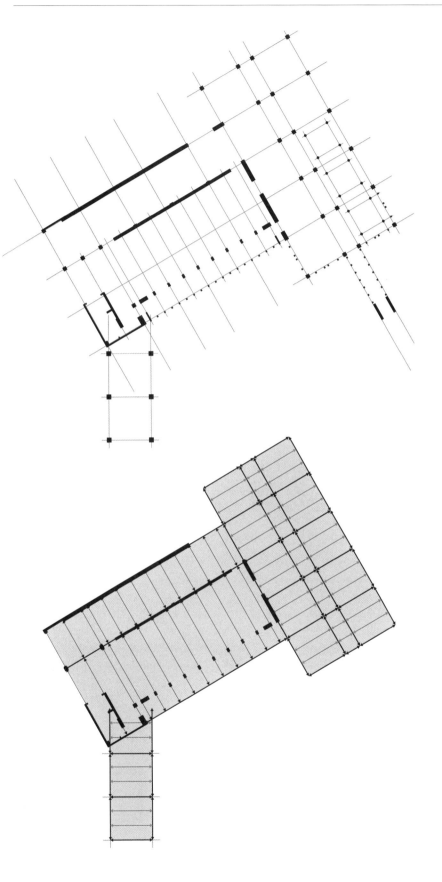

支撑模式　Pattern of Supports

- 竖向支撑平面
- 承重墙
- 列柱
- 梁柱框架

横跨体系模式　Pattern of Spanning Systems

- 单向跨体系
- 双向跨体系

抗侧向力单件模式
Pattern of Lateral-Force-Resisting Elements

参见第 5 章。
- 斜撑框架
- 抗弯矩框架
- 剪力墙
- 水平隔板

结构单元　Structural Units

结构单元是一个独立组件，是由能够形成或者显示出某一单个空间体量边界的结构部件组成的。定义单个空间体量，有几种基本方式。

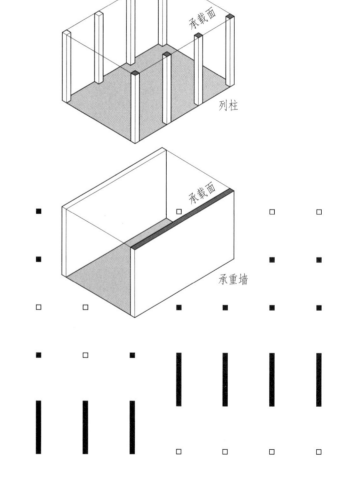

空间体量

承载面

柱和梁

承载面

列柱

承载面

承重墙

支撑方式选择　Support Options

两根柱子支撑一根横梁或一根纵梁组成一个开放的框架，这个框架既限定又相连了相邻的空间。任何形成实体遮蔽或者视觉隐私的围合都需要建造一个隔墙，它能够被结构框架所支撑，或自我支撑。

柱子支撑集中荷载。随着柱子数量增加，间距减少，所支撑的平面将由中空趋向密实，并且接近承重墙的特点，能够支撑分布荷载。

一面承重墙在提供支撑的同时，也将一个场地划分为分离的不同空间。不管哪面墙需要开口让各空间相连，都将减弱结构的完整性。

梁柱结构和承重墙都能结合使用，发展出许多空间构成。

横跨方式选择　Spanning Options

创建一个空间体量至少需要两个竖向上的支撑面，不管它们是梁柱框架、承重墙，还是将其互相结合。为了提供抵御气候变化的遮蔽空间，同时也能满足围合感，某些横跨体系要弥合各支撑体系间的间距。在观察两个支撑面之间的基本横跨方式时，我们必须同时考虑分布在支撑面上的作用力方式和横跨体系的形式。

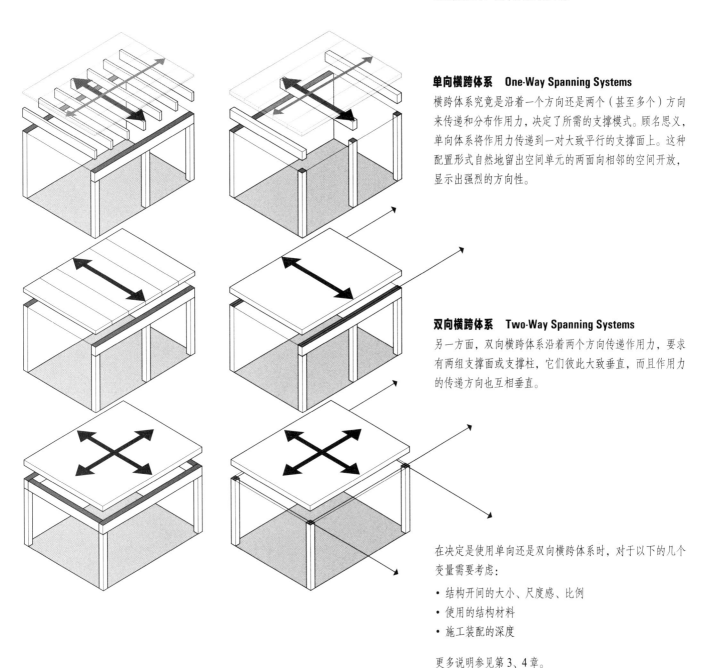

单向横跨体系　One-Way Spanning Systems

横跨体系究竟是沿着一个方向还是两个（甚至多个）方向来传递和分布作用力，决定了所需的支撑模式。顾名思义，单向体系将作用力传递到一对大致平行的支撑面上。这种配置形式自然地留出空间单元的两面向相邻的空间开放，显示出强烈的方向性。

双向横跨体系　Two-Way Spanning Systems

另一方面，双向横跨体系沿着两个方向传递作用力，要求有两组支撑面或支撑柱，它们彼此大致垂直，而且作用力的传递方向也互相垂直。

在决定是使用单向还是双向横跨体系时，对于以下的几个变量需要考虑：

- 结构开间的大小、尺度感、比例
- 使用的结构材料
- 施工装配的深度

更多说明参见第 3、4 章。

组装结构单元　Assembling Structural Units

由于建筑物大都不仅仅只含有一个单独、孤立的空间，所以结构体系必须能够适应于多种不同尺度、用途、关联、方向的空间。为了达到这个目的，我们将结构单元组装到一个更大的整体模式中，这必然与建筑物中空间的组织方式以及建筑物形式和构成的自身特点有关系。

由于连续性一直是一种理想的结构状况，因而往往明智之举是将结构单元沿主要的支撑线和横跨方向延伸而构成一个三维网格。如果需要适应于特殊形状或尺度夸张的空间，那么结构网格可以通过扭曲、变形或者扩大某些开间来调整。甚至当只有单个的结构单元或者组件包裹着建筑物各个空间时，这些空间本身就必须建造成受支撑的若干单元或构成实体。

结构网格　Structural Grids

网格（grid）是一种由直线组成的模式，常常在直角点上均分和交叉，可作为参照系在地图或者平面图上设立定位点。在建筑设计中，网格通常被用作一种排列手段，不仅仅用于定位，同时也用于控制平面上的主要元素。因此，当我们说到"结构网格"时，我们特指一种由线和点组成的体系，用于确定和控制主要结构单件的位置，例如柱和承重墙。

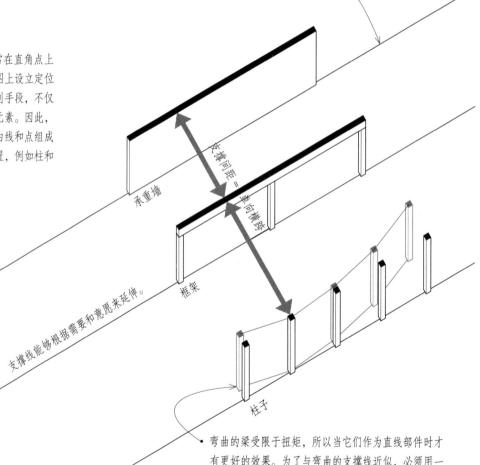

- 平面网格中平行的线表示的是竖向支撑面可能的位置和方向，而支撑面可能由承重墙、框架、列柱或它们之间的任何组合来构成。

支撑间距 = 单向横跨

承重墙

框架

柱子

支撑线能够根据需要和意愿来延伸。

- 弯曲的梁受限于扭矩，所以当它们作为直线部件时才有更好的效果。为了与弯曲的支撑线近似，必须用一列柱子来支撑一系列简单的横跨梁。不过，承重墙可以做成弯曲面。

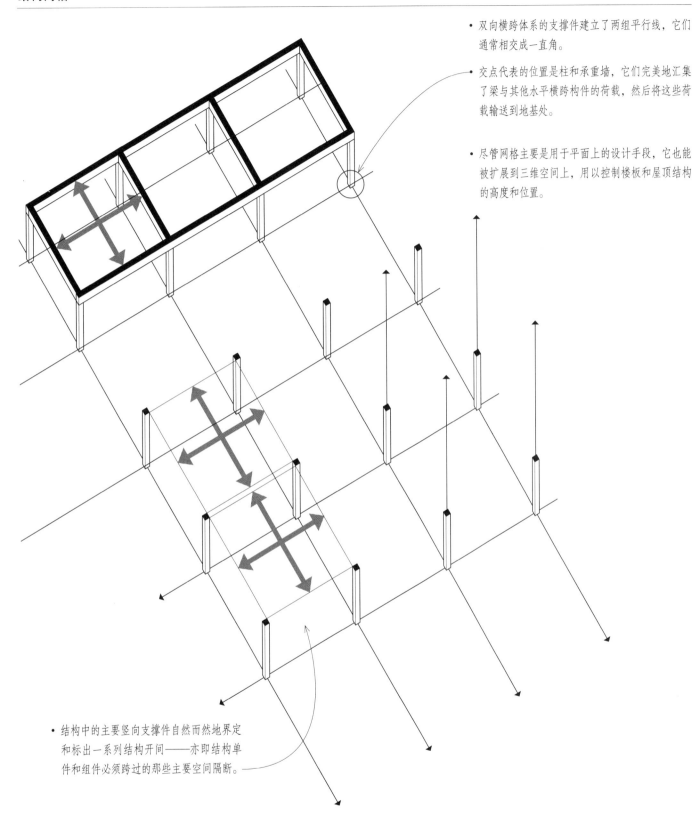

- 双向横跨体系的支撑件建立了两组平行线，它们通常相交成一直角。

- 交点代表的位置是柱和承重墙，它们完美地汇集了梁与其他水平横跨构件的荷载，然后将这些荷载输送到地基处。

- 尽管网格主要是用于平面上的设计手段，它也能被扩展到三维空间上，用以控制楼板和屋顶结构的高度和位置。

- 结构中的主要竖向支撑件自然而然地界定和标出一系列结构开间——亦即结构单件和组件必须跨过的那些主要空间隔断。

在构思建筑概念时，为生成一套结构网格，必须考虑网格有哪些重要特征可影响到建筑构思，可适应于任务书里的活动以及可对结构设计产生作用。

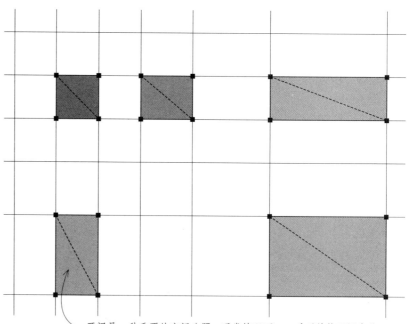

比例　Proportions

结构开间的比例会影响或限制我们选取水平跨件体系的材料和结构。单向体系较为灵活，能够横跨或方形或矩形的开间之任意一边，而双向体系则最好用于横跨方形或者接近方形的开间。

尺寸　Dimensions

结构开间的尺寸明显地影响着水平跨件的方向和跨度。

- 跨件的方向
  水平跨件的方向由竖向支撑面的位置和方向决定，它也影响空间组织自身和所限定空间性质，在一定程度上还将影响建造的经济性。
- 跨度
  竖向支撑面的间隔决定了水平跨件的跨度，反过来跨度也影响了选择采用哪些材料和哪类横跨体系。跨度越大，横跨体系截面越厚。

• 开间是一种重要的空间分隔，通常情况下，一系列结构开间中的单个开间，是以结构中的主要竖向支撑件为标识的，并由此划分。

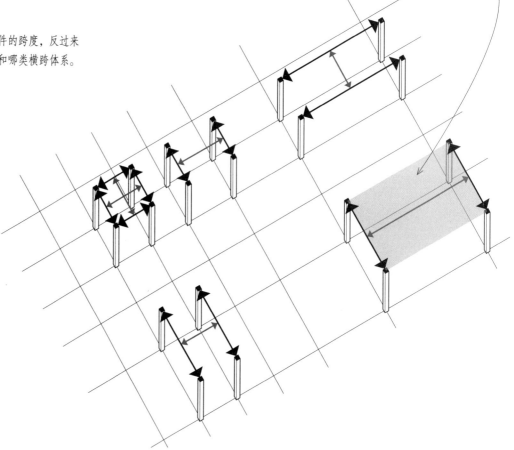

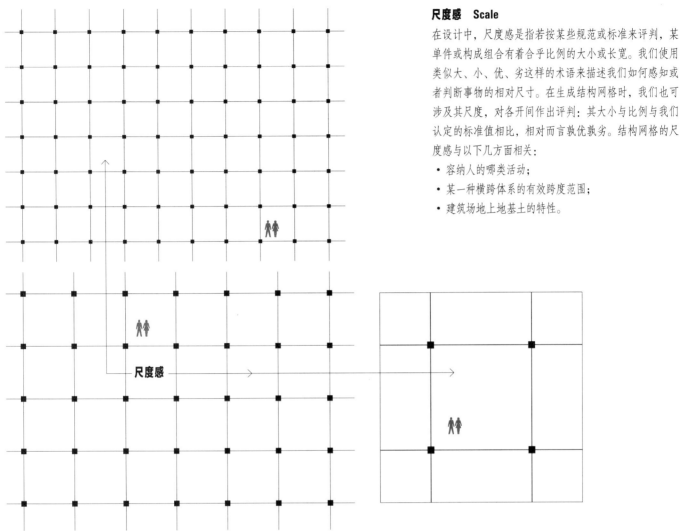

尺度感　Scale

在设计中, 尺度感是指若按某些规范或标准来评判, 某单件或构成组合有着合乎比例的大小或长宽。我们使用类似大、小、优、劣这样的术语来描述我们如何感知或者判断事物的相对尺寸。在生成结构网格时, 我们也可涉及其尺度, 对各开间作出评判: 其大小与比例与我们认定的标准值相比, 相对而言孰优孰劣。结构网格的尺度感与以下几方面相关:

- 容纳人的哪类活动;
- 某一种横跨体系的有效跨度范围;
- 建筑场地上地基土的特性。

尺度感的另一点是使用构件的相应尺寸。有些结构由于应用了较大部件来承托集中荷载, 因此可看作有集中特性。另外一方面, 还有一些结构用到多种不同的小部件, 其荷载分布在大量较小的构件上。

对某些结构体系而言, 最后一个属性在于它的截面纹理 (grain), 由该结构横跨单件的方向、尺寸、组织方式决定。

空间匹配度 Spatial Fit

结构网格可体现出竖向支撑件的特性、模式、尺度，不仅影响到用哪种横跨体系，而且竖向支撑件的排布也应该与人员活动的预期模式和规模相适应。至少，竖向支撑模式不应该妨碍空间的使用便利性，也不应束缚其中的预期活动。

这些活动若需要有大的净跨，往往已规定好结构方式；但是小型活动通常能够与多种结构方式相适应。为了阐述这一点，对页展示了不同类型和尺度的结构模式以及与之相适应的人员活动的模式和规模。

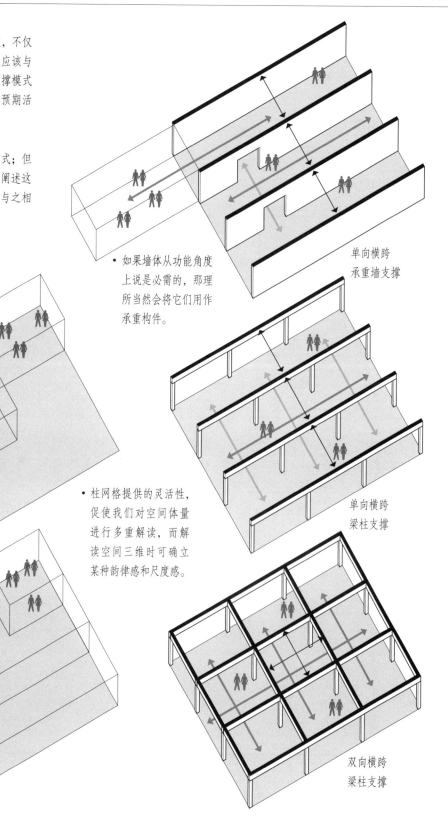

- 如果墙体从功能角度上说是必需的，那理所当然会将它们用作承重构件。

单向横跨
承重墙支撑

- 柱网格提供的灵活性，促使我们对空间体量进行多重解读，而解读空间三维时可确立某种韵律感和尺度感。

单向横跨
梁柱支撑

双向横跨
梁柱支撑

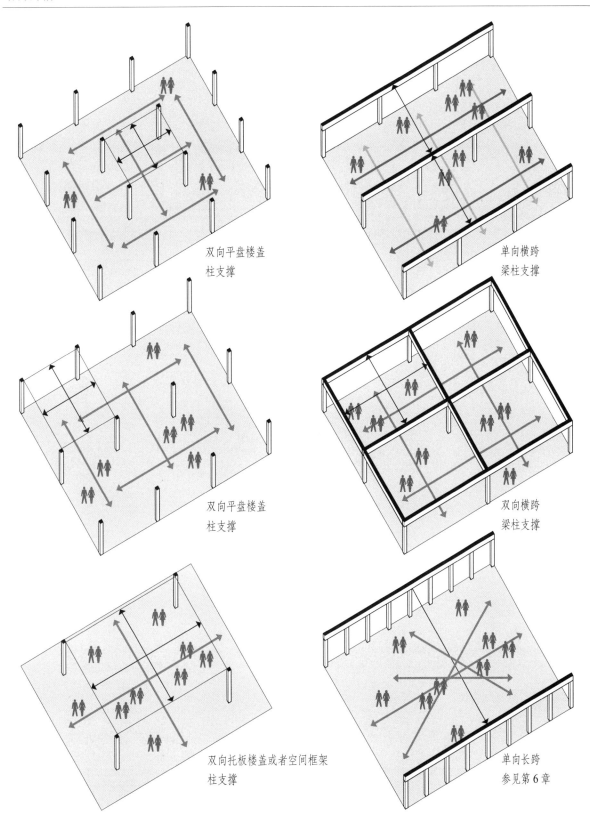

双向平盘楼盖
柱支撑

单向横跨
梁柱支撑

双向平盘楼盖
柱支撑

双向横跨
梁柱支撑

双向托板楼盖或者空间框架
柱支撑

单向长跨
参见第6章

规则的网格定义了相等的跨度,允许使用重复的结构构件,同时使多个开间有能力保持结构连续性。尽管不能以规则的网格为规范,但它们确实提供了一种有效的途径去开始考虑各种网格模式的结构含义。

方形网格 Square Grids

单个方形开间既能采用单向横跨体系又能采用双向横跨体系。然而,当多个方形开间扩展至整个方形网格区域时,双向连续性的结构优势暗示着使用混凝土双向横跨体系更为合适,尤其适合于中小型的跨度范围。

有一点应该注意的是,采用双向横跨时需要方形或者近似方形的开间,然而方形开间却不一定要使用双向横跨体系。例如,线性组合的方形开间仅考虑单个方向的连续性,排除了双向横跨体系结构上的优势,这意味着采用单向横跨体系或许比双向体系更有效。同样的,如果一个方形开间超过 60 英尺(18 米),可以更多采用单向体系,而更少采用双向体系。

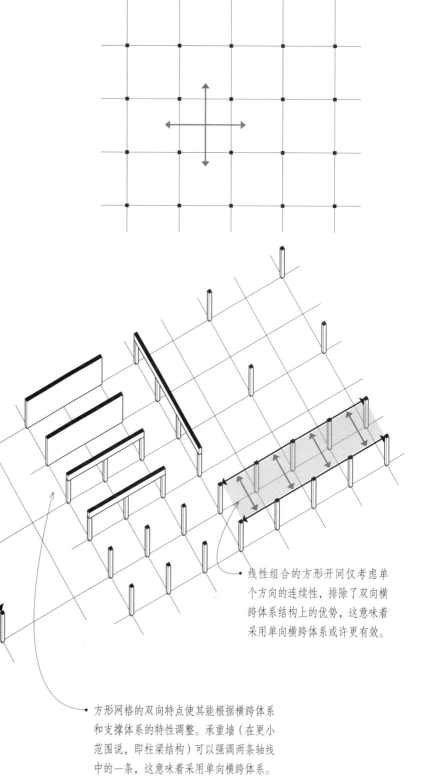

• 单个方形开间既能采用单向也能采用双向体系。

• 线性组合的方形开间仅考虑单个方向的连续性,排除了双向横跨体系结构上的优势,这意味着采用单向横跨体系或许更有效。

• 方形网格的双向特点使其能根据横跨体系和支撑体系的特性调整。承重墙(在更小范围说,即柱梁结构)可以强调两条轴线中的一条,这意味着采用单向横跨体系。

矩形网格 Rectangular Grids

矩形网格的开间通常采用单向横跨体系，特别是当开间某一边的水平尺寸控制另一边时。最基本的问题是如何组织横跨构件。并不总是能轻易决定主要结构构件的横跨方向。或许最好的做法往往是从结构效能的角度出发，使主要的横梁和纵梁尽可能地缩小跨度以及采用重复部件支撑均匀分布荷载的方式，以跨越矩形开间的长边距离。

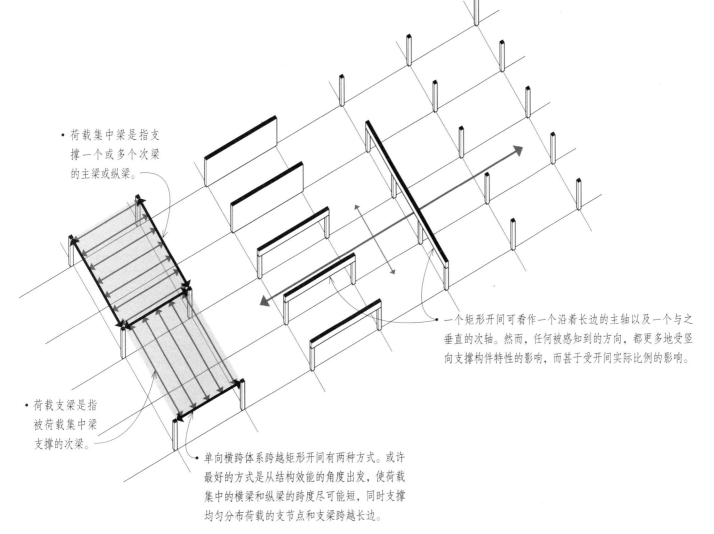

• 荷载集中梁是指支撑一个或多个次梁的主梁或纵梁。

• 荷载支梁是指被荷载集中梁支撑的次梁。

一个矩形开间可看作一个沿着长边的主轴以及一个与之垂直的次轴。然而，任何被感知到的方向，都更多地受竖向支撑构件特性的影响，而甚于受开间实际比例的影响。

单向横跨体系跨越矩形开间有两种方式。或许最好的方式是从结构效能的角度出发，使荷载集中的横梁和纵梁的跨度尽可能短，同时支撑均匀分布荷载的支节点和支梁跨越长边。

方格状网格 *Tartan Grids*

方形网格和矩形网格或许都能通过不同的方式修正，以响应任务书的要求或者周边环境需求。其中一种方式即通过偏移两个平行的网格，创造一种方格图案的支撑模式。生成的间隙或者两者间的空间能用作两个大空间之间的可调空间、限定移动的路径，或容纳房内的机械系统。

尽管这里举例的方格状网格都是建立在正方形的基础上的，但矩形格状网格也是可行的。不管情况是哪种，要决定是采用单向还是双向横跨体系取决于开间的比例，如第46页所述。

• 方格状网格可以提供多种支撑点，既可支撑荷载集中的横梁或纵梁，也可支撑支梁或分支节点。

簇柱可转化为一对墙壁状的柱子，带有明显轴线，也可转化为单个井筒状的结构体。

• 局部平面图与剖面图：荷兰阿培尔顿（Apeldoorn）的中央管理保险公司（Centraal Beheer Insurance Offices），1967—1972年，赫曼·赫兹伯格(Herman Hertzberger，1932— ，荷兰建筑师) 设计。

放射状网格　Radial Grids

放射状网格包括组织在一个放射状模式内的各竖向支撑件，有一个或实体或虚拟的中心。跨的方向受支撑间距的影响，既可按半径测量，也可按周长测量。

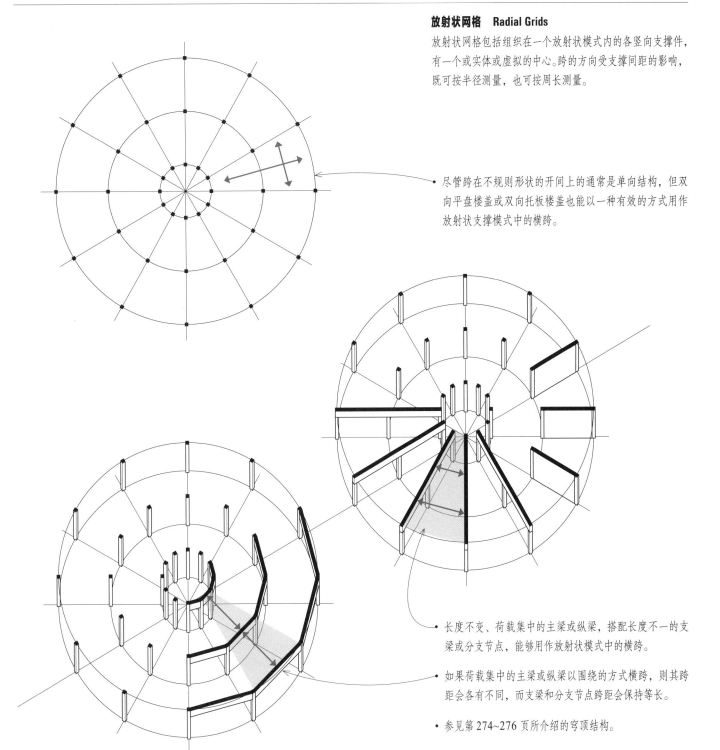

- 尽管跨在不规则形状的开间上的通常是单向结构，但双向平盘楼盖或双向托板楼盖也能以一种有效的方式用作放射状支撑模式中的横跨。

- 长度不变、荷载集中的主梁或纵梁，搭配长度不一的支梁或分支节点，能够用作放射状模式中的横跨。

- 如果荷载集中的主梁或纵梁以围绕的方式横跨，则其跨距会各有不同，而支梁和分支节点跨距会保持等长。

- 参见第274~276页所介绍的穹顶结构。

网格修正　Modifying Grids

方形、矩形以及方格状的网格，它们都由规律重复的单件组成，并且这些单件受正交空间关系的控制，从这个意义上说，这些形状的网格都是规整的。它们按照可预测的方式生长，即使一个或多个单件缺失，整个形式仍保持着可辨认性。甚至连放射状网格，因其圆形的几何特性，也具有重复关系。

在建筑设计中，网格是强有力的组织手段。然而需注意的是，这些规整的网格仅是笼统的模式，它可以根据项目的任务、基地、材料进行调整，塑造与之相应的自身特性。其目的是生成一个网格，将形式、空间、结构整合为紧密结合的一体。

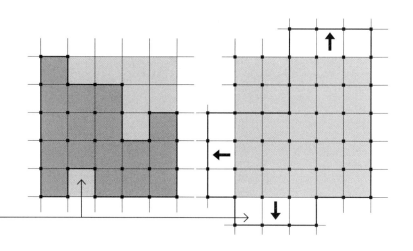

- **通过加法或减法修正**

  可以选择性地去除某部分，或在一个或多个方向上延伸结构开间，从而对规则的网格进行修正。

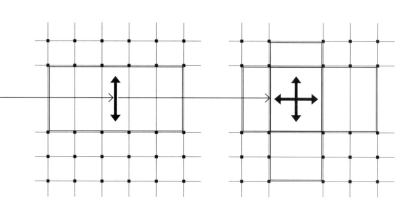

- **修正尺度和比例**

  可以在一个或者两个方向上增加开间跨度，创建一套分级模数，在尺度和比例上作出区分，从而对规则的网格进行修正。

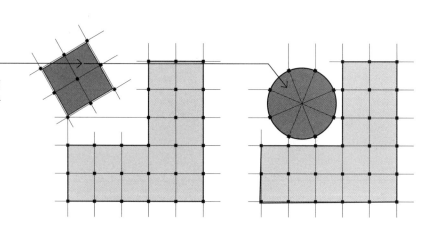

- **修正几何特性**

  可以并入另一个不论朝向还是几何形状都全然不同的网格，混合为一个构成组合，从而对规则的网格进行修正。

参见第14~15页的插图实例，勒·柯布西耶设计的昌迪加尔议会大厦。

通过加法或减法修正
Modifying by Addition or Subtraction

规则的网格能通过水平延伸和竖直延伸形成新的形式及空间构成。这样的加法组合能被用作表达生长，建立线性序列空间，围绕主要空间或母体空间汇聚一定数量的次要空间。

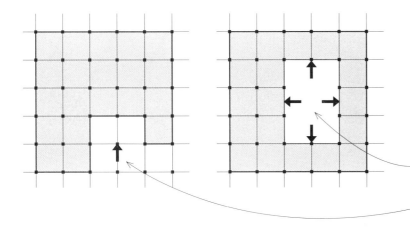

- 一系列线性空间单元能在正交方向上扩展形成一个二维领域上的空间单元，或是在竖向上扩展形成二维的或三维的空间构成。

- 加法修正部分，应该尽可能沿着竖向支撑件和水平跨件的主线布置。

减法修正产生于选择性地除去规则网格的一部分。这个减法的过程可能会创建：

- 一个主要空间，其尺度大于网格建立的空间，诸如内院或中庭

- 一个朝内凹进去的入口空间

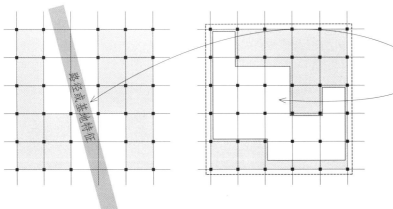

- 可以除去规则网格的一部分，以适应或满足场地的某个特征。

- 就减法修正而言，规则的网格应该大到足以包含建筑物中各任务功能以及能够识别出这是一个部分被除去的整体网格。

比例修正　Modifying Proportions

为了适应空间和功能的特定尺度需求，网格可沿着一个方向或两个方向做得不规则，同时以尺寸、规模、比例进行划分，创建一套分级模数。

当结构网格仅在单个方向上不规则，荷载集中的主梁或纵梁会跨在不均匀的开间长度上，而支梁或节点则保持着恒定的跨度。在一些情况下，使主梁或纵梁具有相等的跨度而支梁和节点具有不同的跨度，这或许更加经济。无论是哪种情况，不等的跨度都将会导致横跨体系具有不同的截面厚度。

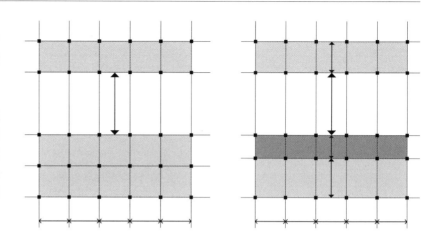

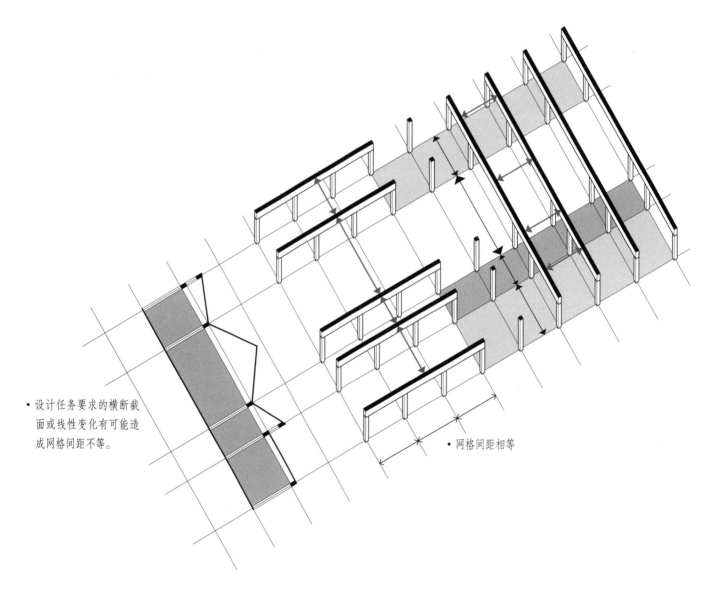

- 设计任务要求的横断截面或线性变化有可能造成网格间距不等。

- 网格间距相等

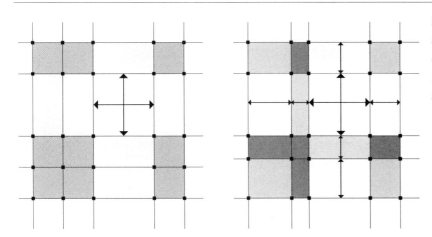

结构网格在两个方向上的不规则可达到结构、空间、功能之间更加紧密的结合。在这种情况下，横跨构件的方向将会随着结构开间的比例而变化。由于结构开间有各种比例，因此务必理解，无论是横跨构件还是竖向支撑件，其从属荷载面积也会各有不同。

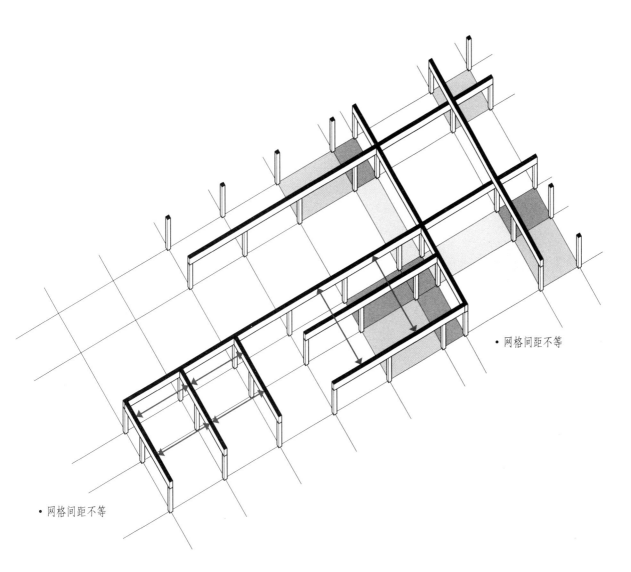

• 网格间距不等

• 网格间距不等

适应于大尺度空间 Accommodating Large-Scale Spaces

当空间在尺度上比普通用途的空间大得多时，例如观众厅和体育场，它们会瓦解结构网格中的本来的韵律节奏，并需要专门考虑竖向支撑件上增加的跨度和合成荷载——既有重力荷载也有侧向荷载。

比平常大一些的空间可嵌于结构网格中，自成一体却又附属于网格，或者足够大到将其支撑功能包含到体量中。在前两个例子中，大空间的竖向支撑件往往最好等同于规则承重网格，或是按其倍数关系分布间距点。这样，结构中的水平连续性能得以保持。

- 嵌于网格中的大型空间可以由周围空间的结构来竖向支撑或用扶壁支撑。如果大型空间的结构网格没有与周围空间的结构网格对齐，那就需要一些过渡结构去适应这种移位。

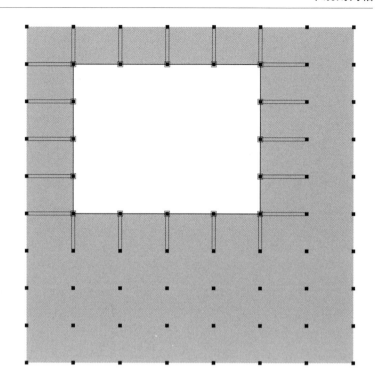

- 建筑表达应该是一个大空间，自成一体，却又与其相邻结构连通。当两种不同类型的结构体系相接，或者两个结构网格未对齐时，采用这种方式来表达大型空间，能减缓将会出现的困难。不管是以上两种情况的哪一种，都应有第三种结构体系来完成过渡。

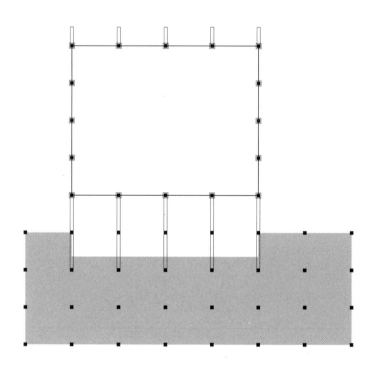

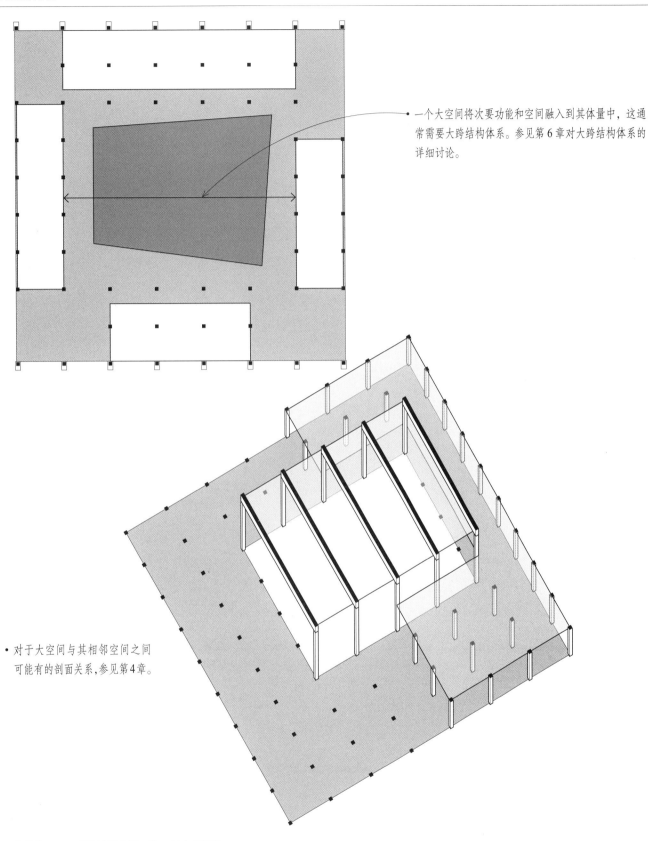

一个大空间将次要功能和空间融入到其体量中，这通常需要大跨结构体系。参见第6章对大跨结构体系的详细讨论。

• 对于大空间与其相邻空间之间可能有的剖面关系,参见第4章。

• 参见第14~15页的插图实例，勒·柯布西耶设计的昌迪加尔议会大厦。

几何形对比　Contrasting Geometries

一个规则的网格与一个与之对比的几何网格结合能反映不同的内部空间和外部形式的需求，或者表达某个形式或某个空间在周围环境中的重要性。不管是哪种情况，共有三种方式来处理几何形的相互对比。

• 两种对比几何形各自自成一体，用第三种结构体系联系。

• 两种对比几何形彼此重叠，其中一个占主导地位，或者两者相结合组成第三种几何形。

• 两种对比几何形之中的一个把另一个包含在内。

两个对比几何形交会形成的过渡空间或者间隙空间，如果足够大或足够独特，则能凸显其自身的重要性或意义。

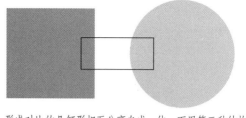

形成对比的几何形相互分离自成一体，而用第三种结构相连。

形成对比的几何形相交或重叠。

两个形成对比的几何形，其中一个包含另一个。

在后两个案例中，竖向支撑件和不等距的跨度会产生不规则或不均匀的布局，使我们很难采用重复的或模数化的结构构件。参见第70~73页中介于直线与曲线结构之间的过渡模式。

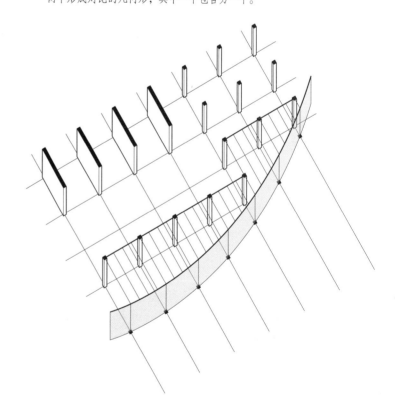

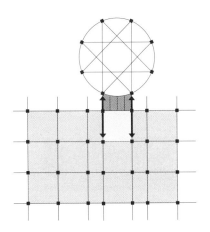

• 形成对比的几何形相互分离自成一体，却相互连接

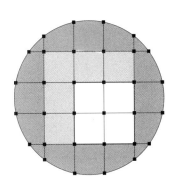

• 圆形中的矩形几何体

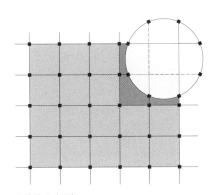

• 重叠的几何形

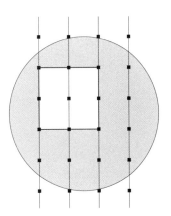

• 圆形中的矩形几何体

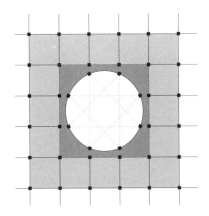

• 圆形几何体嵌在矩形之中

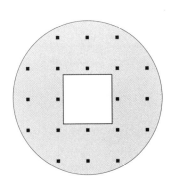

• 矩形几何体嵌在圆形之中

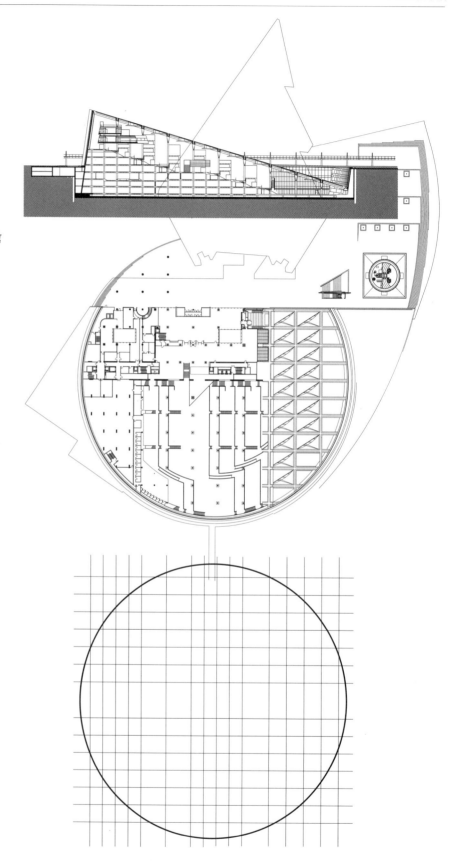

平面图与剖面图：埃及亚历山大港的亚历山大图书馆（Bibliotheca Alexandrina），1994—2002 年，斯诺赫塔建筑设计事务所设计（Snøhetta）。

本页与对页的案例图解说明了两个对比几何形——圆形与矩形，是以何种方式关联起来。亚历山大图书馆展示出圆形之内的矩形结构网格。利斯特县法院的圆形法庭空间则部分包含在矩形边界之内。ESO 酒店的巨大加盖圆形庭院与住宿区的线形条块隔开，同时又通过一个平台与之相连。

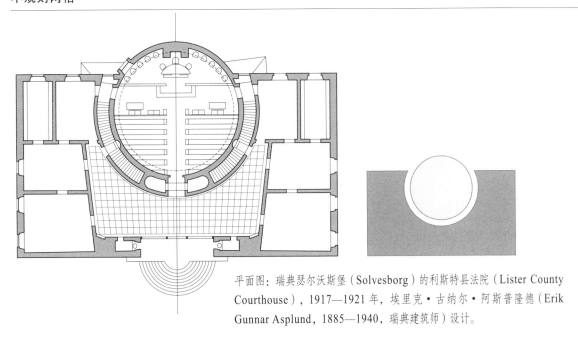

平面图：瑞典瑟尔沃斯堡（Solvesborg）的利斯特县法院（Lister County Courthouse），1917—1921 年，埃里克·古纳尔·阿斯普隆德（Erik Gunnar Asplund，1885—1940，瑞典建筑师）设计。

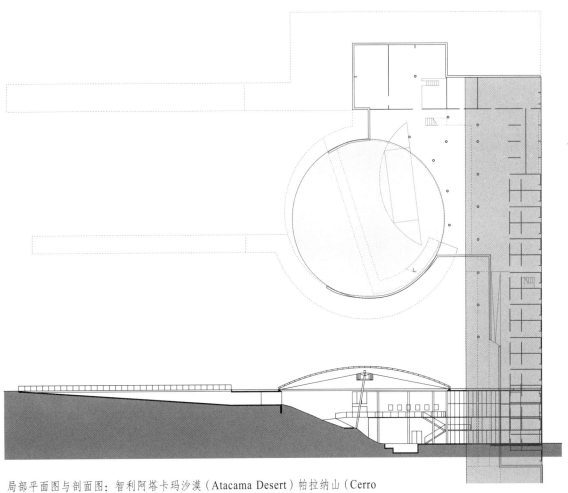

局部平面图与剖面图：智利阿塔卡玛沙漠（Atacama Desert）帕拉纳山（Cerro Paranal）的欧洲南方天文台酒店（ESO Hotel），1999—2002 年，奥尔＋韦伯联合建筑师事务所（Auer+Weber Associates）设计。

朝向对比 Contrasting Orientation

就像两种结构网格可以有形成对比的几何形状，它们也可能为了表达场地的特性，适应现有的活动模式，或在单个组合体内表达形成对比的形式或功能，而有不同的朝向。与几何形对比案例相仿，这里也有三种方式来解决如何把不同朝向的网格统一到单个结构中。

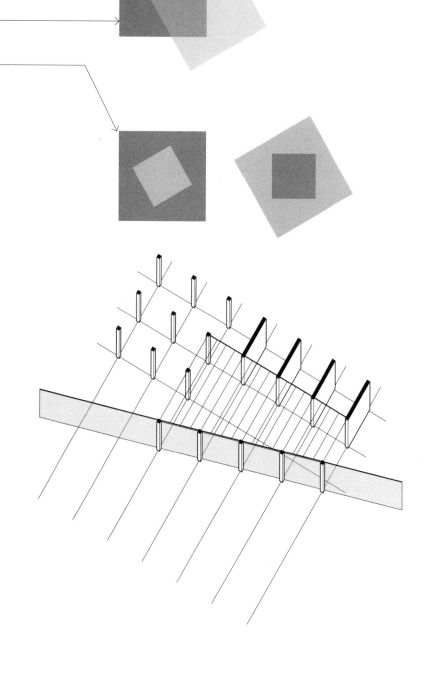

• 两个网格保持各自自成一体，用第三种结构体系相连。

• 两个网格彼此重叠，其中一个占主导地位，或是两者相结合形成第三种几何形。

• 两种对比几何形之中的一个把另一个包含在内。

两个有着对比朝向的几何形交会形成的过渡空间或间隙空间，如果足够大或足够独特，则能凸显其自身的重要性和意义。

在后两个案例中，竖向支撑件和不等距的跨度会产生不规则或不均匀的布局，使我们很难采用重复或模数化的结构构件。参见下页，介于不同朝向的网格之间的过渡模式。

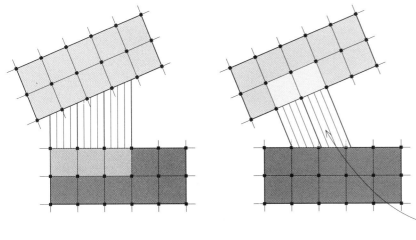

两个不同朝向形状之间的过渡联系部分可能会体现其中一个的朝向，或者两个都不体现。如果连接空间遵从其中一个朝向，那么形成对比的朝向将会被强调。

朝向形成对比时可以产生具有独特跨度情况的连接空间。

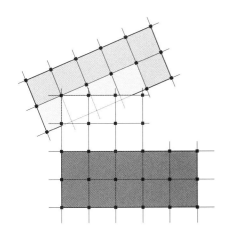
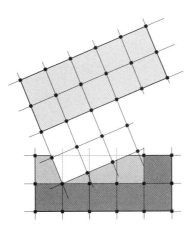

当朝向形成对比的两个网格相互重叠时，其中一个会占主导地位。这个网格通过在垂直尺度上的变化，还可以进一步强调主导优势。结构上及建筑设计上的强调之处，会安排在我们可以感受到两种几何形的特殊空间。

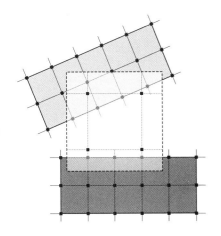
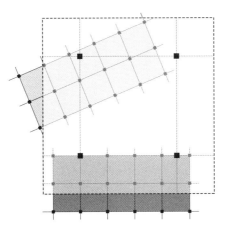

处理不同朝向的另一种方式是，将两种网格统一聚在第三种主导结构形式中。正如前述例子那样，对两种不同结构体系并置的特殊状态会加以强调。

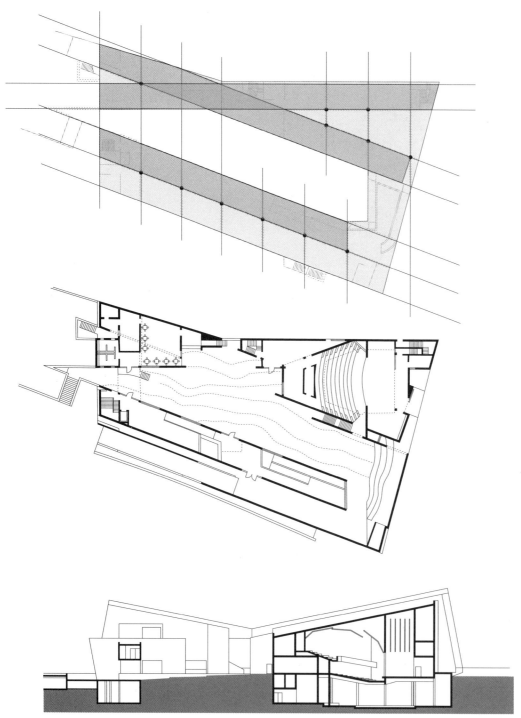

平面图与剖面图: 以色列特拉维夫的帕尔马奇历史博物馆(Palmach Museum of History),1992—1999 年,泽维·赫克(Zvi Hecker, 1931—, 以色列建筑师)与拉菲·西格尔(Rafi Segal, 当代以色列建筑师)设计。

本页和前一页的案例图解说明了有几种方式在单一布局中容纳形成对比的不同朝向。

帕尔马奇历史博物馆由三部分组成，其中两部分斜交在一起，以保护既有的树丛和石头，并界定出一个不规则形状的庭院。罗森塔尔现代艺术中心的结构基于一个规则的直线围合网格，不过它的柱子形状却是平行四边形的，以反映中庭空间歪斜的几何形，这个通高中庭使用天窗采光，并嵌入了作为竖向体系的楼梯。山谷中心住宅把主要的起居室作为过渡结构，将其抬升，从而使两翼呈对比的朝向在视觉上连接起来。

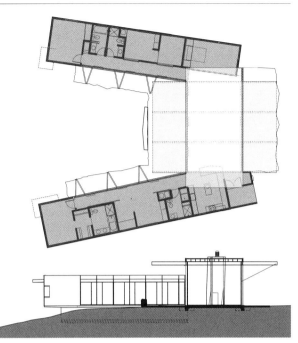

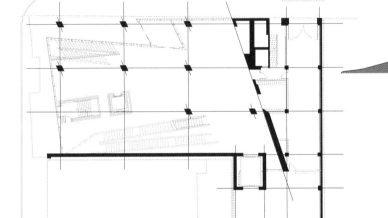

平面图与剖面图：美国加利福尼亚州圣迭戈县（San Diego County）的山谷中心住宅（Valley Center House），1999 年，戴利·吉尼克建筑师事务所（Daly Genik Architects）设计。

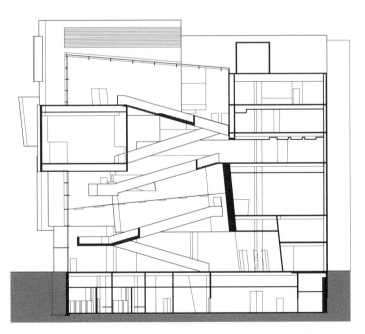

平面图与剖面图：美国俄亥俄州辛辛那提的洛伊斯与理查德·罗森塔尔现代艺术中心（Lois & Richard Rosenthal Center for Contemporary Art），2001—2003 年，扎哈·哈迪德（Zaha Hadid，1950—2016，伊拉克裔英国建筑师）建筑师事务所设计。

适应不规则空间　Accommodating Irregular Spaces

设计构思的产生往往不是来自支撑和横跨构件的结构模式，而是来自任务书要求的空间秩序和生成布局的形式品质。一个典型的建筑项目中，通常存在对各种各样空间的需求。可能需要在建筑组合中有空间具备单一而独特的功能或重要性，也可能需要在使用上是灵活的，可以自由地控制。

不连续的不规则空间可能要通过结构形成框架，使其符合并强化项目的空间体积需求。

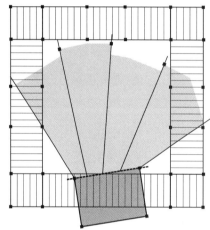

通常会在空间的结构概念和项目需求之间反复工作，寻求一个合适的结合方法，使结构策略与顾及生成空间环境的形式、美观、性能等品质之间形成统一。

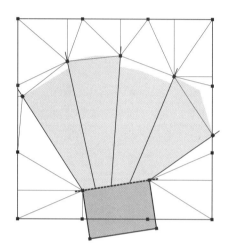

一个不连续的不规则的空间可能也能发展为一个带有单独结构体系的独立结构体以及一个建筑上几何叠加形成的整体。尽管适应于像剧院、音乐厅和大型展览厅空间的空间需求，但是这样的策略通常需要大跨结构体系。对大跨度结构的讨论参见第6章。

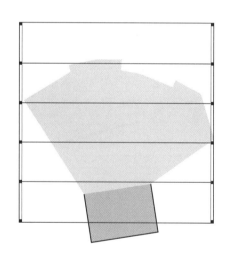

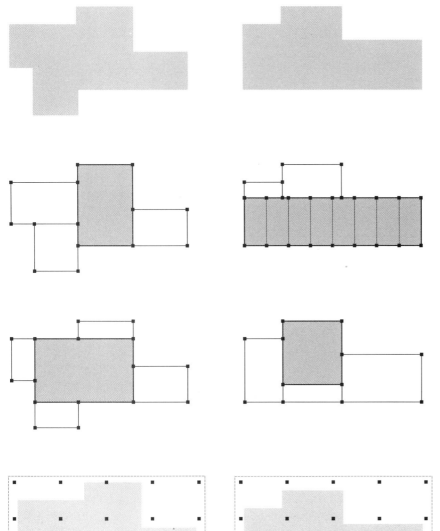

适应不规则形状
Accommodating Irregular Shapes

不规则平面形式通常产生的成因是，在某种做加法的手法中，要适应一堆不同的任务尺寸和多样关系。为了开发一种属于不规则形状建筑的结构或框架策略，就应该对"整个形式是如何被分隔成结构开间"以及"结构体量是如何反映设计者想要的空间层次"这两个问题有一个空间的认识。

这些图解举例说明了相同的平面形状能够接受不同的空间解读，这些解读的基础在于结构开间的配置方式。不同的配置通常能对不同的建筑形式有强烈的暗示作用。

当将一个规则的结构体系强加于一个不规则平面形式上时，结构开间和建筑空间之间将会缺少联系。这会导致外形品质和独立空间层次的减少或缺失。

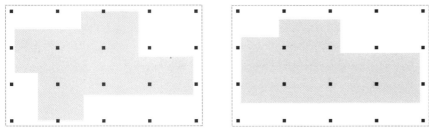

参见苏黎世柯布西耶中心的平面图和剖面图，第 16 页。

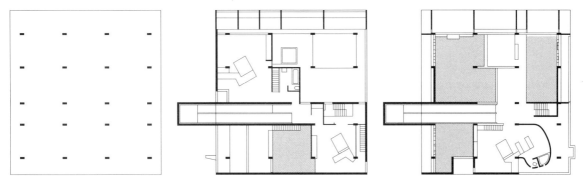

平面示意图：印度艾哈迈达巴德（Ahmedabad）的棉纺织协会总部（Mill Owner's Association Building），1952—1954 年，勒·柯布西耶（Le Corbusier，1887—1965，瑞士—法国建筑师）设计。

适应不规则形状 Accommodating Irregular Shapes

当为了形体的结构体系而发展一种策略模式时，可取的做法是试着去考虑不规则平面形状的固有的几何特性。实际上大多数的不规则平面形状能够分割成不同部分，而它们能够被看作规则几何形状的变形。

一个不规则形状或形体如何构筑？其解决方法通常意味着合理选择一种框架策略。这可以很简单，就像在放射状框架体系中应用到一段弧的中心，或在不规则形状中的一个重要的墙体或平面上按其平行线或垂线架构。尤其是曲线，其诸多属性确立了框架策略之本。我们可以用到弧线的半径或中心，与弧线相切的点，或是在双弧线的情况中曲率变化出现的拐点。采取何种方式，要取决于设计意图以及怎样使结构策略强化设计概念。

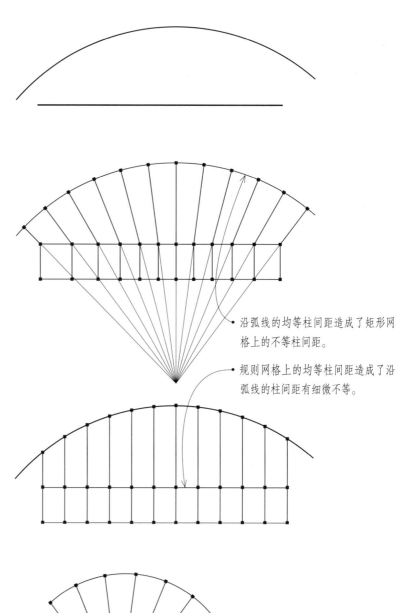

沿弧线的均等柱间距造成了矩形网格上的不等柱间距。

规则网格上的均等柱间距造成了沿弧线的柱间距有细微不等。

尽管结构框架体系通常在平面上发展，但是也应考虑建筑物竖向结构的效果——即其立面以及内部空间尺度。举例而言，如果在外立面上要表现柱子的位置，那么应考虑在曲线外墙上规则布置柱间距的视觉效果。

构建不规则平面形状的部分挑战在于，跨距长度不一是不可避免的，应将往往由此造成的结构失效降到最低程度。

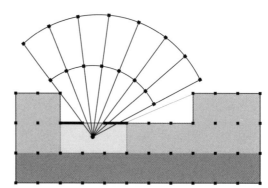

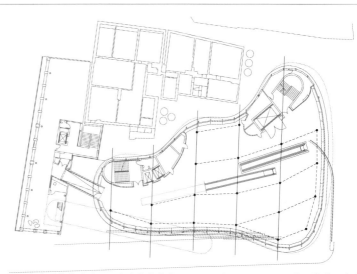

平面图与剖面图：奥地利格拉兹（Graz）的美术馆（Kunsthaus），1997—2003 年，彼得·库克（Peter Cook，1936—，英国建筑师）与柯林·弗尼尔（Colin Fournier，1944—，英国建筑师）设计。

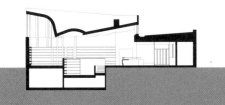

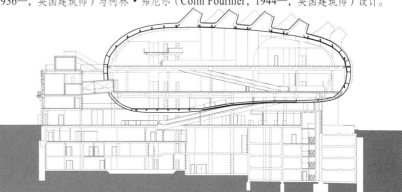

本页案例图解说明了有两种方式可使不规则形式整合到总体布局的直线围合几何形当中。球块形状容纳了美术馆的展览空间及相关公共设施，这在某种程度上回应了不规则的基地，并对毗邻的现有建筑物留出了必要的防火间距。它看起来就像漂浮在支撑球块的结构网格的几何形之上。

塞伊奈约基图书馆的主阅览室以其扇形的平面和剖面表现出重要性；直线围合几何形的部分则是办公室与辅助空间，它与扇形部分交接于图书借阅台。

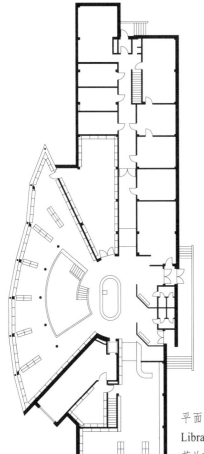

平面图：芬兰塞伊奈约基（Seinäjoki）的塞伊奈约基图书馆（Seinäjoki Library），1963—1965 年，阿尔瓦·阿尔托（Alvar Aalto，1898—1976，芬兰建筑师）设计。

平面形状可能会发展为不符合、不包含一个明确直线或曲线的图形，例如卵形和平行四边形。一种方法是选择或创造一个具有意义的边界和线性闭合，我们可以由此给网格和框架模式定向。这些平面图解仅仅是众多可能性中的一些情况。

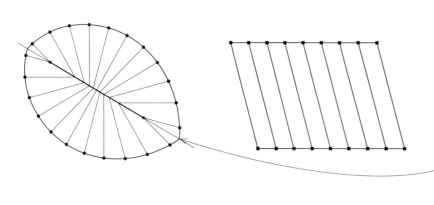

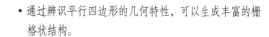

- 这个平行四边形表示的是，让框架或横跨平行于这一边或另一边，同时并且保持均匀跨距。

- 将放射状框架或横跨模式加于卵形平面形状上，这就强调了其曲线，同时也有可能将曲线性质转化到竖向维度上。

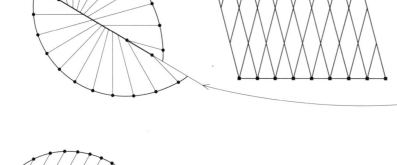

- 通过辨识平行四边形的几何特性，可以生成丰富的栅格状结构。

- 当剪切一个不规则形状时，可以沿着滑移和框架的方向创建一个主要承重轴线，它既可以垂直于滑移线，也可以回应不规则边界状况。

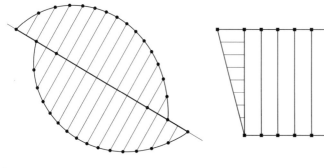

- 框架或横跨件垂直于其中一边，可使结构整齐有序，剩下的三角边界区域则采用不同的横跨方式。

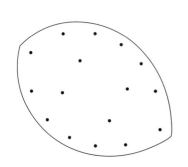

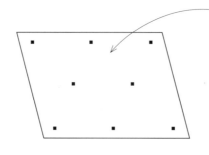

- 混凝土平盘楼盖结构给柱子位置提供的灵活性使得我们在创建不规则平面形状的同时，也可兼顾多种内部空间的配置。

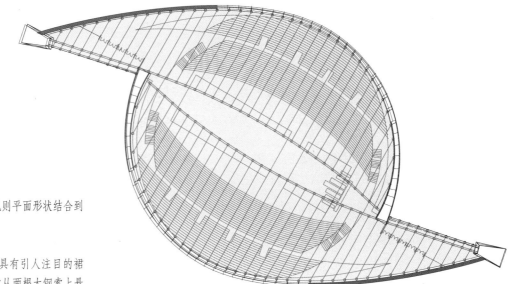

这些平面图展示出有两种方式将不规则平面形状结合到规则的网格模式中。

代代木国立竞技场的张拉屋顶结构具有引人注目的裙摆，这是由预应力锚索创造的，锚索从两根大钢索上悬吊下来，大钢索转而支撑在两座结构塔之间。从这个中央主脊上，屋顶拉索悬垂下来，锚固在曲线围合的混凝土底座上。其实，平面俯视图展现出拉索间距是规则排布的。

德梅茵公共图书馆建筑有棱有角、多面形状的特点掩盖了其室内柱子规则排布的结构网格。请注意那些辅柱是如何限定建筑各立面边界的。

平面图：日本东京代代木国立竞技场主馆，1961—1964 年，丹下健三（1913—2015，日本建筑师）设计。

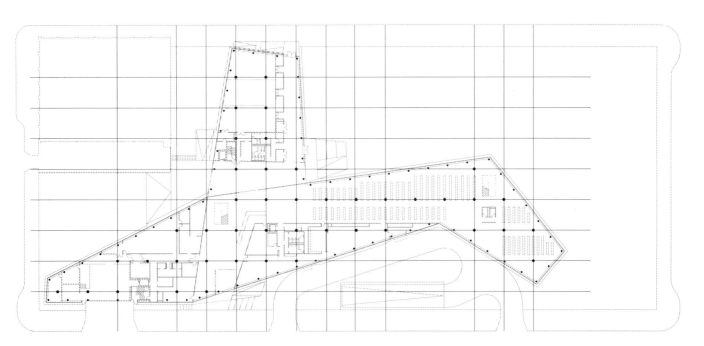

美国衣阿华州德梅茵（Des Moines）的德梅茵公共图书馆（Des Moines Public Library），2006 年，大卫·奇普菲尔德（David Chipperfield，1953—，英国建筑师）建筑师事务所 / HLKB 建筑设计事务所设计。

适应不规则边界条件
Accommodating Irregular Edge Conditions

建筑形体可能取决于场地布局、可能考虑的景观通道和观景点、街道或临街面的边界条件、希望保留的独特地形特征，等等。这些条件中的任何一个都会导致不规则的形式，而它必须符合建筑方案以及设计出来覆盖其上的结构体系。

一种方式是将建筑形式还原为不同朝向的正交形状。这样往往会产生特殊情况，必须在组合的正交部分之间的交点处加以解决。参见第64~65页。

还有一种方式是使一系列相同的空间单元或形式要素适应于不规则边界状态，并沿着不规则形状内的路径弯曲呈线性阵列。不规则形状可以这样合理调整：将其设想为一系列曲线，并识别每段弧线的圆心以及曲率变化处的交点。

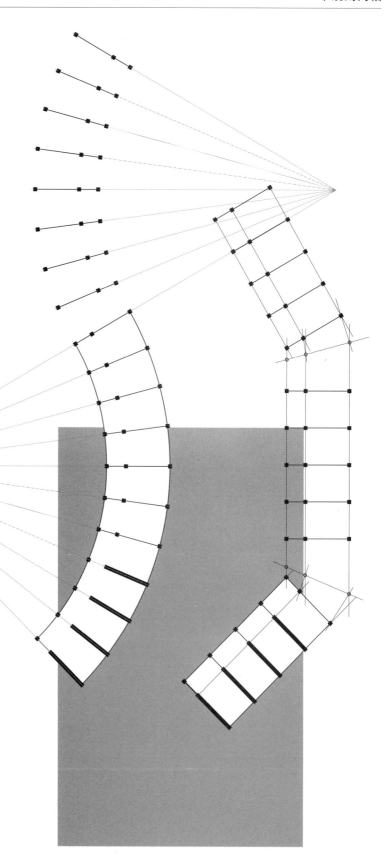

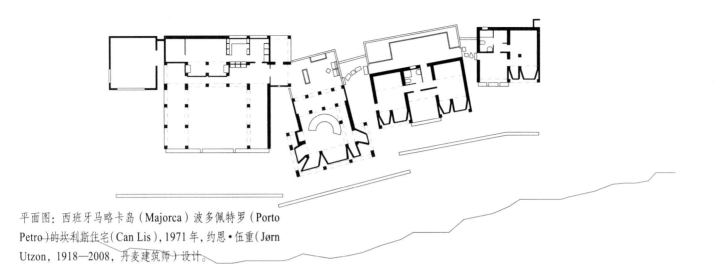

平面图：西班牙马略卡岛（Majorca）波多佩特罗（Porto Petro）的坎利斯住宅（Can Lis），1971年，约恩·伍重（Jørn Utzon，1918—2008，丹麦建筑师）设计。

这些项目展现出，我们可以如何回应不规则的边界条件。坎利斯住宅，高高盘踞于悬崖边上，俯瞰着地中海，看起来就像一组松散的乡村小建筑集合，由一条脊骨般的流线连接起来。那些形式或空间上的各自特性使得每一个朝向都彼此独立。而另一方面，EOS住宅项目是一个联栋房屋方案。各个住宅单元被共用隔墙隔开，隔墙的放射状几何形生成了蜿蜒而且连续的形式。

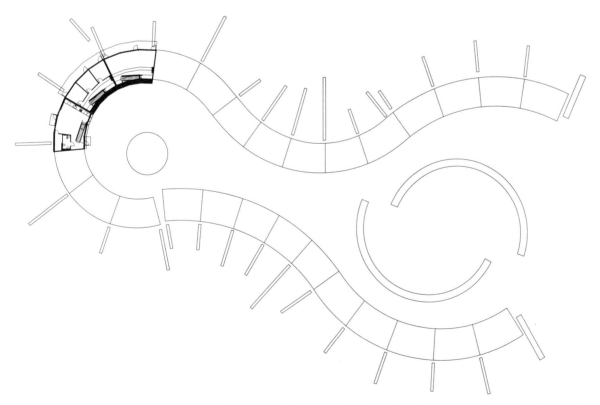

平面图：瑞典赫尔辛堡（Helsingborg）的EOS住宅（EOS Housing），2002年，安德斯·威尔赫尔姆松（Anders Wilhelmson，当代瑞典建筑师）设计。

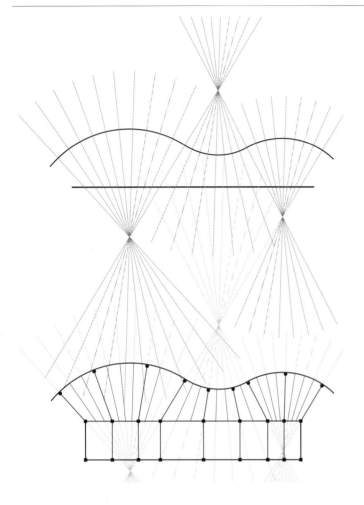

建筑设计中经典的两重性反映在直线与曲线之间的对立面上。这种对立性的参考已经在第70页提出。本页叙述的是另一些方法，以解决曲面或平面与规则结构网格中矩形几何形之间的紧张关系。每一种方法在结构形式的设计以及在内部空间的性质上有暗示。

我们可以从所形成的曲面或平面的几何特性开始。这意味着一种能强调所生成空间的曲线边界的框架模式或横跨模式。此模式中放射状的特性与正交网格形成强烈的对比，这样便可以强调两部分建筑任务之间的差异。与之相反的方法就是把由规则网格结构建立的正交关系扩展到曲面或平面上。

- 在这个平面图解中，放射状模式强调了被曲线表面围合的空间的波浪形特征，它也反映为结构中矩形部分的支撑柱的不规则间距。

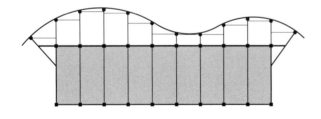

- 将正交开间结构扩展至曲线表面或平面，这创建了一系列不规则空间，它们介于直线与曲线中间，并统合了两种边界情况。

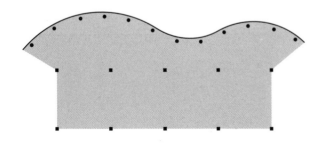

- 整个结构将能调整为一系列的矩形开间，它们在一个方向上间距保持规则，而在另一方向上开间间距不一，以回应沿着其中一边所需要的曲率程度。

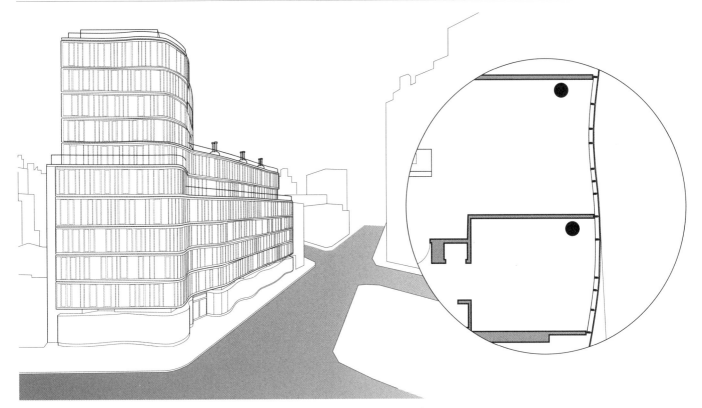

外观图与平面细部：美国纽约州纽约市的杰克逊广场公寓（One Jackson Square），2009 年，美国 KPF（Kohn Pedersen Fox）建筑设计事务所设计。

这两个实例展现出如何打造曲面幕墙。杰克逊广场公寓的不规则幕墙面板是现场装配的，它们附着在外伸混凝土板一圈曲面的周边。板边缘必须精确塑形，才能使幕墙体系的窗棂接头完全对齐。有少数单元是两层通高空间，由一根大梁替换掉板边缘，以此作为支撑幕墙的手段。

威利斯、费伯与仲马总部大楼的中央部分是混凝土柱组成的方网格，柱间距是 46 英尺（约 14 米），周边一圈柱子则撤回到曲面围合的板边缘后面。用角部修补配件和硅胶连接，将深茶色遮阳的玻璃嵌板连接在一起，形成三层楼高的幕墙，它悬挂在屋顶层的一条周边圈梁上。玻璃肋片提供了横向支承。

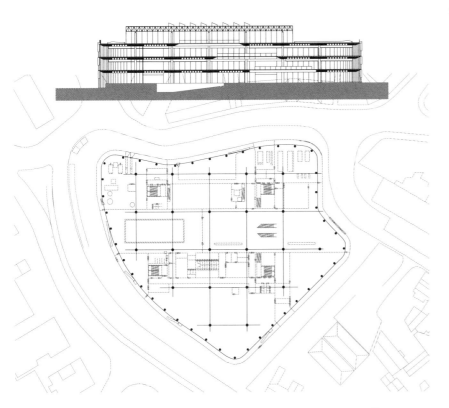

平面图与剖面图：英国伊普斯维奇（Ipswich）的威利斯、费伯与仲马总部大楼（Willis, Faber & Dumas Headquarters），1971—1975 年，诺曼·福斯特 / 福斯特联合建筑师事务所（Foster + Partners）设计。

剪切网格　Sheared Grids

一个建筑中的两部分可以是相邻的，各自用自己的方式回应总体的或环境的要求或约束。每一部分也可能需要两种不同的结构模式，但有一条共同的承重线。每一部分具有相似的结构体系，但其中一个可能会有相对滑动或相对移动。两部分之间的差异可能在各自的结构模式的尺度或纹理上体现。

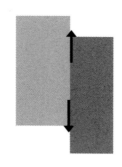

• 当两种结构网格的尺度和纹理相似时，任何差异都可以通过选择性地增加或减少开间来解决。如果存在一个已建立的网格结构，产生滑移或剪切的那个面就会获得强调。

• 沿着空间尺度和纹理中的移动方向，会出现网格的剪切。可沿剪切线方向采用普通纵梁，以实现剪切网格。因为柱间距能够随着承重线变化，尤其是如果梁的跨度适当短一些，支撑纵梁的柱子的位置就能很容易适应局部条件。

• 如果较大的网格结构正好是较小的网格结构的若干倍大，那么尺度和纹理各不相同的两种结构模式将较容易相互结合与对齐。

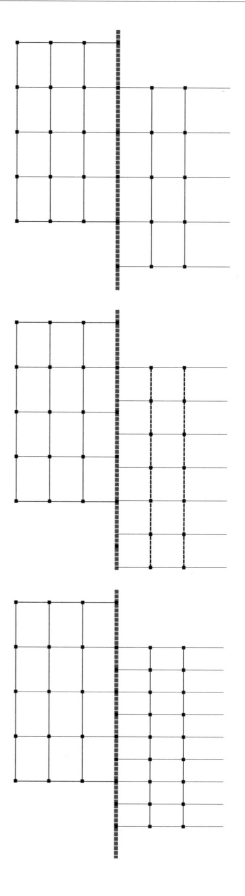

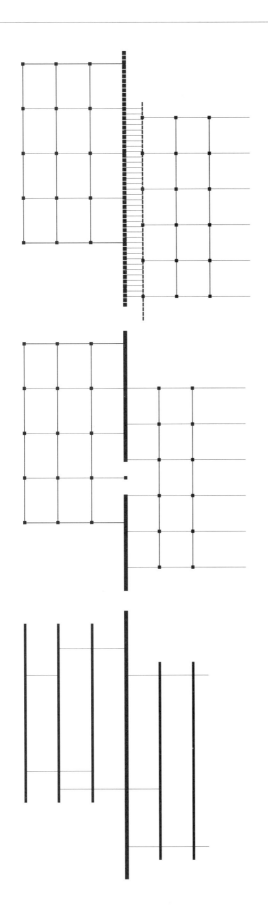

- 如果两个主要网格在尺度、比例、纹理上不相同，不能沿着柱和横梁、纵梁的承重线进行分解，则需要有第三种结构在这两种结构之间做调整。一种跨度相对较短的横跨结构，作为过渡结构，通常有更精细的纹理，这有助于解决两种主要网格的不同间距和支撑模式。

- 如果相邻的居住者能够接受承重墙产生的分隔程度，那么墙体本身也可以用来结合两种不同的结构网格。承重墙的特性是将一个空间分割为两个不同的区域。承重墙上的任何穿透，都有额外的意义，诸如两个要素之间的出入口或门槛。

- 一对承重墙定义了一种指向开敞端头、具有强烈方向性的空间区域。这种结构模式的基本形式通常运用在包含重复单元的项目中，例如多户住房，因为它们同时也用来让各单元彼此隔开，阻隔声音通路，阻止火势蔓延。
- 一系列相互平行的承重墙能组织一系列的线性空间，承重墙的刚度足以适应从小到大的、不同程度的滑动和偏移。

拐角 Corners

拐角定义两个面的相交。垂直拐角具有建筑学意义，因为它们在立面上定义了建筑表面的边界，平面上定义了两个水平方向的边界。与拐角条件的建筑性质相关的是可构造性和结构问题。基于这些因素的其中一点而作出的决策不可避免地影响其他两个方面。例如，单向横跨体系中相邻的边是不同的，这将影响相邻表面的建筑联系和设计表达。

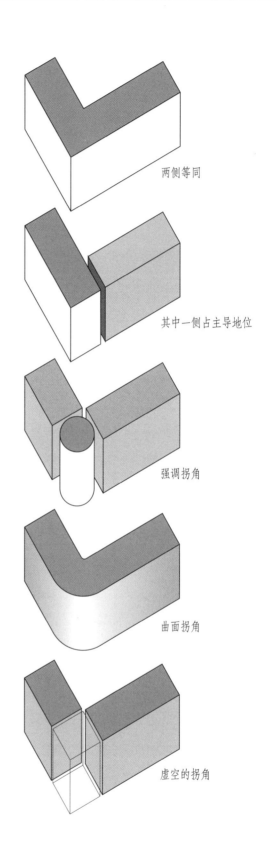

两侧等同

- 如果两个平面简单接触，并且拐角保持着原有的状态，则拐角的表现形式由相邻表面的视觉处理决定。未经处理的拐角强调形式的体量感。

其中一侧占主导地位

- 通过延续和占据拐角位置，一种形式或其中一个面可以控制相邻体量，由此在建筑布局中建立了一个临街正面。

- 当引入一个明确的、孤立的元素，它与接合的两面脱离开，这时拐角会得到视觉上的强调。这个元素强调了这个拐角作为一个垂直的线性要素，它界定了邻接面的边线。

强调拐角

- 将拐角倒圆角强调了形体边界面的连续性、体量的紧密性和轮廓的光滑性。曲线半径的尺寸十分重要。如果半径太小，圆角变得没有意义；如果它太大，则会影响它所围合的内部空间以及它所限定的外部空间。

曲面拐角

- 拐角的虚空削弱了基本的拐角形式，有效地创造了两个较小的拐角，并且使两个分离的形式及体块的差异更加清晰。

虚空的拐角

在接下来三页的图解中，会展示构建这些种类拐角形式的可供选择的方法，其中的每一种都暗示了某种建筑。

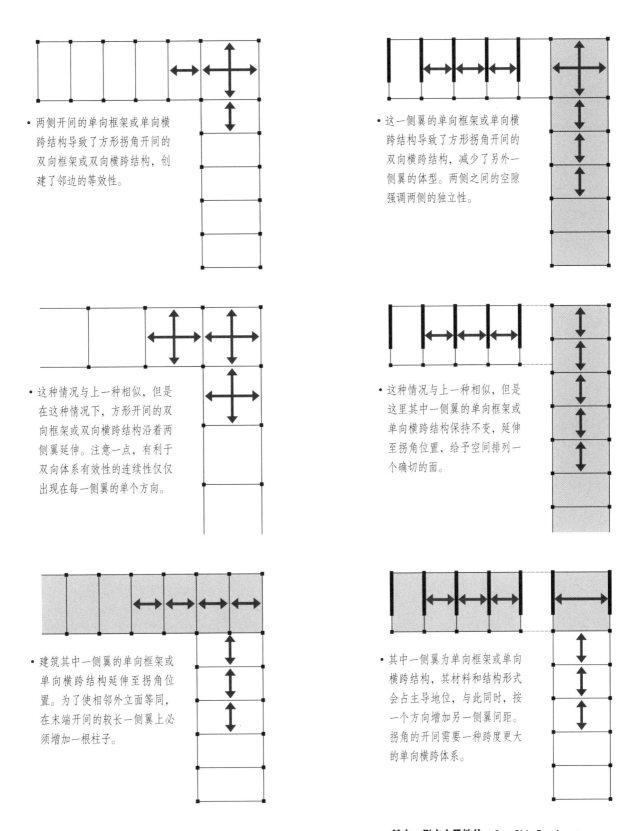

- 两侧开间的单向框架或单向横跨结构导致了方形拐角开间的双向框架或双向横跨结构，创建了邻边的等效性。

- 这种情况与上一种相似，但是在这种情况下，方形开间的双向框架或双向横跨结构沿着两侧翼延伸。注意一点，有利于双向体系有效性的连续性仅仅出现在每一侧翼的单个方向。

- 建筑其中一侧翼的单向框架或单向横跨结构延伸至拐角位置。为了使相邻外立面等同，在末端开间的较长一侧翼上必须增加一根柱子。

- 这一侧翼的单向框架或单向横跨结构导致了方形拐角开间的双向横跨结构，减少了另外一侧翼的体型。两侧之间的空隙强调两侧的独立性。

- 这种情况与上一种相似，但是这里其中一侧翼的单向框架或单向横跨结构保持不变，延伸至拐角位置，给予空间排列一个确切的面。

- 其中一侧翼为单向框架或单向横跨结构，其材料和结构形式会占主导地位，与此同时，按一个方向增加另一侧翼间距。拐角的开间需要一种跨度更大的单向横跨体系。

两侧等同   Equivalent Sides

其中一侧占主导地位   One Side Dominant

本页的三个平面图解举例说明，让一个独立的拐角元素有显著的尺度、独特的形状、对比的朝向，可以让拐角状况变得特别或唯一。

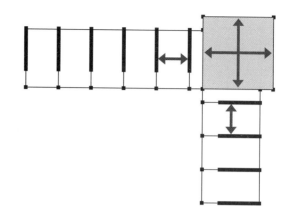

• 扩大方形的拐角开间，以强调它相对于两侧翼的重要性，这种方式维持了它本身的单向框架或单向横跨结构。增加的两根柱子缓解了从两侧翼较小间距到较大拐角开间跨度的过渡。

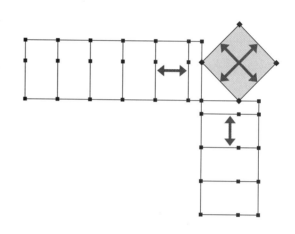

• 方形拐角开间旋转一定角度，以强调它自身拐角的位置，而两侧翼则维持它们固有的单向框架或单向横跨结构。增加了两根柱子以支撑旋转了的拐角开间。

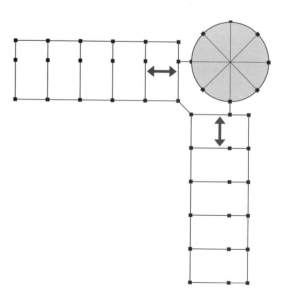

• 圆形的拐角开间与正交直线形状的两侧翼形成对比，以强调拐角的位置，并且它具有自己的结构模式。每一侧都可建造成带有连接两侧翼至拐角开间的横梁的单向体系。

强调拐角　Corner Emphasized

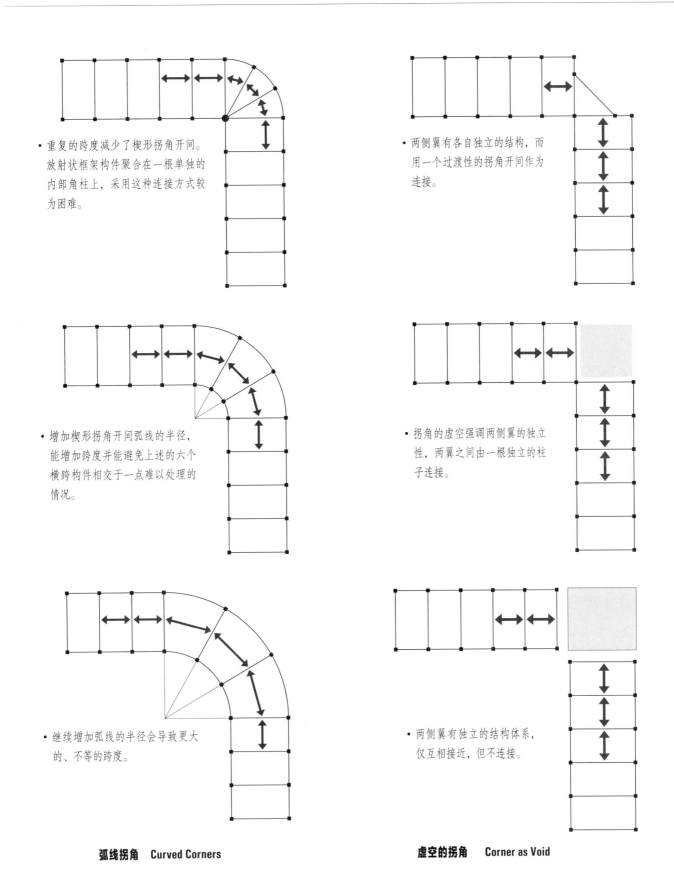

- 重复的跨度减少了楔形拐角开间。放射状框架构件聚合在一根单独的内部角柱上，采用这种连接方式较为困难。

- 两侧翼有各自独立的结构，而用一个过渡性的拐角开间作为连接。

- 增加楔形拐角开间弧线的半径，能增加跨度并能避免上述的六个横跨构件相交于一点难以处理的情况。

- 拐角的虚空强调两侧翼的独立性，两翼之间由一根独立的柱子连接。

- 继续增加弧线的半径会导致更大的、不等的跨度。

- 两侧翼有独立的结构体系，仅互相接近，但不连接。

弧线拐角   Curved Corners   **虚空的拐角**   Corner as Void

基础的网格 Foundation Grids

基础体系的重要作用是支撑和锚固上层建筑，将荷载安全地传递到地基。因为基础作为分布和解决建筑荷载的重要连接部分，它的承重模式的设计必须适应上部建筑的形式和布局，同时回应土壤、岩石、地下水的不同条件。

地基的承重能力将影响一个建筑的基础类型的选择。当有足够承重能力的稳定的土壤在接近地表时，会采用浅基础或扩展基础。基脚的比例关系适应于将荷载散布在足够宽的区域，并且这片区域没有超过土壤允许的承载能力。这将确保无论发生什么沉降都尽量小，并且均匀分布在所有结构的底部。

当基地上土壤的承载能力不同时，扩展式基础可能要通过一个结构柱基或筏形基础连接。本质上说，是一个厚重的钢筋混凝土板。筏形基础将集中荷载分布到承重能力强的土壤的区域，避免在独立的扩展基础底座之间出现不均匀沉降。

当建筑荷载超过地基的承重能力时，就必须采用桩基础或沉箱基础。桩基础包括工字钢、混凝土、木桩，它们被打入地面，直到到达更合适的密实土壤或岩石的承重层，此处桩柱的土壤摩擦力足够承载设计荷载。单独的桩柱由现浇的混凝土柱帽联系，这些柱帽反过来也承载建筑中的柱子。

沉箱是现浇的混凝土杆轴，是钻入土壤中至一定的深度，置入加强型钢筋，现场浇筑混凝土形成的。沉箱的直径一般比桩基大，尤其适合于侧向位移需要重点考虑的倾斜地基。

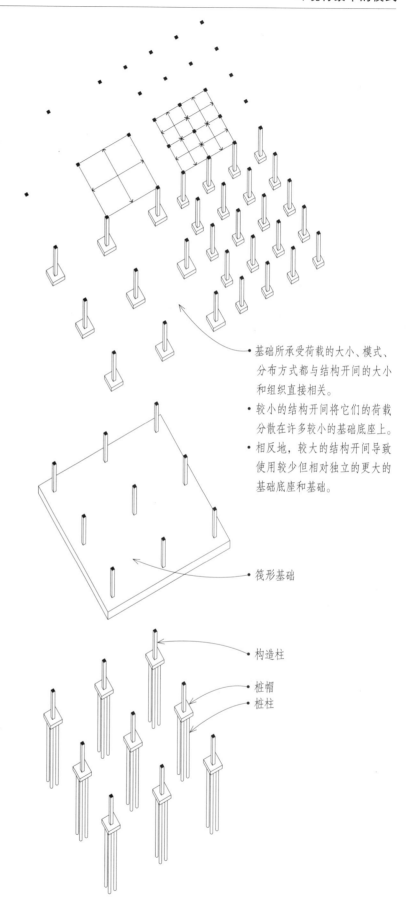

• 基础所承受荷载的大小、模式、分布方式都与结构开间的大小和组织直接相关。

• 较小的结构开间将它们的荷载分散在许多较小的基础底座上。

• 相反地，较大的结构开间导致使用较少但相对独立的更大的基础底座和基础。

• 筏形基础

• 构造柱

• 桩帽
• 桩柱

坡地建筑 *Building on Slopes*

桩基础能用于不规则或倾斜的地形条件，那些斜坡地表土壤不稳定之处，桩柱可延伸至能承重的土层或较为牢固的土层或岩石层。在这种情况下，可能没有必要保留地表的土壤，桩柱的位置能与建筑中设想的柱的位置对齐。

当希望或必须挖掘成斜坡时，经常使用挡土墙，用来围堵坡度变化表面的土壤。被挡的土壤被看作对挡土墙表面施加侧向压力的流体，可能会造成墙体的横向滑动或颠覆。土壤侧压力造成颠覆力矩，而墙体基础的抗阻力主要取决于墙体的高度。力矩随着被挡土壤深度的平方增加。由于挡土墙变高，有必要为桩柱安装锚杆或内建扶壁——用横隔墙来加强墙体的厚度、增加其底座的重量。

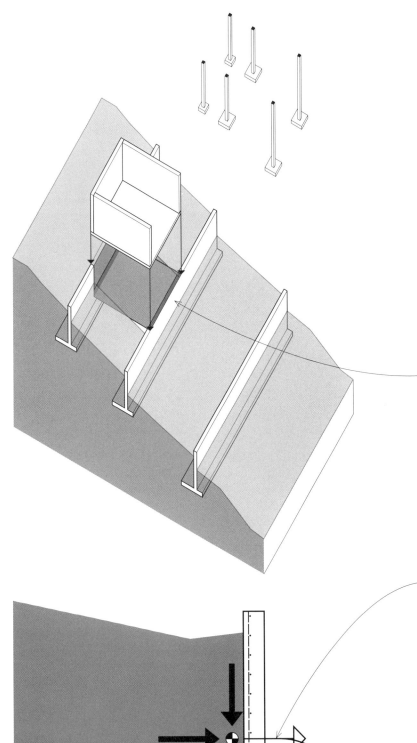

一系列与斜坡平行的挡土墙能为建筑上部构造的承重墙提供连续的支撑。不建议在挡土墙后的土壤上增加建筑荷载。挡土墙的位置会因此与上部建筑的承重轴线重合。

挡土墙会由于颠覆、水平滑动、过度沉降而失效。

- 推力将从基础的底部推翻墙体。为了避免挡土墙的颠覆，墙体的复合重量的弯矩与基础柱脚的土壤承重力之和必须与土壤压力产生的颠覆力矩抵消。
- 为了避免挡土墙的滑动，墙体的复合重量乘以土壤支撑墙体的摩擦系数必须与墙体的侧向推力抵消。
- 为了避免挡土墙的沉降，垂直方向的压力必须不能超过土壤的承载能力。

基脚

对于小项目，尤其是当设计不需要开挖成坡地时，基础梁可能用来将基础连接成单个刚性的单元，反过来锚固桩柱，通常处于基地的上部。成功的做法是要尽量减少基地的干扰，并从高处设置基地的主要出入口。

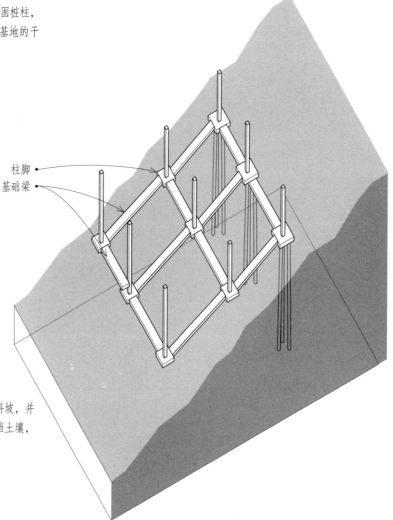

柱脚

基础梁

当设计不需要开挖成坡地时，基础墙可垂直于斜坡，并沿着地形逐阶上升。因为阶梯形基础墙不能阻挡土壤，所以它们不需要在挡土墙中加钢筋和大型柱脚。

- 当基地坡度大于 10% 时，必须使柱脚着地，柱脚必须是阶梯形的。

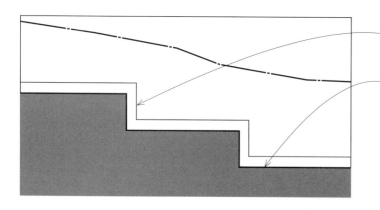

- 柱脚的厚度应该在垂直方向上保持不变。

- 柱脚放置在未被干扰的土壤上，或合适的夯实填土上。

- 柱脚离地平层至少 12 英寸（305 毫米），霜冻出现的情况除外，霜冻情况下，柱脚必须扩展至基地的冻结线以下。

- 柱脚顶部是平整的，柱脚的底部反而可设置不超过 10% 的坡度。

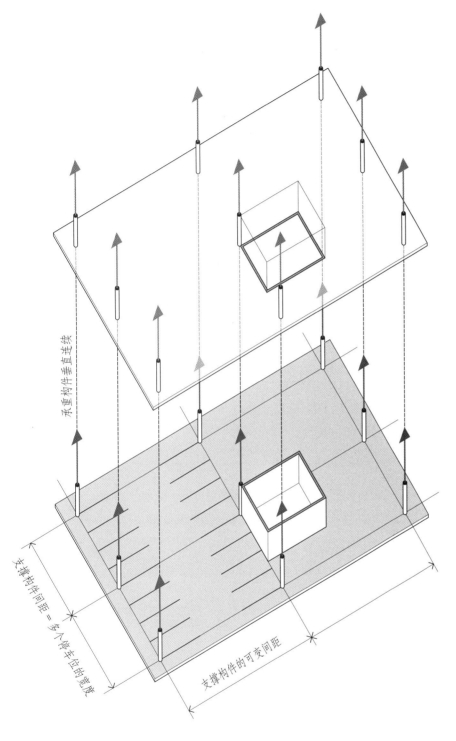

承重构件垂直连续

支撑构件间距 = 多个停车位的宽度

支撑构件的可变间距

停车结构　Parking Structures

当建筑仅仅用作停车场时，驾驶和停泊车辆所要求的具体尺寸，决定了结构开间布置的柱的可能位置。

当停车在建筑内是一个附属功能时，它通常位于结构的较低层，而其他功能则占用较高的楼层。要想结构网格既适合于较高楼层的功能，又能有效适应停车功能，解决这一问题通常很棘手。重叠两种情况布置，利用柱网定位的灵活性优点，会确定一个两者之间的共同网格，如下页图解所示。

当柱网不能对齐时，或许可行的方法是使用转换梁或直角支柱将荷载从上部楼层经过停车场层传到基础。这种情况总是希望尽可能减少的。

混合功能建筑，即两种用途（例如停车和居住）需要明确的防火分区等级，会有最低的停车场结构高度，构建为一个有一定厚度的后张预应力混凝土平板。这个平板能将上部楼层的柱或承重墙的荷载传递至停车场结构，同时提供需要的防火分区。这仅仅在上部楼层的荷载足够轻的条件下可行，但当存在较大的集中荷载，或当柱网之间的不重合导致在较长跨度三分之一的中间有集中荷载时，这种方式很可能就是不经济的了。

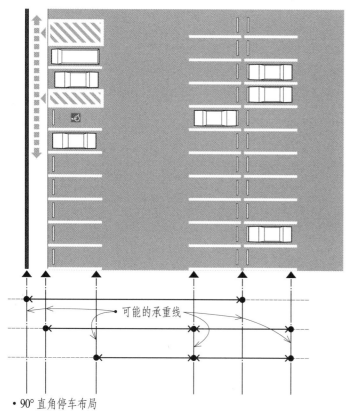

• 90° 直角停车布局

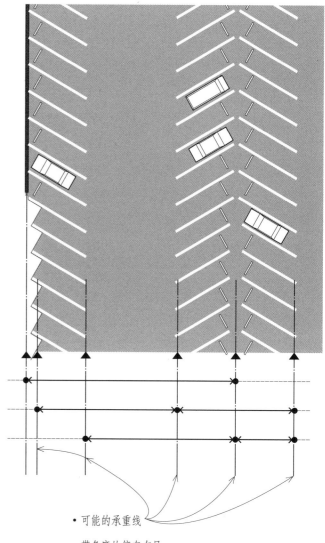

• 可能的承重线

• 带角度的停车布局

如果可能，柱子应该这样设置：在某个方向，设在邻排的停车位之间；在另一方向，应该位于停车空间的数倍宽度处。停车场布置应该预留足够的空间，以便车辆的驾驶和车门的开启不受阻。当倒车时，柱子应该让司机看得见。这通常会决定合适的跨度在 60 英尺（18 米）左右。

然而，按照平面图解所展示，有几种可供选择的承重柱的位置。黑色的三角形暗示的是可能的承重线，柱子可以沿着它来布置，以与停车位宽度协调一致。可以看出，不等的跨度是可行的，由此可以专门做一种停车布局，与上部结构的柱承重模式相协调。

3 水平跨件
Horizontal Spans

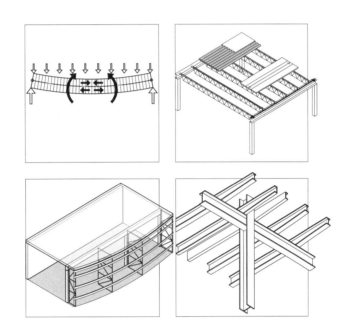

一个建筑的竖向承重构件——柱和承重墙——可增加空间停顿，并建立一种可度量的韵律和大小，使空间尺度更易于理解。然而，建筑空间同样需要水平跨件来安置楼板结构，以支撑我们的重量、活动和家具，安置头顶的屋面层来遮蔽空间，限制竖向维度。

梁　Beams

所有楼板和屋顶结构都包括线性构件和平面构件，例如搁栅、横梁、混凝土板，这些用作承受和传递横向荷载，穿过空间到达承重构件处。为了理解这些横跨构件的结构状态，我们以对横梁的一般讨论作为开始，这一讨论也适用于搁栅、纵梁、桁架的情况。

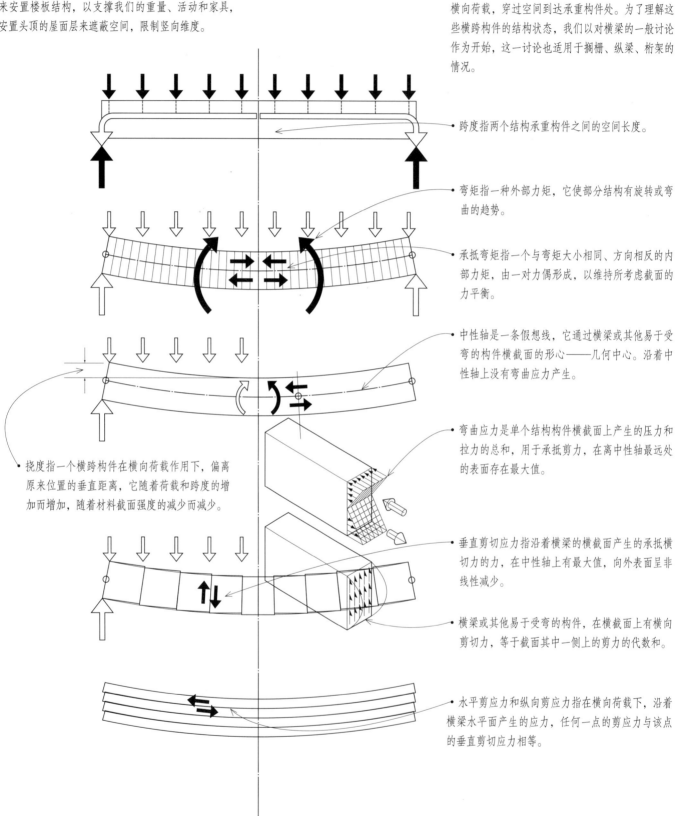

- 跨度指两个结构承重构件之间的空间长度。

- 弯矩指一种外部力矩，它使部分结构有旋转或弯曲的趋势。

- 承抵弯矩指一个与弯矩大小相同、方向相反的内部力矩，由一对力偶形成，以维持所考虑截面的力平衡。

- 中性轴是一条假想线，它通过横梁或其他易于受弯的构件横截面的形心——几何中心。沿着中性轴上没有弯曲应力产生。

- 弯曲应力是单个结构构件横截面上产生的压力和拉力的总和，用于承抵剪力，在离中性轴最远处的表面存在最大值。

- 挠度指一个横跨构件在横向荷载作用下，偏离原来位置的垂直距离，它随着荷载和跨度的增加而增加，随着材料截面强度的减少而减少。

- 垂直剪切应力指沿着横梁的横截面产生的承抵横切力的力，在中性轴上有最大值，向外表面呈非线性减少。

- 横梁或其他易于受弯的构件，在横截面上有横向剪切力，等于截面其中一侧上的剪力的代数和。

- 水平剪应力和纵向剪应力指在横向荷载下，沿着横梁水平面产生的应力，任何一点的剪应力与该点的垂直剪切应力相等。

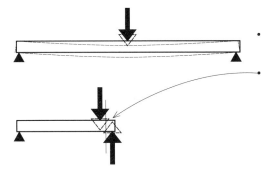

- 横梁和纵梁在跨度中点附近有较长跨度和较大的集中荷载承载，使其受到极大的剪力和挠度。
- 受到大量集中荷载作用的短跨梁在其垂直支撑附近产生的剪切应力，比弯曲应力更严重。足够大的横梁宽度对于减少这些剪切应力十分重要。尤其是木梁，非常容易受到剪切应力的影响而导致失效。钢梁一般更能承抵剪切应力，混凝土梁通过合适的配筋达到承抵较大剪切应力的效果。

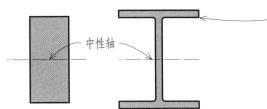

中性轴

- 增强横梁的效能，是通过截面增厚，将大部分材质加在远离中性轴的截面末端，这也是最大弯曲应力产生的地方。

- 设计横跨结构的主要目标就是使弯曲度和挠度最小。

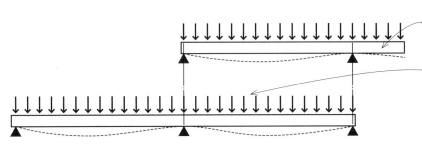

- 悬臂结构减少跨距中点的正力矩，同时在支撑结构上的悬臂端上产生了一个负力矩。
- 连续梁扩展至多于两个支撑点后，相对于相同长度和荷载的一系列简支梁，它具有更大的刚度和更小的力矩。

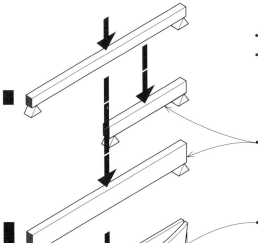

- 梁高是减少弯曲应力和限制竖向挠度的重要考虑因素。
- 横梁上的弯矩与跨度的平方呈线性增加，当对跨件施加第三个力时，挠度增加迅速。

- 将横梁跨度减半或将横梁宽度增加至两倍，都将减少弯曲应力至原来一半，但将梁高增加至两倍，将减少弯曲应力至原来的四分之一。

- 如果压应力作用于侧向刚度不足的薄弱部位，那么侧向翘曲可能在结构构件中发生。
- 增加横梁宽度——或在钢梁的情况下，增加翼缘宽度——可增加横梁承抵侧向翘曲的能力。

水平跨件可以由几乎均质的钢筋混凝土板来横贯，或是由分层的钢／木纵梁、横梁、搁栅来支撑结构性的衬材或盖板。

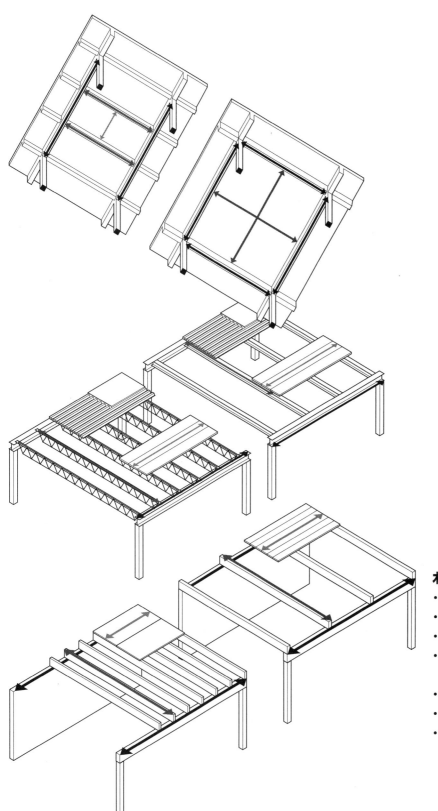

混凝土　Concrete

- 现浇混凝土楼板根据它们的跨度和浇筑方式划分，参见第102~115页。
- 预制混凝土板可由横梁或承重墙支撑。

钢　Steel

- 钢梁支撑钢板或预制混凝土板。
- 横梁可由纵梁、柱子、承重墙支撑。
- 梁框架往往是钢骨架体系中一个组成部分。

- 密布的轻钢搁栅或空腹搁栅可由横梁或承重墙支撑。
- 钢板或木板有相对较小的跨度。
- 搁栅的悬臂能力有限。

木　Wood

- 木梁支撑结构板或装饰板。
- 横梁可由主梁、柱桩、承重墙支撑。
- 集中应力和楼板孔洞可能需要另外的构造。
- 楼板结构的底面可保持暴露，也可选择性地吊顶。

- 相对较小、密布的搁栅可由横梁或承重墙支撑。
- 粗地板、垫层、装饰吊顶有相对较小的跨度。
- 隔栅结构在平面形状和形体上具有灵活性。

构造类型　Types of Construction

在前一页介绍了钢筋混凝土、钢、木横跨体系等主要类型。横跨结构的材料需求一般由荷载的大小和跨度决定的。在选择结构材料上，另外一个重要的考虑因素是建筑类型，它由建筑规范对建筑大小和占地的规定决定的。建筑规范根据建筑的主要构件的耐火性对建筑的结构形式分类：结构框架、内外承重墙、非承重墙和隔断、楼板和屋顶组件。

混凝土　Concrete

- 不可燃
- 一类、二类、三类构造

- 一类建筑的主要构件由不可燃材料构成，例如混凝土、砖石、钢材。如果可燃材料使用于相对于主体结构的附属设施上，也是允许的。二类建筑与一类建筑相似，只是降低了主要建筑构件的必要耐火等级。

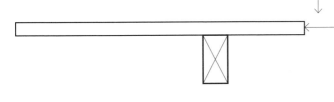

钢材　Steel

- 不可燃
- 采用耐火材料可增加哪怕不可燃材料在火灾中的耐久性。即便是钢或混凝土，如果没有保护，也会因暴露在火中而失去强度。
- 一类、二类、三类构造

- 三类建筑设有不可燃外墙，主要室内构件可用规范许可的任意材料。

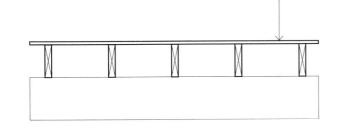

- 四类建筑（大木结构）设有不可燃外墙，主要室内构件是实木或胶合板的。木材要达到指定的最小尺寸，没有隐蔽空间。

木材　Wood

- 可燃
- 木材能通过表面涂抹阻燃剂来阻碍火蔓延，增强火灾中建筑结构的耐久性。
- 四类、五类构造

- 五类建筑的结构单件、外墙、内墙可用规范许可的任意材料。

- 防护构造要求所有建筑构件，除了非承重内墙和隔断以外，构造达到耐火一小时。
- 非防护构造对耐火性无要求，除非规范中因外墙邻近建筑红线而对外墙保护提出要求。

结构层 Structural Layers

当支撑均布荷载时，第一或最表层的面层应该按最好的效能来选择。因此对于横跨体系结构构件的选择和对于它们之间的间距的选择将从在活荷载作用处开始。荷载通过连续层集中，直到传递到基础处解决。更大的跨度往往导致更多的面层，以减少材料使用量，并产生更好的效能。

第一层 指最上层的面层，一般包括：

- 木基面板
- 木板或钢板
- 预制混凝土板
- 现浇混凝土板

- 面层构件的负荷承载能力和横跨能力决定第二层搁栅和横梁的尺寸和间隔。

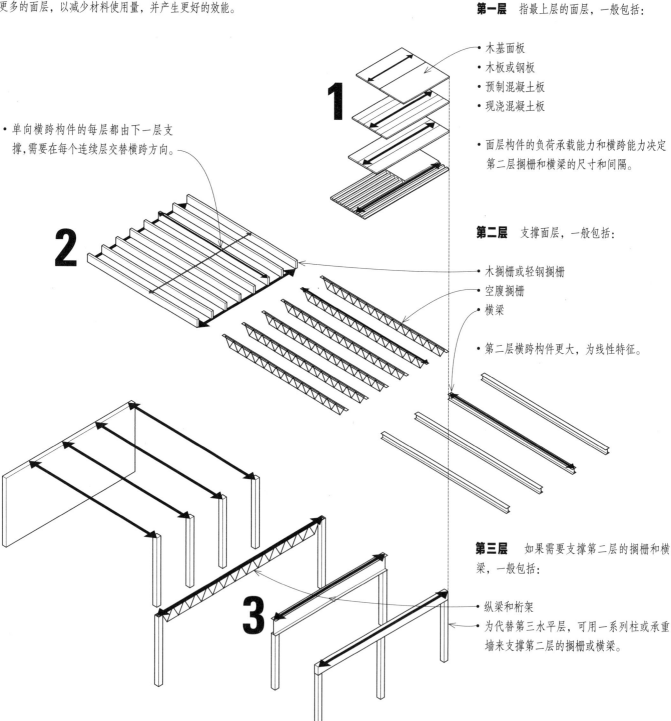

- 单向横跨构件的每层都由下一层支撑，需要在每个连续层交替横跨方向。

第二层 支撑面层，一般包括：

- 木搁栅或轻钢搁栅
- 空腹搁栅
- 横梁

- 第二层横跨构件更大，为线性特征。

第三层 如果需要支撑第二层的搁栅和横梁，一般包括：

- 纵梁和桁架
- 为代替第三水平层，可用一系列柱或承重墙来支撑第二层的搁栅或横梁。

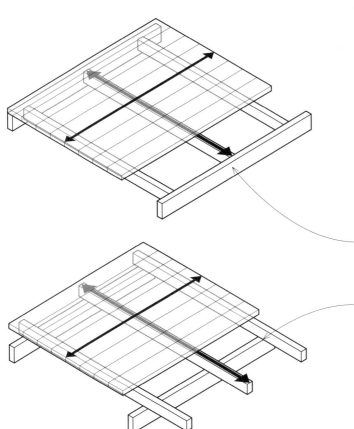

构造厚度　Construction Depth

楼板或屋顶体系的厚度直接与它所需要横跨的结构开间的尺寸和比例、活荷载的大小、所用材料的强度有关。楼板和屋顶体系的结构厚度在分区法规对建筑有限高的地区变得至关重要，而使用面积最大化对于一个项目的经济可行性十分重要。对于居住空间之间层层相叠的楼板体系，需要额外考虑的是阻挡空气传声和结构传声以及组件的耐火等级。

以下几点可应用于钢架横跨体系和木构横跨体系。

● 横跨体系的结构层既可层层相叠，也可在同一层成型或构建。

● 将面层堆叠，尽管增加了构造厚度，但使单向横跨构件在横跨方向上形成悬臂。

● 将面层堆叠，下层承重，可为其他体系留出空间，以便穿过垫在上下两层构件之间的承重层。

● 面层直接在同一层成型或构建，使构造厚度最薄。这种情况下，最大横跨构件（例如纵梁或桁架）的厚度，可决定体系的总体厚度。

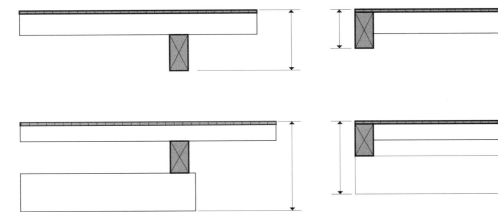

● 在某些情况下，横跨结构的整体厚度可通过整合力学体系和结构体系而进一步减少，这样能使它们占用同一个体量，而不是在不同的层上。然而，这样需要仔细计算，因为可能需要贯穿各结构构件，会导致局部应力。

结构单件和组件应为何种尺寸比例，需要结合每一单件或组件的使用背景来认识——所承载荷载是哪一类以及支撑单件或组件的是什么。

分布荷载和集中荷载
Distributed and Concentrated Loading

建筑结构用于承抵恒载、活载和侧向荷载之总和。与这些荷载大小同样重要的是，荷载以何种方式作用于横跨结构。荷载会以分布或集中的方式作用于横跨结构。理解这之间的区别十分重要，因为一些结构体系更适合于承载相对较轻的均布荷载，然而其他则更适合于支撑一组集中荷载。

许多楼板和屋顶结构都受到相对较轻的均布荷载的作用。在这些情况下，当刚度和抗挠度在结构设计中占主导地位，通常适合选用分布型结构，即采用多个相对较小、密布的横跨构件，例如搁栅就是这样的。然而，分布型结构体系不适合于承载集中荷载，因为集中荷载需要更少、更大的单向横跨构件，如纵梁和桁架来支撑它们。

单个均布荷载指沿着支撑结构构件长度或面积上的一个统一量。例如结构的自重、楼板上的活载、屋顶上的雪荷载、墙体上的风荷载这些情况。建筑规范规定了均布单元荷载的各种最小值，用于不同功能和用房。

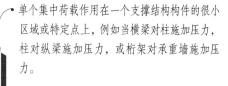

单个集中荷载作用在一个支撑结构构件的很小区域或特定点上，例如当横梁对柱施加压力，柱对纵梁施加压力，或桁架对承重墙施加压力。

• 集中荷载需要特别注意，因为将一个分布荷载集中到跨距中点，可使横跨构件的弯矩倍增。由于这个原因，通常更偏向于将柱和承重墙直接布置在集中荷载下。

• 当这样不可行时，就需要一个转换梁将荷载传递到竖向承重构件上。

• 因为必须安全地支撑活载，所以楼板体系应该相对稳定，同时维持其弹性。由于过大的挠度和振动的不利影响将出现在装饰面层和天花板材料中，同样也会影响人的舒适性，因此往往是挠度而不是弯曲度成为楼板体系设计中至关重要的控制性因素。

- 恒载指垂直向下作用在结构上静止的荷载，包括结构的自重以及建筑中固定装置和永久性附属设备的重量。
- 活载包括结构上可动的、可变的荷载，由入住人群、积雪和水、可移动的设备造成。

负荷跟踪　Load Tracing

负荷跟踪指建造分析模型的过程，反映结构怎样集中、传递、重新定向来自外部的荷载，将其从各构件级次传至基础与地基上。分析通常从屋顶层开始，这里有实际收集荷载的最小构件，继而，通过每个收集构件来跟踪荷载。每个构件对其荷载的反作用将作为对下一层支撑构件的作用力。

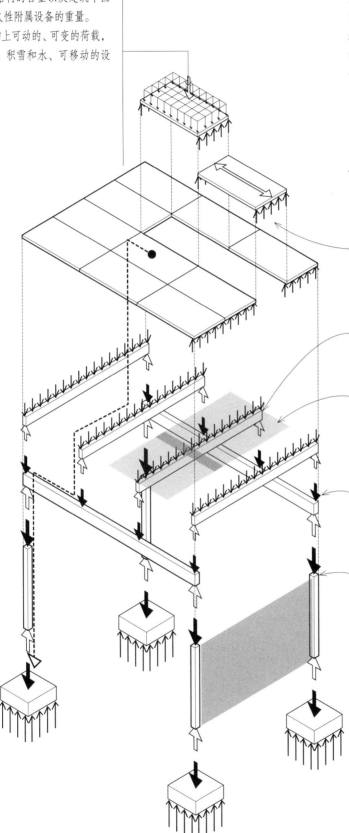

- 负荷跟踪的等级秩序通常对于混凝土、钢、木材的横跨结构都是相同的。

- 表面成型结构，例如结构平板或装饰板，将作用的荷载以分布荷载的形式传递到其承重搁栅或横梁上。

- 横梁将作用的分布荷载水平地传递到承重纵梁、桁架、柱子或承重墙上。

- 从属面积指结构中有荷载在结构单件或构件上起作用的部分区域。
- 荷载条状区指每个单元长度的承重结构构件的从属面积。
- 从属荷载指作用在结构元件或构件从其从属面积收集的荷载。
- 支座指支撑重量的点、面、块，尤其指联系在承重构件之间的区域，例如横梁或桁架以及柱、墙体，或其他基本承重构件。

- 支撑状况指结构构件与其他构件的支撑方式和连接方式，影响着受力构件产生的反作用力的性质。
- 锚固指将结构构件与其他构件或其基础捆绑的方式，通常用于承抵上升力和水平力。

- 刚性楼板同样被设计为横隔，作为薄而宽的横梁将侧向力传递至剪力墙。关于侧向稳定性多种方式的更详细讨论，参见第5章。

确定开间的尺度和比例，会受到结构网格的影响——往往还会限制水平跨件体系的材料与结构选择。

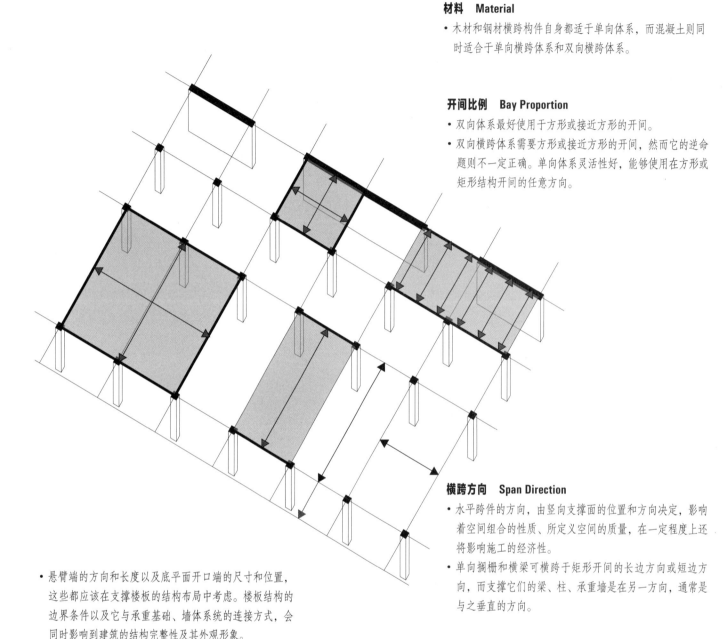

材料　Material

• 木材和钢材横跨构件自身都适于单向体系，而混凝土则同时适合于单向横跨体系和双向横跨体系。

开间比例　Bay Proportion

• 双向体系最好使用于方形或接近方形的开间。

• 双向横跨体系需要方形或接近方形的开间，然而它的逆命题则不一定正确。单向体系灵活性好，能够使用在方形或矩形结构开间的任意方向。

• 悬臂端的方向和长度以及底平面开口端的尺寸和位置，这些都应该在支撑楼板的结构布局中考虑。楼板结构的边界条件以及它与承重基础、墙体系统的连接方式，会同时影响到建筑的结构完整性及其外观形象。

横跨方向　Span Direction

• 水平跨件的方向，由竖向支撑面的位置和方向决定，影响着空间组合的性质、所定义空间的质量，在一定程度上还将影响施工的经济性。

• 单向搁栅和横梁可横跨于矩形开间的长边方向或短边方向，而支撑它们的梁、柱、承重墙是在另一方向，通常是与之垂直的方向。

横跨距离　Span Length

• 支撑柱与承重墙之间的间距决定水平横跨结构的距离。

• 某些材料有最适合开间横跨的跨度范围。例如，不同种类的现浇混凝土板的开间跨度在6~38英尺（1.8~12米）范围内。钢是灵活性较大的材料，因为它的横跨构件能人工成型，从横梁到空腹搁栅和桁架，横跨范围在15~80英尺（4.6~24.4米）。

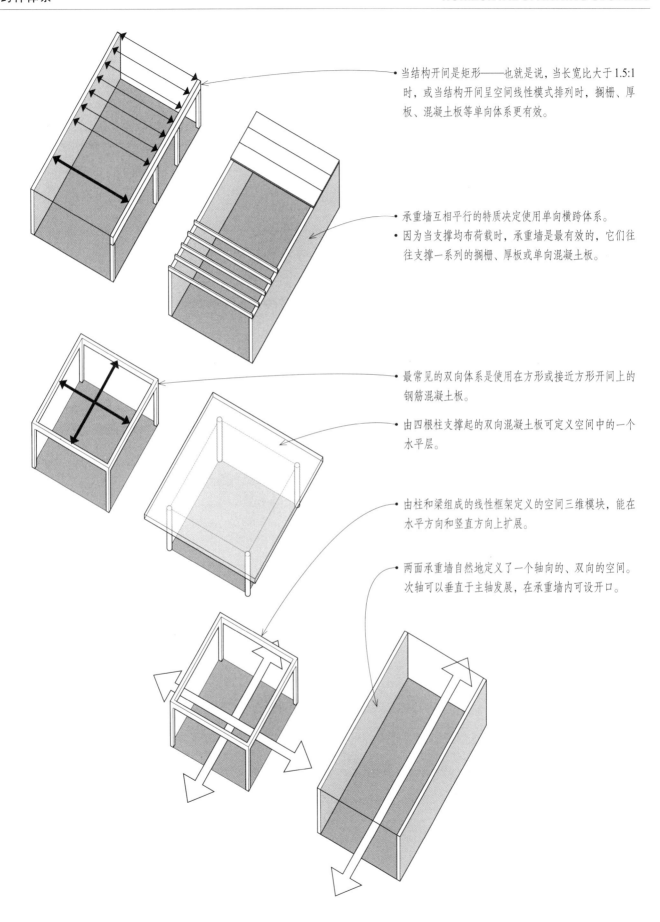

- 当结构开间是矩形——也就是说，当长宽比大于1.5:1时，或当结构开间呈空间线性模式排列时，搁栅、厚板、混凝土板等单向体系更有效。

- 承重墙互相平行的特质决定使用单向横跨体系。
- 因为当支撑均布荷载时，承重墙是最有效的，它们往往支撑一系列的搁栅、厚板或单向混凝土板。

- 最常见的双向体系是使用在方形或接近方形开间上的钢筋混凝土板。

- 由四根柱支撑起的双向混凝土板可定义空间中的一个水平层。

- 由柱和梁组成的线性框架定义的空间三维模块，能在水平方向和竖直方向上扩展。

- 两面承重墙自然地定义了一个轴向的、双向的空间。次轴可以垂直于主轴发展，在承重墙内可设开口。

单向体系 One-Way Systems　　　　本页列出的是横跨构件基本类型的跨度适合范围。

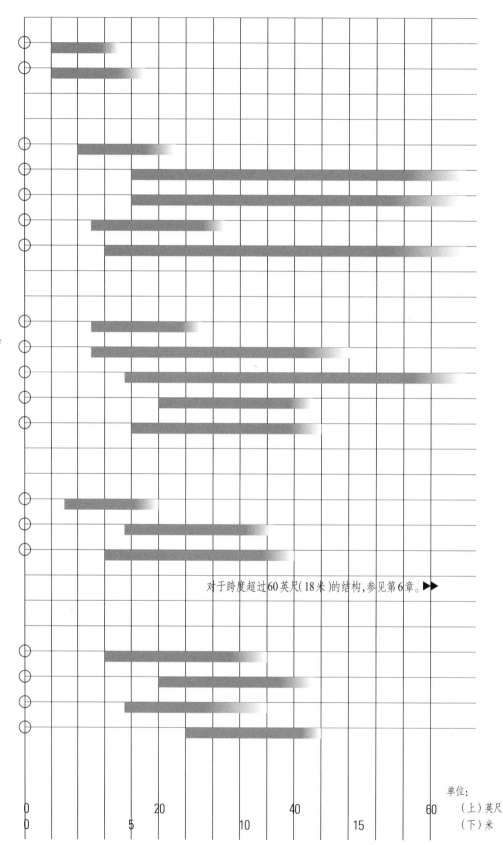

盖板 Decking

* 木材　　木盖板
* 钢材　　钢板

搁栅 Joists

* 木材　　实木搁栅

　　　　　工字形搁栅

　　　　　桁架搁栅

* 钢材　　轻钢搁栅

　　　　　空腹搁栅

横梁 Beams

* 木材　　实木梁

　　　　　单板层积材（LVL）和单板条
　　　　　层积材（PSL）木梁

　　　　　层积梁

* 钢材　　宽缘梁
* 混凝土　混凝土梁

混凝土板 Slabs

* 混凝土　单向板和梁

　　　　　搁栅板

　　　　　预制混凝土板

对于跨度超过60英尺（18米）的结构，参见第6章。▶▶

双向体系 Two-Way Systems

混凝土板 Slabs

* 混凝土　平盘楼盖

　　　　　托板楼盖

　　　　　双向板和梁

　　　　　井式楼板

单位：
（上）英尺
（下）米

0　　20　　40　　60

0　　5　　10　　15

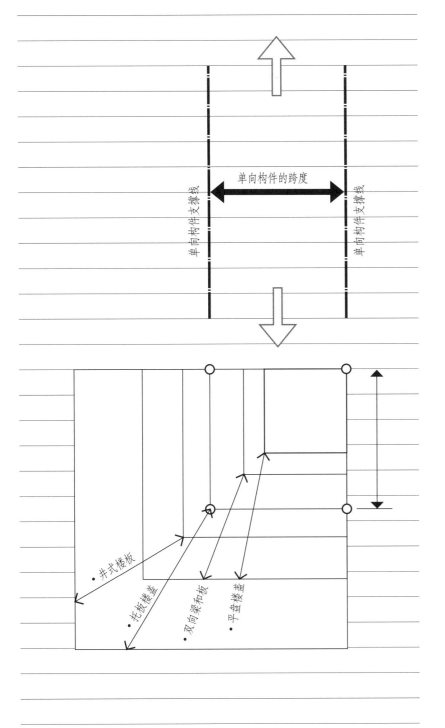

- 开间宽度在一个方向上受单向构件的跨度限制。在与之垂直的方向，开间长度由支撑单向构件所用的结构单件决定——或是承重墙，或是由一系列柱支撑的横纵梁，或兼而用之。

- 双向体系的开间尺寸由各种双向钢筋混凝土板的横跨能力决定。参见前一页的图表。

- 以边长为 4 英尺（1220 毫米）的方形为网格。

混凝土板　Concrete Slabs

混凝土板属于板式结构，能加强结构开间的单向或双向跨度。混凝土板根据它们的横跨方式和它们的浇筑方式进行分类。由于它们不可燃，所以混凝土板能使用于所有类型的建筑。

混凝土梁　Concrete Beams

加强型混凝土梁与纵向钢筋和横向钢筋结合，用于承抵作用力。现浇混凝土梁几乎总是与它们支撑的混凝土板一起成型和放置。因为部分的混凝土板与梁连成整体，所以梁截面厚度从混凝土板的顶部开始测量。

单向板　One-Way Slabs

单向板厚度均匀，其结构强化了在一个方向上横跨支座的能力。它们适用于轻或中等荷载条件下6~18英尺（1.8~5.5米）的相对较小跨度。

单向板可由混凝土或砖石承重墙支撑，它们往往更多与相互平行的支撑梁一同浇筑，支撑梁反过来由纵梁或承重墙支撑。这些梁适用于更大的开间尺寸以及灵活的空间布局。

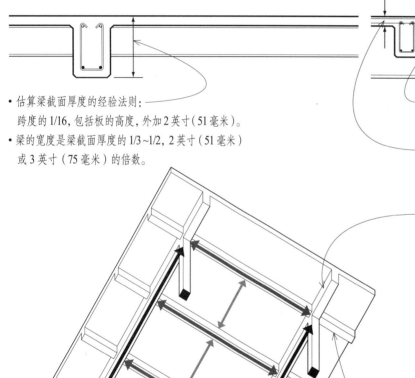

- 估算梁截面厚度的经验法则：
  跨度的1/16，包括板的高度，外加2英寸（51毫米）。
- 梁的宽度是梁截面厚度的1/3~1/2，2英寸（51毫米）或3英寸（75毫米）的倍数。

- 混凝土板的横跨方向一般是矩形开间的短边。
- 受拉钢筋布置在横跨方向。

- 防缩钢筋和抗温钢筋布置在与主要受拉钢筋垂直的方向。

- 估算混凝土板厚度的经验法则：
  对于楼板：跨度的1/28；最小不得小于4英寸（100毫米）
  对于屋顶：跨度的1/35

- 混凝土板两边由平行的中间梁或承重墙支撑。
- 反过来讲，横梁可由纵梁或柱支撑。
- 混凝土板和梁连续浇筑成型，使板厚与梁截面厚度结合，有助于减少结构的整体厚度。

- 使构件连接点的弯矩最小化，要求柱、梁、楼板、墙体之间有良好的连续性。
- 三个或更多支座上的连续横跨比简支跨更有效。这在现浇混凝土结构中更容易实现。

- 横梁和纵梁可在柱列轴线方向上延伸，以便在必要时提供悬臂结构。

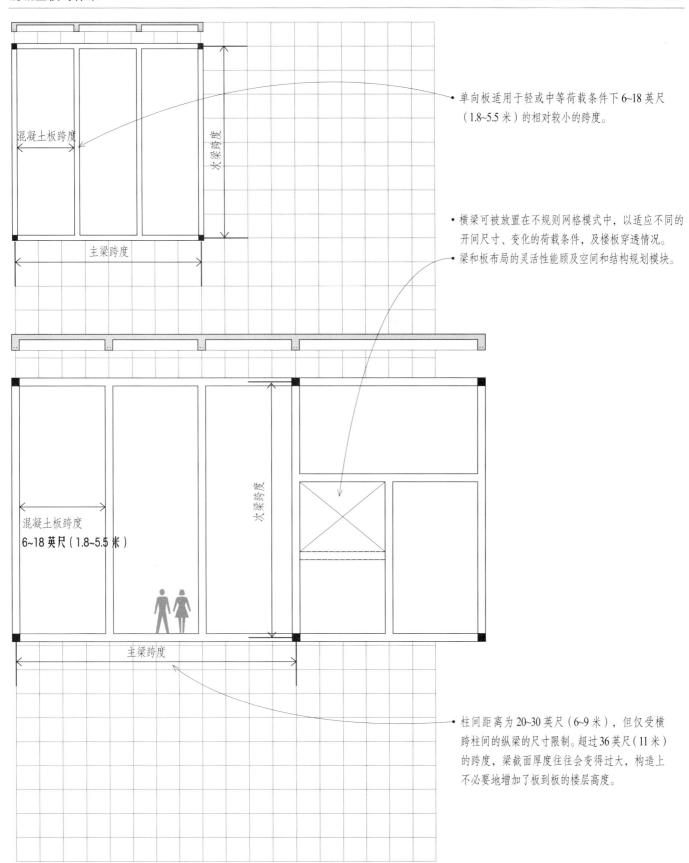

- 单向板适用于轻或中等荷载条件下6~18英尺（1.8~5.5米）的相对较小的跨度。

- 横梁可被放置在不规则网格模式中，以适应不同的开间尺寸、变化的荷载条件，及楼板穿透情况。
- 梁和板布局的灵活性能顾及空间和结构规划模块。

混凝土板跨度

主梁跨度

次梁跨度

混凝土板跨度
6~18英尺（1.8~5.5米）

- 柱间距离为20~30英尺（6~9米），但仅受横跨柱间的纵梁的尺寸限制。超过36英尺（11米）的跨度，梁截面厚度往往会变得过大，构造上不必要地增加了板到板的楼层高度。

- 以边长为3英尺（915毫米）的方形为网格。

搁栅板　Joist Slabs

搁栅板为整体现浇，有一系列密布搁栅，它们由一组平行的横梁支撑。由于被设计为一系列 T 形梁，搁栅板比单向板更适合于更长的跨度和更大的荷载。

- 抗拉钢筋布置在肋上。
- 防缩钢筋和耐温钢筋布置在板上。

- 板厚 3~4.5 英寸（75~115 毫米）
- 总厚度的经验法则：跨度的 1/24
- 搁栅宽 5~9 英寸（125~230 毫米）
- 平盘搁栅体系（the pan joist system）在减少楼板构造自重的同时，提供必要的厚度和强度。
- 用于形成搁栅的平盘是可重复使用的钢模具或玻璃纤维模具，适用于 20 英寸（508 毫米）和 30 英寸（760 毫米）宽、6~20 英寸（150~508 毫米）厚、增幅在 2 英寸（51 毫米）的搁栅。锥形端使其易于拆卸。
- 锥形末端用于加厚搁栅末端，有更好的抗剪能力。
- 悬挑的搁栅能与支撑梁在面内一同成型。
- 更宽的模块化体系能由可移动的交替使用的搁栅形成，加厚楼板导致搁栅的间距从 5 英尺到 6 英尺（1525 毫米到 1830 毫米）（中对中距离）。这种搁栅板体系或宽模板体系对于较长跨度和轻到中等的分布式荷载比较经济有效。
- 分布式肋梁在垂直于搁栅处成型，目的是将可能集中的荷载分布在较大的区域。其中需要 20~30 英尺（6~9 米）的跨度，但对于跨度超过 30 英尺（9 米）的，则中对中距离不超过 15 英尺（4.6 米）。
- 搁栅的联系带是宽而薄的承重梁，这种形式很经济，因为其截面厚度与搁栅截面厚度一样。

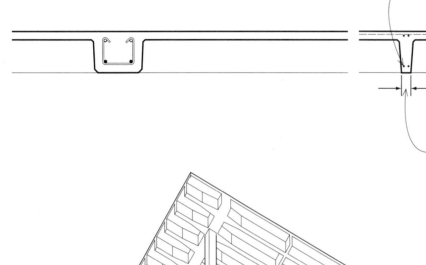

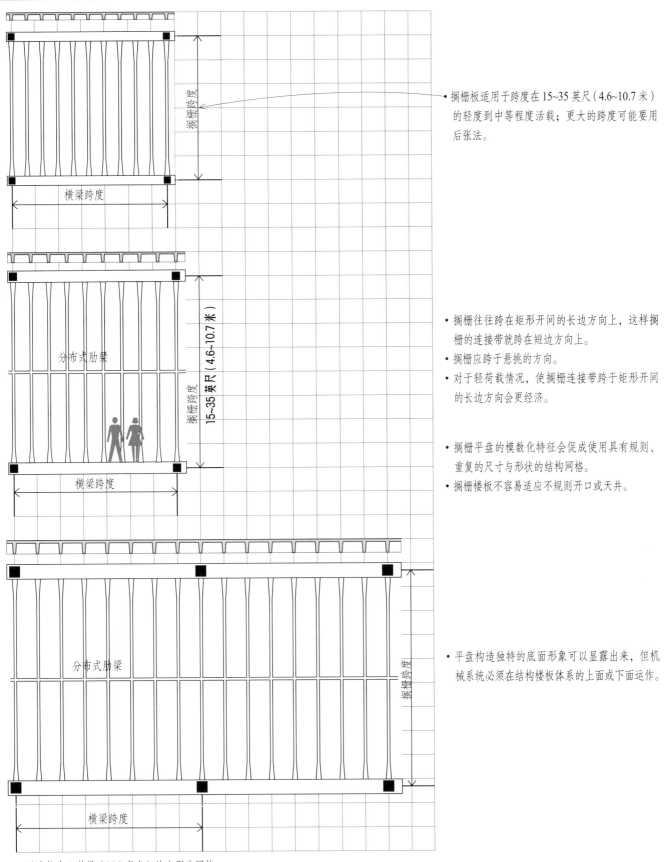

• 搁栅板适用于跨度在15~35英尺（4.6~10.7米）的轻度到中等程度活载；更大的跨度可能要用后张法。

• 搁栅往往跨在矩形开间的长边方向上，这样搁栅的连接带就跨在短边方向上。
• 搁栅应跨于悬挑的方向。
• 对于轻荷载情况，使搁栅连接带跨于矩形开间的长边方向会更经济。

• 搁栅平盘的模数化特征会促成使用具有规则、重复的尺寸与形状的结构网格。
• 搁栅楼板不容易适应不规则开口或天井。

• 平盘构造独特的底面形象可以显露出来，但机械系统必须在结构楼板体系的上面或下面运作。

• 以边长为3英尺（915毫米）的方形为网格。

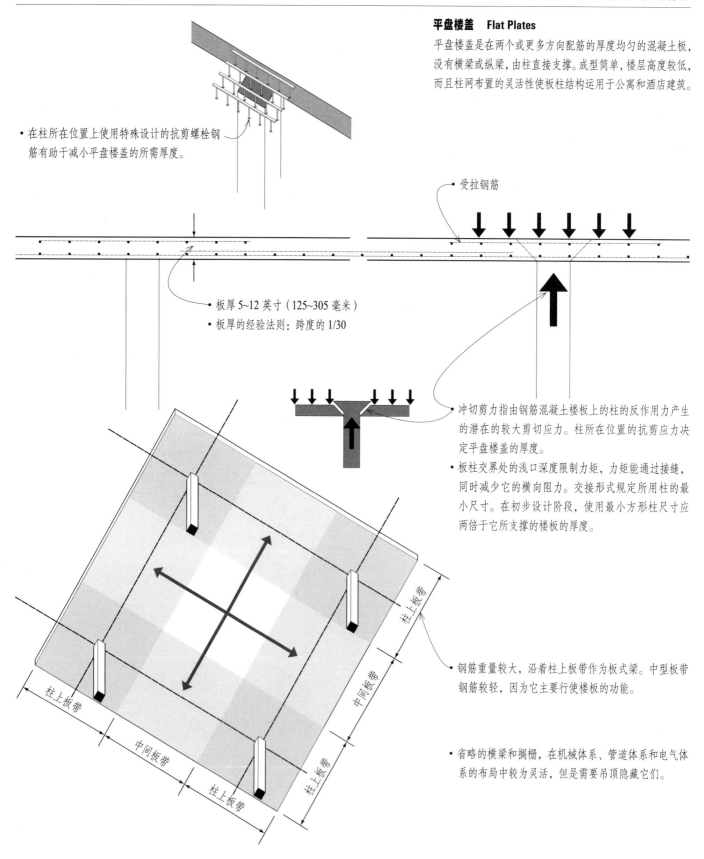

平盘楼盖　Flat Plates

平盘楼盖是在两个或更多方向配筋的厚度均匀的混凝土板，没有横梁或纵梁，由柱直接支撑。成型简单，楼层高度较低，而且柱网布置的灵活性使板柱结构运用于公寓和酒店建筑。

• 在柱所在位置上使用特殊设计的抗剪螺栓钢筋有助于减小平盘楼盖的所需厚度。

• 受拉钢筋

• 板厚 5~12 英寸（125~305 毫米）
• 板厚的经验法则：跨度的 1/30

• 冲切剪力指由钢筋混凝土楼板上的柱的反作用力产生的潜在的较大剪切应力。柱所在位置的抗剪应力决定平盘楼盖的厚度。

• 板柱交界处的浅口深度限制力矩，力矩能通过接缝，同时减少它的横向阻力。交接形式规定所用柱的最小尺寸。在初步设计阶段，使用最小方形柱尺寸应两倍于它所支撑的楼板的厚度。

• 钢筋重量较大，沿着柱上板带作为板式梁。中型板带钢筋较轻，因为它主要行使楼板的功能。

• 省略的横梁和搁栅，在机械体系、管道体系和电气体系的布局中较为灵活，但是需要吊顶隐藏它们。

柱上板带
中间板带
中间板带
柱上板带
柱上板带
中间板带
中间板带
柱上板带

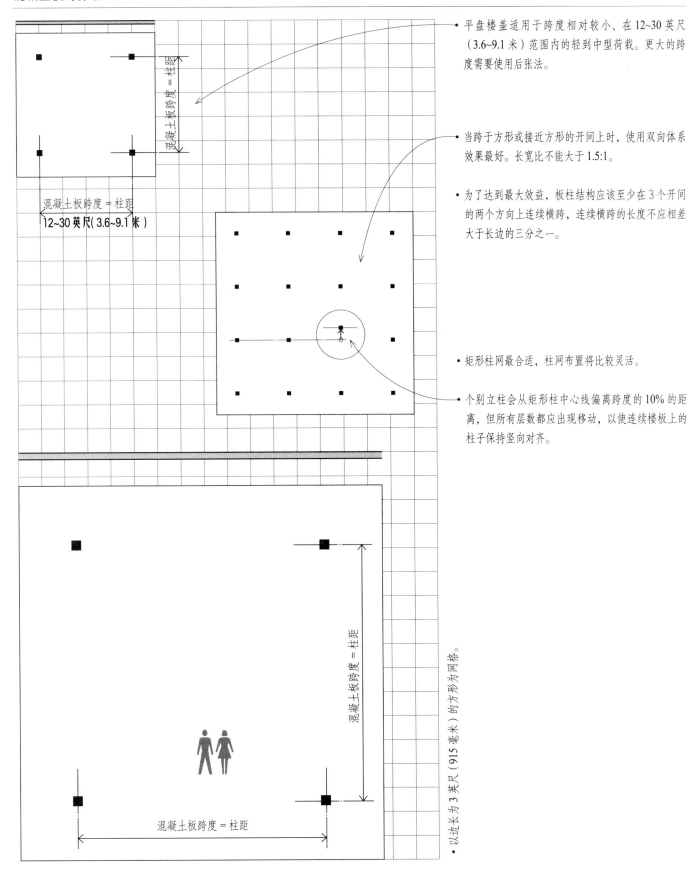

混凝土板跨度 = 柱距
12~30 英尺(3.6~9.1 米)

混凝土板跨度 = 柱距

混凝土板跨度 = 柱距

- 平盘楼盖适用于跨度相对较小、在 12~30 英尺 （3.6~9.1 米 ）范围内的轻到中型荷载。更大的跨度需要使用后张法。

- 当跨于方形或接近方形的开间上时，使用双向体系效果最好。长宽比不能大于 1.5:1。

- 为了达到最大效益，板柱结构应该至少在 3 个开间的两个方向上连续横跨，连续横跨的长度不应相差大于长边的三分之一。

- 矩形柱网最合适，柱网布置将比较灵活。

- 个别立柱会从矩形柱中心线偏离跨度的 10% 的距离，但所有层数都应出现移动，以使连续楼板上的柱子保持竖向对齐。

- 以边长为 3 英尺（915 毫米）的方形为网格。

托板楼盖 Flat Slabs

托板楼盖就是在柱支撑的位置上平板厚度增加，从而提高它的抗剪强度和抗弯能力。

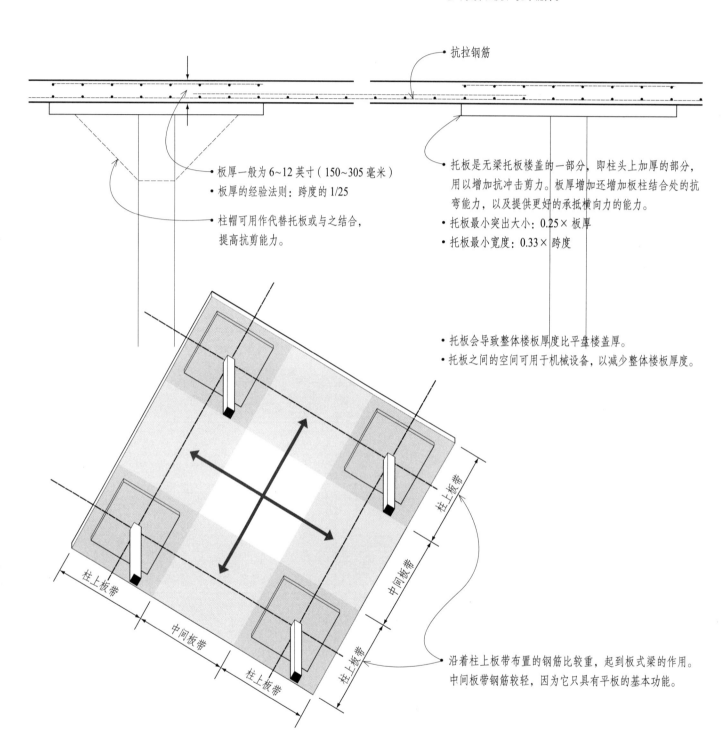

• 抗拉钢筋

• 板厚一般为6~12英寸（150~305毫米）
• 板厚的经验法则：跨度的1/25

• 柱帽可用作代替托板或与之结合，提高抗剪能力。

• 托板是无梁托板楼盖的一部分，即柱头上加厚的部分，用以增加抗冲击剪力。板厚增加还增加板柱结合处的抗弯能力，以及提供更好的承抵横向力的能力。
• 托板最小突出大小：0.25×板厚
• 托板最小宽度：0.33×跨度

• 托板会导致整体楼板厚度比平盘楼盖厚。
• 托板之间的空间可用于机械设备，以减少整体楼板厚度。

柱上板带

中间板带

柱上板带

中间板带

柱上板带

中间板带

柱上板带

• 沿着柱上板带布置的钢筋比较重，起到板式梁的作用。中间板带钢筋较轻，因为它只具有平板的基本功能。

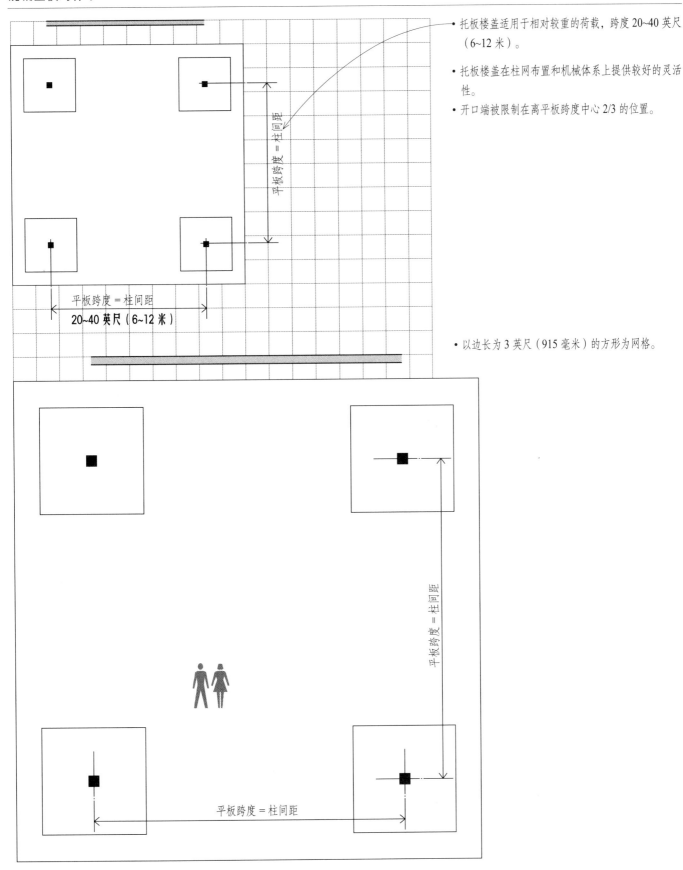

平板跨度 = 柱间距
20~40 英尺（6~12 米）

- 托板楼盖适用于相对较重的荷载，跨度 20~40 英尺（6~12 米）。
- 托板楼盖在柱网布置和机械体系上提供较好的灵活性。
- 开口端被限制在离平板跨度中心 2/3 的位置。

- 以边长为 3 英尺（915 毫米）的方形为网格。

平板跨度 = 柱间距

带梁双向混凝土板　Two-Way Slabs with Beams

厚度均匀的双向混凝土板可在两个方向上配筋，与方形或接近方形开间中支撑的梁和四边的柱整体现浇。双向板梁结构用于中型跨度和较重荷载。相对于平盘楼盖和托板楼盖，混凝土板梁体系最突出的优点是刚性框架作用，使梁柱结合处承抵侧向荷载。最主要的缺点是增加模板的花费和较大的构造截面厚度，尤其是当机械管道体系必须放置在梁结构下面时。

- 由于板和梁是连续现浇的，所以板的厚度决定了梁的结构截面厚度。
- 估算梁截面厚度的经验法则：
  跨度的 1/16，包括板的厚度。

- 估算板厚的经验法则：板周长的 1/180
- 最小板厚不能少于 4 英寸（100 毫米）

- 抗拉钢筋

- 梁—柱结合能为加强侧向稳定性提供抗弯能力。

- 机械体系必须双向放置在横梁之下，增加楼板或屋顶构造的整体厚度。使用架空地板体系或将机械体系布置在结构层之上能缓和这种问题。

- 为了简化钢筋的布置，双向板分为柱上板带和中间板带。在柱上板带上布置较多的钢筋，与梁结合起作用，而中间板带则布置较少钢筋，因为它只具有平板的基本功能。

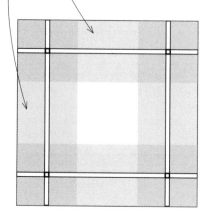

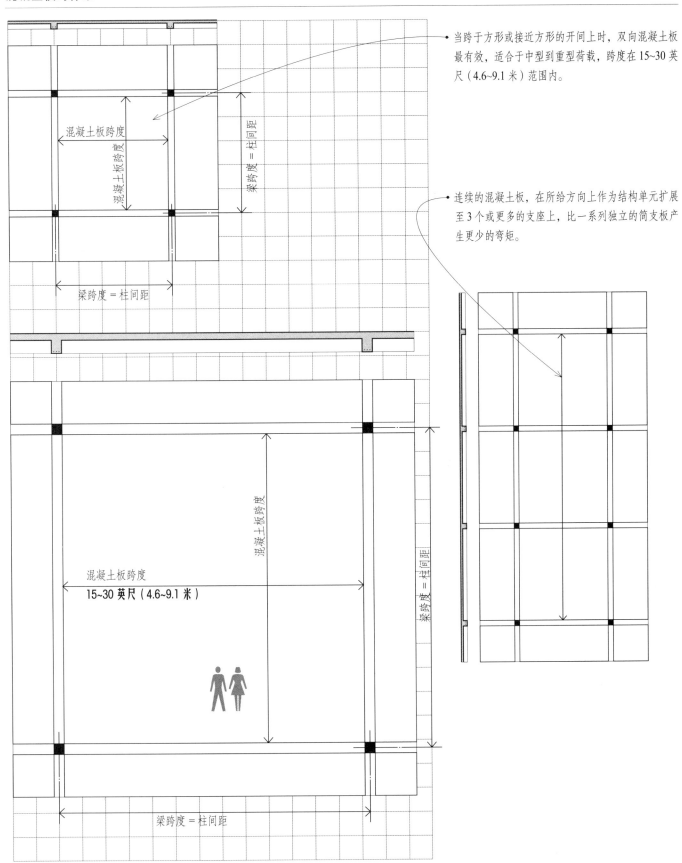

当跨于方形或接近方形的开间上时，双向混凝土板最有效，适合于中型到重型荷载，跨度在15~30英尺（4.6~9.1 米）范围内。

连续的混凝土板，在所给方向上作为结构单元扩展至 3 个或更多的支座上，比一系列独立的简支板产生更少的弯矩。

混凝土板跨度

混凝土板跨度

梁跨度＝柱间距

梁跨度＝柱间距

混凝土板跨度

混凝土板跨度

混凝土板跨度

混凝土板跨度
15~30 英尺（4.6~9.1 米）

梁跨度＝柱间距

梁跨度＝柱间距

• 以边长为 3 英尺（915 毫米）的方形为网格。

井字楼盖　Waffle Slabs

井字楼盖是双向配筋的肋形双向混凝土板。它们能承载较重的负荷，比托板楼盖有更大的跨度。

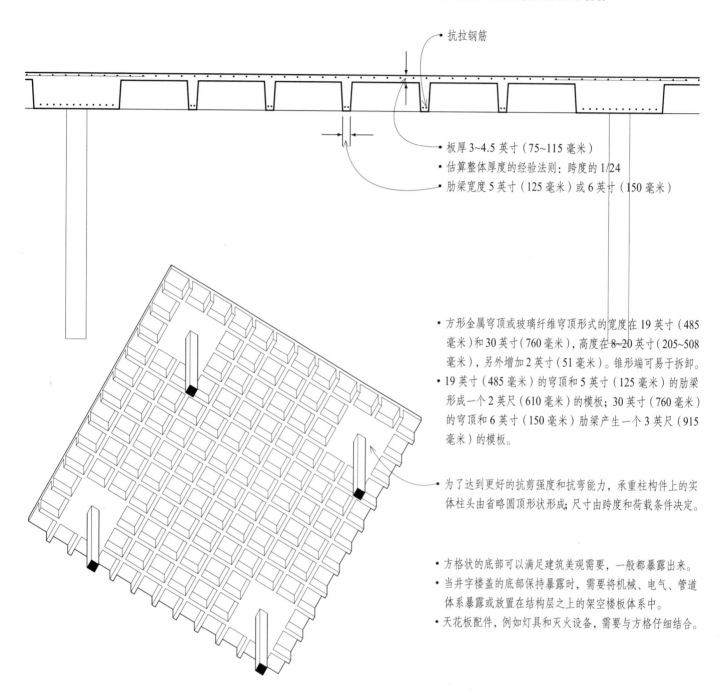

• 抗拉钢筋

• 板厚 3~4.5 英寸（75~115 毫米）
• 估算整体厚度的经验法则：跨度的 1/24
• 肋梁宽度 5 英寸（125 毫米）或 6 英寸（150 毫米）

• 方形金属穹顶或玻璃纤维穹顶形式的宽度在 19 英寸（485 毫米）和 30 英寸（760 毫米），高度在 8~20 英寸（205~508 毫米），另外增加 2 英寸（51 毫米）。锥形端可易于拆卸。
• 19 英寸（485 毫米）的穹顶和 5 英寸（125 毫米）的肋梁形成一个 2 英尺（610 毫米）的模板；30 英寸（760 毫米）的穹顶和 6 英寸（150 毫米）肋梁产生一个 3 英尺（915 毫米）的模板。

• 为了达到更好的抗剪强度和抗弯能力，承重柱构件上的实体柱头由省略圆顶形状形成；尺寸由跨度和荷载条件决定。

• 方格状的底部可以满足建筑美观需要，一般都暴露出来。
• 当井字楼盖的底部保持暴露时，需要将机械、电气、管道体系暴露或放置在结构层之上的架空楼板体系中。
• 天花板配件，例如灯具和灭火设备，需要与方格仔细结合。

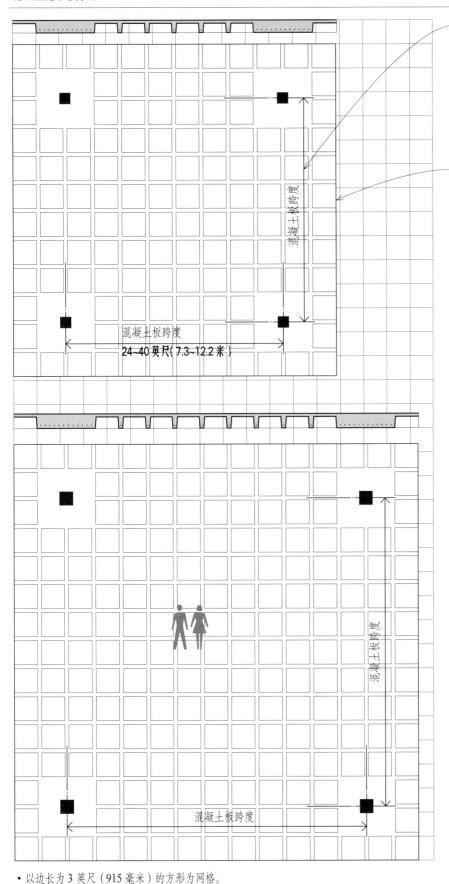

混凝土板跨度
24~40 英尺 (7.3~12.2 米)

混凝土板跨度

• 肋形结构为跨度在 24~40 英尺（7.3~12.2 米）提供相对较轻的混凝土体系；跨度达到 60 英尺（18 米）的可使用后张法。

• 为了达到最佳效果，开间应尽量为方形或接近方形。

• 井字楼盖能有效地在两个方向达到主跨度长度 1/3 的悬挑。当没有出现悬挑时，板带的周长通过省略穹顶形式计算。

• 穹顶体系的模数化特性促进了规则重复的三维和二维图形结构网格的使用。

• 以边长为 3 英尺（915 毫米）的方形为网格。

预制混凝土板　Precast Concrete Slabs

预制混凝土板是或由现浇混凝土、预制混凝土、砖石的承重墙，或由钢、现浇混凝土、预制混凝土的框架来支撑的单向横跨单元。预制单元由普通密度或轻质混凝土人工制成，并预先施加较大的结构应力，使其减少厚度和重量，有更大的跨度。

混凝土单元在远离施工场地的工厂浇筑和蒸汽养护，之后运输到施工场地。单元的尺寸和比例会受到运输方式的限制。工厂条件下制作使得混凝土单元具有相同的强度、耐久性、光洁度，并且消除了现场制作模板的需要。

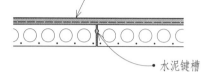

- 一层 2~3.5 英寸（51~90 毫米）混凝土盖顶，结合钢网或钢筋束的预制单元，形成复合结构单元。
- 盖顶同样隐藏了表面的不规整，提高了混凝土板的耐火程度，适应地下管网配线的条件。

水泥键槽

- 如果楼板作为横隔，将横向荷载传递到剪力墙，钢筋需要与预制混凝土板互相捆绑在它们的支撑构件和它们的末端支撑之上。

- 由于承抵弯矩的搁栅难以制造，所以侧向稳定性由剪力墙或交叉支撑构件提供。

- 预制板上的小开口可在场地上切割。
- 优先考虑平行于混凝土板横跨方向的狭窄开口。较大的开口需要进行工程分析。

- 固有的耐火性和光洁度使预制混凝土板的底面可以填缝、粉刷，或暴露为装饰天花；顶棚装修也可应用于或悬吊于混凝土板单元下。
- 当混凝土板单元的底面作为装饰天花暴露时，机械、管道、电气系统同样会被暴露出来。
- 预制板作为装饰天花暴露时，可能需要噪声控制处理。

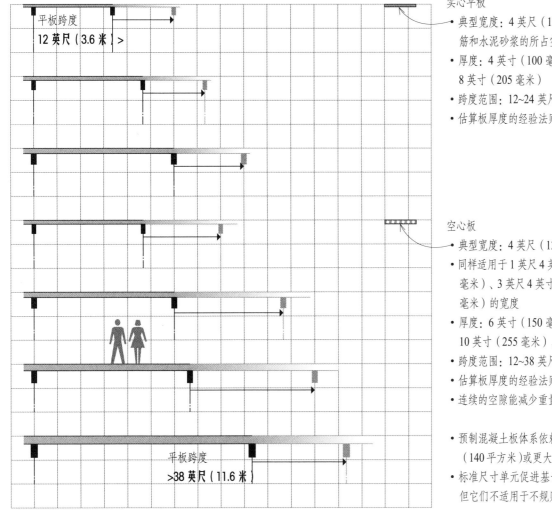

平板跨度
12 英尺（3.6 米）>

平板跨度
>38 英尺（11.6 米）

实心平板

- 典型宽度：4 英尺（1220 毫米）；确切尺寸随着钢筋和水泥砂浆的所占空间而变化。
- 厚度：4 英寸（100 毫米）、6 英寸（150 毫米）、8 英寸（205 毫米）
- 跨度范围：12~24 英尺（3.6~7.3 米）
- 估算板厚度的经验法则：跨度的 1/40

空心板

- 典型宽度：4 英尺（1220 毫米）
- 同样适用于 1 英尺 4 英寸（405 毫米）、2 英尺（610 毫米）、3 英尺 4 英寸（1015 毫米）、8 英尺（2440 毫米）的宽度
- 厚度：6 英寸（150 毫米）、8 英寸（205 毫米）、10 英寸（255 毫米）、12 英寸（305 毫米）
- 跨度范围：12~38 英尺（3.6~11.6 米）
- 估算板厚度的经验法则：跨度的 1/40
- 连续的空隙能减少重量和造价，可用作配线的线槽。

- 预制混凝土板体系依赖于重复使用，1500 平方英尺（140 平方米）或更大的楼板或屋顶面更为经济。
- 标准尺寸单元促进基于板宽而设计的模板的使用。但它们不适用于不规则平面形状。

- 以边长为 3 英尺（915 毫米）的方形为网格。

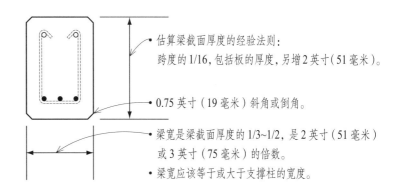

- 估算梁截面厚度的经验法则：
  跨度的 1/16，包括板的厚度，另增 2 英寸（51 毫米）。

- 0.75 英寸（19 毫米）斜角或倒角。

- 梁宽是梁截面厚度的 1/3~1/2，是 2 英寸（51 毫米）或 3 英寸（75 毫米）的倍数。

- 梁宽应该等于或大于支撑柱的宽度。

结构钢架　Structural Steel Framing

钢纵梁、钢横梁、钢桁架、钢柱用作构成钢骨构架，用于单层建筑到超高层大楼的尺度范围。因为钢结构现场制作困难，所以它一般根据设计说明规格在制造工厂中切割、成型、钻孔；这样导致结构框架快速精确。

钢结构可直接暴露，无需加不可燃构造，但由于钢材在火中会迅速失去强度，所以需要防火装备或防火涂料作为耐火构造。在暴露的条件下，同样需要一定的耐腐蚀性。

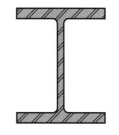
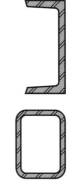

钢梁　Steel Beams and Girders

- 结构上更有效的宽翼形状（W）基本上取代了传统的工字钢梁（S）。横梁也可制作成槽型截面（C）、管状结构、综合截面。

- 连接部分通常使用过渡型构件，例如角钢、T形钢、钢板。实际连接时是铆钉接合，但通常更多使用螺钉固定或焊接。

- 对于钢梁的一般跨度范围是20~40英尺（6~12米）；然而，超过32英尺（10米）则使用空腹钢搁栅更加经济，因为它们的重量较小。
- 估算梁截面厚度的经验法则：
  钢横梁：跨度的1/20
  钢纵梁：跨度的1/15
- 梁宽：梁截面厚度的1/3~1/2

- 总体目标是使用最轻的钢截面，这样会在允许的应力极限内承抵弯曲和剪切力，并且没有超过预期使用的挠度。
- 除材料造价外，安装所需要的劳动费用也必须考虑。

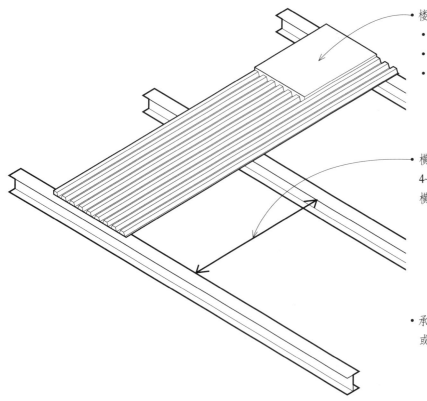

- 楼板或屋顶板可包括：
  - 金属板
  - 预制混凝土板
  - 结构木面板或盖板，需要一个可钉的上弦杆或打钉机。

- 横梁或空腹搁栅支撑的楼板或屋面板布置在离中心线4~16英尺（1.2~4.9米）处，由施加荷载的大小和面板的横跨能力决定。

- 承抵侧面的风荷载或地震作用力需要使用剪力墙、斜撑，或带有抗弯连接的刚性框架。

- K 系列搁栅有腹板，腹板包含有单一的一个弯曲钢筋，在上下翼缘间呈 Z 形样式。
- 高度为 8~30 英寸（203~760 毫米）

- 大跨度系列（LH, long-span series）搁栅和厚截面大跨度系列（DLH, deep long-span series）搁栅有较重的腹板和弦杆构件，以适应增加的荷载和跨度。
- 大跨度系列梁截面厚度：18~48 英寸（460~1220 毫米）
- 厚截面大跨度系列梁截面厚度：52~72 英寸（1320~1830 毫米）

- 空腹钢搁栅跨度范围：12~60 英尺（3.6~18 米）
- 估算空腹搁栅截面厚度的经验法则：跨度的 1/24

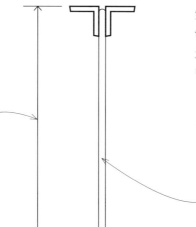

空腹钢搁栅   *Open-Web Steel Joists*

空腹钢搁栅是轻质的、车间预制的、带有一根桁架腹杆的钢制构件。它们为轻到中等的分布荷载提供经济的钢梁替代品，尤其适合于跨度大于 32 英尺（10 米）。如果设计合理，集中荷载会集中在搁栅的节点处。

- 当搁栅承载均布荷载时，框架工作效果最佳。如果设计合理，集中荷载会集中在搁栅的节点处。

- 空腹提供了机械设备的通道。
- 吊顶可附属在下弦杆上，如果需要为设备预留额外的空间，也可悬吊；也可省略吊顶，直接将搁栅和楼板暴露。

- 间距为 2~10 英尺（0.6~3 米）；大型建筑中常用尺寸为 4~8 英尺（1.2~2.4 米）。
- 为搁栅弦杆提供侧向力矩需要水平支撑或对角支撑。
- 斜撑的中对中间距为 10~20 英尺（3~6 米），由搁栅跨度和弦杆尺寸决定。

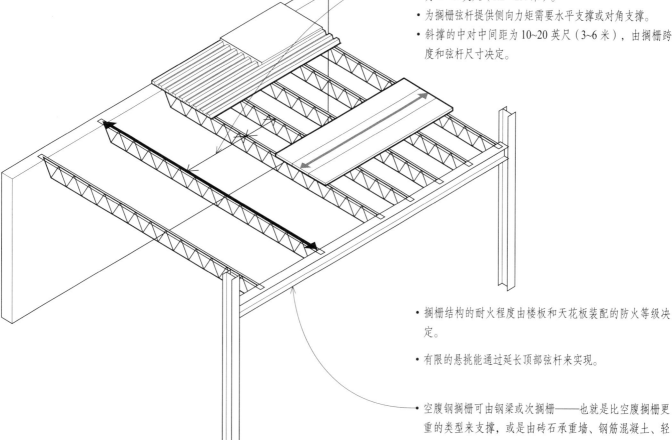

- 搁栅结构的耐火程度由楼板和天花板装配的防火等级决定。
- 有限的悬挑能通过延长顶部弦杆来实现。

- 空腹钢搁栅可由钢梁或次搁栅——也就是比空腹搁栅更重的类型来支撑，或是由砖石承重墙、钢筋混凝土、轻钢搁栅体系来支撑。

单向梁体系　One-Way Beam System

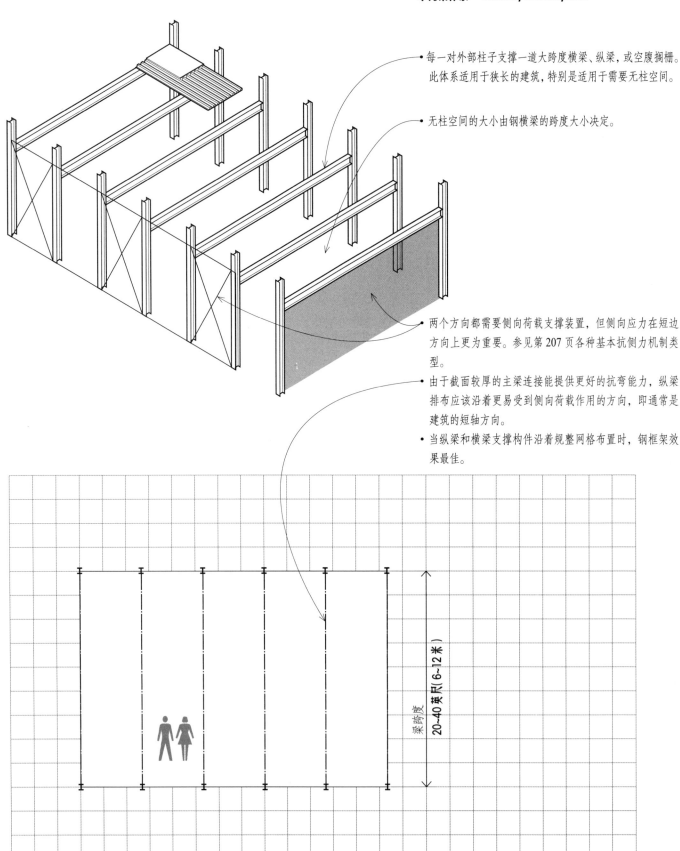

- 每一对外部柱子支撑一道大跨度横梁、纵梁，或空腹搁栅。此体系适用于狭长的建筑，特别是适用于需要无柱空间。

- 无柱空间的大小由钢横梁的跨度大小决定。

- 两个方向都需要侧向荷载支撑装置，但侧向应力在短边方向上更为重要。参见第 207 页各种基本抗侧力机制类型。

- 由于截面较厚的主梁连接能提供更好的抗弯能力，纵梁排布应该沿着更易受到侧向荷载作用的方向，即通常是建筑的短轴方向。

- 当纵梁和横梁支撑构件沿着规整网格布置时，钢框架效果最佳。

梁跨度 20~40 英尺（6~12 米）

- 以边长为 3 英尺（915 毫米）的方形为网格。

横纵体系 **Beam-and-Girder System**

- 主梁的经济跨度是20~40英尺（6~12米）。
- 次梁的经济跨度是22~60英尺（7~20米）。
- 主梁和次梁同样包括跨度可达32英尺（10米）的型钢构造。对于更大的跨度，空腹搁栅和桁架梁较为经济。

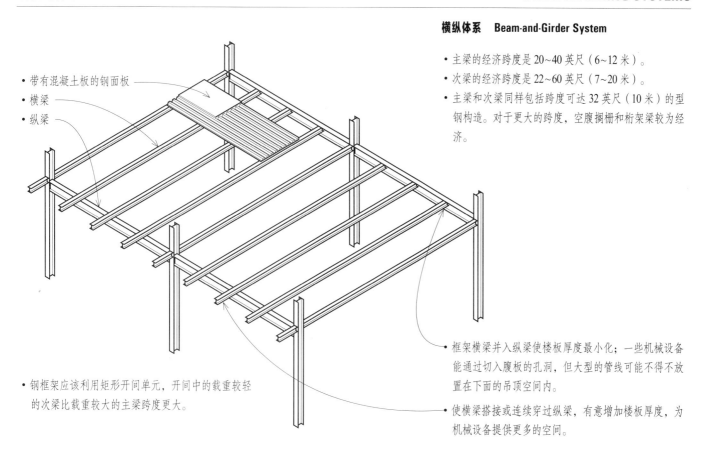

- 带有混凝土板的钢面板
- 横梁
- 纵梁

- 框架横梁并入纵梁使楼板厚度最小化；一些机械设备能通过切入腹板的孔洞，但大型的管线可能不得不放置在下面的吊顶空间内。

- 使横梁搭接或连续穿过纵梁，有意增加楼板厚度，为机械设备提供更多的空间。

- 钢框架应该利用矩形开间单元，开间中的载重较轻的次梁比载重较大的主梁跨度更大。

- 交错的次梁为每根柱的竖向管槽提供空间。

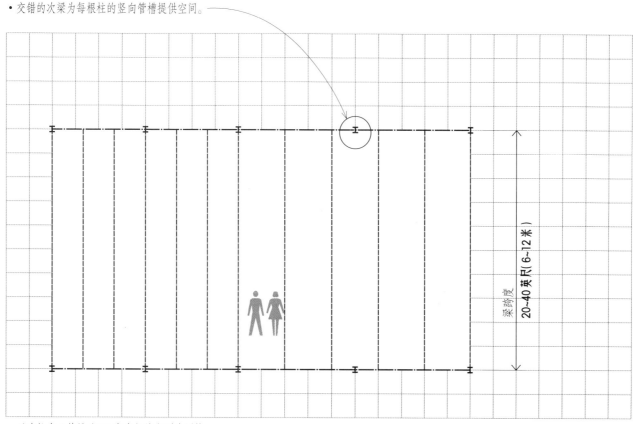

梁跨度
20~40英尺（6~12米）

- 以边长为3英尺（915毫米）的方形为网格。

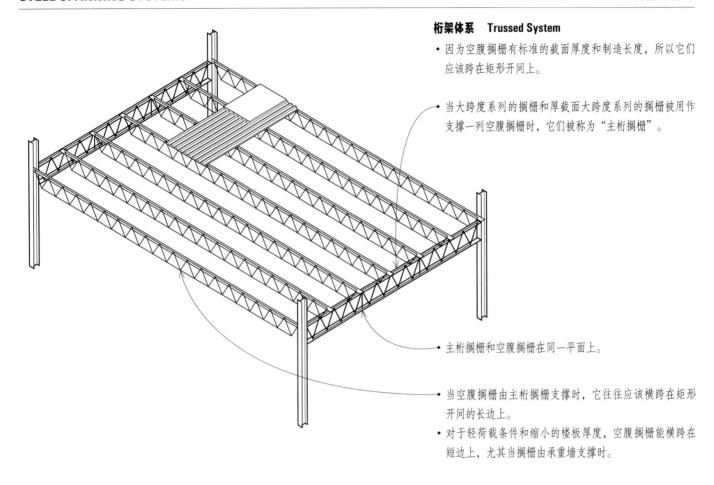

桁架体系　Trussed System

- 因为空腹搁栅有标准的截面厚度和制造长度，所以它们应该跨在矩形开间上。

- 当大跨度系列的搁栅和厚截面大跨度系列的搁栅被用作支撑一列空腹搁栅时，它们被称为"主桁搁栅"。

- 主桁搁栅和空腹搁栅在同一平面上。

- 当空腹搁栅由主桁搁栅支撑时，它往往应该横跨在矩形开间的长边上。
- 对于轻荷载条件和缩小的楼板厚度，空腹搁栅能横跨在短边上，尤其当搁栅由承重墙支撑时。

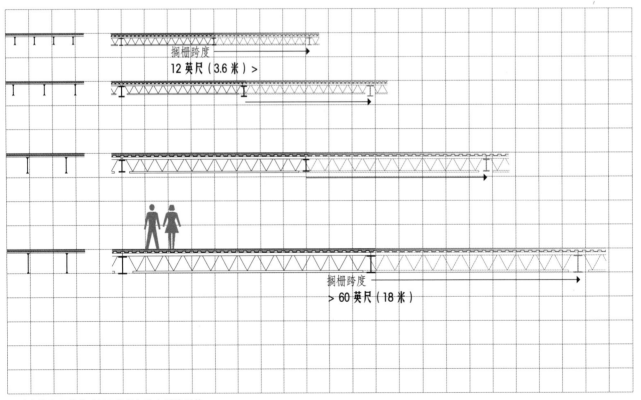

搁栅跨度
12 英尺（3.6 米）>

搁栅跨度
> 60 英尺（18 米）

- 以边长为 3 英尺（915 毫米）的方形为网格。

三层体系 **Triple-Layer System**

• 当需要较大的无柱开间时，大跨度板式梁或桁架被用作支撑数个主梁，主梁反过来支撑一层次梁。

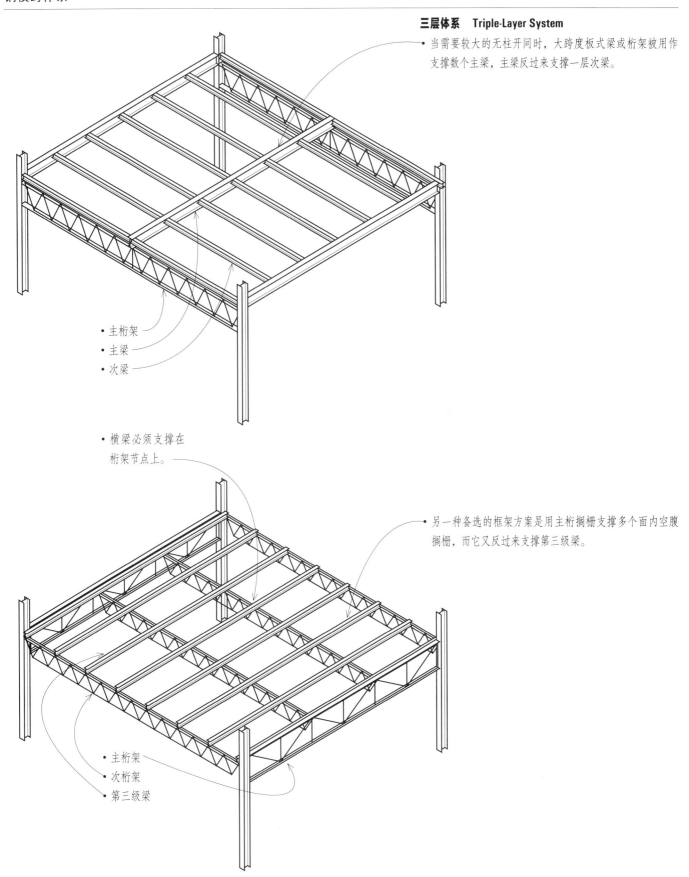

• 主桁架
• 主梁
• 次梁

• 横梁必须支撑在桁架节点上。

• 另一种备选的框架方案是用主桁搁栅支撑多个面内空腹搁栅，而它又反过来支撑第三级梁。

• 主桁架
• 次桁架
• 第三级梁

钢面板 Metal Decking

钢面板的褶皱是为了增加其刚度和横跨能力。楼承板（floor deck）在建造过程中作为工作平台，也作为现浇混凝土板的框架。

• 成型面板作为钢筋混凝土板的永久模架，直到混凝土板能支撑自重和上面的活载为止。

混凝土板

• 复合面板可用厚度为1.5、2、3英寸（38、51、75毫米）。
• 整体板厚度的范围是4~8英寸（100~205毫米）。

• 钢梁或空腹搁栅支撑

• 复合面板作为混凝土板的受拉钢筋，结合了肋形样式。混凝土板和地板梁或搁栅之间的复合作用力，是由穿过面板的焊接锚栓到达下部的支撑梁。

• 与复合面板相似的是多孔面板，它在平钢板上焊接一块瓦楞板，形成一系列的空间或为电气和通信线路的管槽；特殊的剪切可用作地板插座。当穿孔格里充满玻璃纤维时，面板可作为声学顶棚。

• 面板用水泥钉或剪力钉穿过面板到承重钢搁栅或钢梁处焊接的方式固定。
• 面板之间的互相固定是通过焊接或螺钉连接。
• 如果面板作为结构隔板，将侧向荷载传递到剪力墙，则它的四周必须焊接到钢承重构件。除此以外，可能还需要使用更多精细的承重构件和侧向搭接来加固。
• 应用于屋顶时，可将硬性绝缘体直接放置在钢板之上，替代混凝土表面。

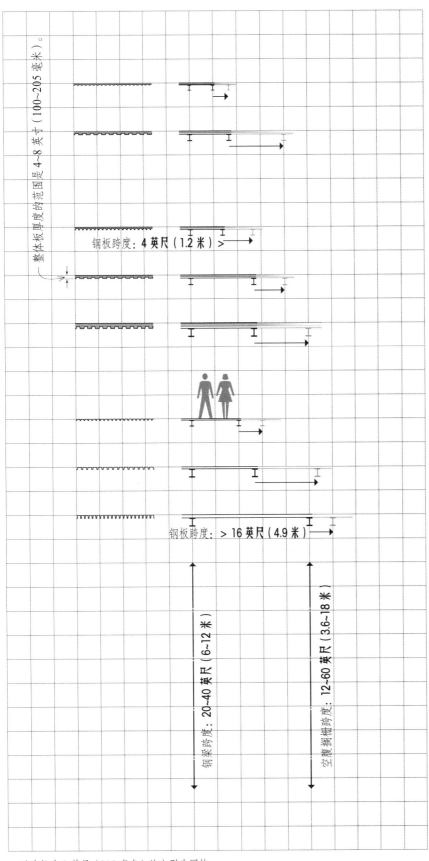

成型钢板

- 1 英寸型（25 毫米）：3~5 英尺（915~1525 毫米）的跨度

- 2 英寸型（51 毫米）：5~12 英尺（1525~3660 毫米）的跨度

复合钢板

- 1.5 英寸型（38 毫米）：4~8 英尺（1220~2440 毫米）的跨度

- 2 英寸型（51 毫米）：8~12 英尺（2440~3660 毫米）的跨度

- 3 英寸型（75 毫米）：8~15 英尺（2440~4570 毫米）的跨度

屋顶钢板

- 1.5 英寸型（38 毫米）：6~12 英尺（1830~3660 毫米）的跨度

- 2 英寸型（51 毫米）：6~12 英尺（1830~3660 毫米）的跨度

- 3 英寸型（75 毫米）：10~16 英尺（3050~4875 毫米）的跨度

- 估算金属板的整体厚度经验法则：跨度的 1/35

- 以边长为 3 英尺（915 毫米）的方形为网格。

轻钢搁栅 Light-Gauge Steel Joists

轻钢搁栅是由冷弯钢板或带钢制成的。所制成的钢搁栅较轻，空间稳定性更好，并且比对应的木板具有更大的跨度，但是钢搁栅易导热，而且在生产和制作过程中需要更多的能量。冷弯钢搁栅易于剪切，能通过简单的工具装配到楼层结构中，它重量轻，不可燃，而且防潮。

- 轻钢搁栅不可燃，可用于一类和二类建筑。
- 轻钢搁栅被放置或装配的方式与木梁框架相似。
- 连接部位是使用电动或气动工具将自钻自攻螺钉或气动销钉插入。

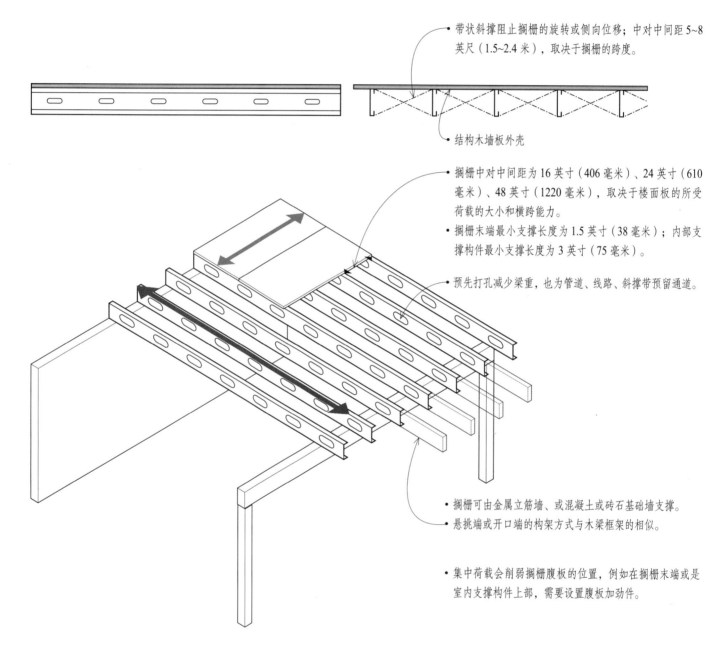

- 带状斜撑阻止搁栅的旋转或侧向位移；中对中间距5~8英尺（1.5~2.4米），取决于搁栅的跨度。

- 结构木墙板外壳

- 搁栅中对中间距为16英寸（406毫米）、24英寸（610毫米）、48英寸（1220毫米），取决于楼面板的所受荷载的大小和横跨能力。
- 搁栅末端最小支撑长度为1.5英寸（38毫米）；内部支撑构件最小支撑长度为3英寸（75毫米）。

- 预先打孔减少梁重，也为管道、线路、斜撑带预留通道。

- 搁栅可由金属立筋墙、或混凝土或砖石基础墙支撑。
- 悬挑端或开口端的构架方式与木梁框架的相似。

- 集中荷载会削弱搁栅腹板的位置，例如在搁栅末端或是室内支撑构件上部，需要设置腹板加劲件。

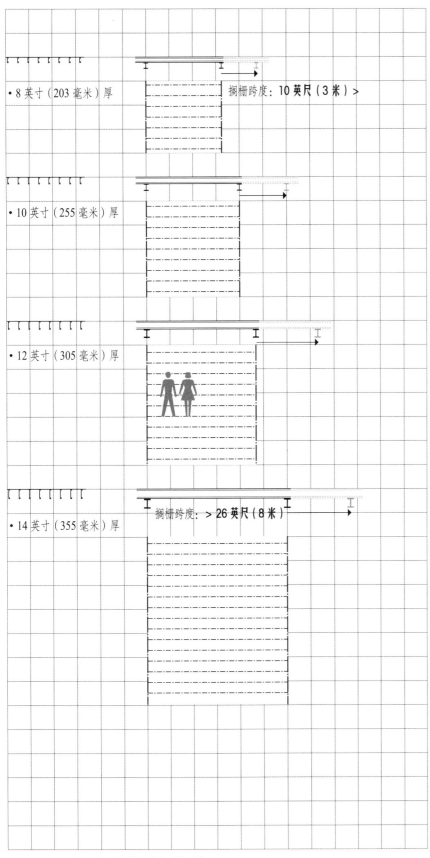

• 8 英寸（203 毫米）厚

搁栅跨度：**10 英尺（3 米）** >

• 10 英寸（255 毫米）厚

• 12 英寸（305 毫米）厚

• 14 英寸（355 毫米）厚

搁栅跨度：**> 26 英尺（8 米）**

• 额定截面厚度：6 英寸（150 毫米）、8 英寸（203 毫米）、10 英寸（255 毫米）、12 英寸（305 毫米）、14 英寸（355 毫米）

• 翼缘宽度：1.5 英寸（38 毫米）、1.75 英寸（45 毫米）、2 英寸（51 毫米）、2.5 英寸（64 毫米）

• 规格：14~22 英寸（355~560 毫米）

• 估测搁栅截面厚度的经验法则：跨度的 1/20

• 以边长为 3 英尺（915 毫米）的方形为网格。

木构造　Wood Construction

目前有两种完全不同的木构造——大木构造框架和轻木构造框架。大木构造框架采用大而厚的构件，例如横梁和柱子，它们的耐火等级比未作保护的钢高。由于大型原木的缺乏，所有目前多数木构框架由胶合板而不是实木构成。从建筑角度上看，木构框架因其美学特质而往往直接暴露。

轻木框架采用体积相对小、密布的构件组成组件，作为结构单元的平台。轻木构件极易燃，并且需要依赖装饰表面的材料达到所需的防火等级。由于轻木框架对腐蚀和虫害非常敏感，所以需要离地面有充足的距离。同时，使用加压木材，利用通风控制密闭空间水分的冷凝。

因为在木构造里，承抵力矩的节点很难完成，所以轻木或大木框架结构必须用剪力墙或斜撑来稳定，以承抵侧向力。

木梁　Wood Beams

实木锯材

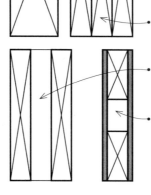

- 对于木梁的选择，应该考虑下列几点：木材种类、结构等级、弹性模量、容许弯曲应力值与剪切应力值、所需功能的最小挠度。除此以外，应该注意准确的荷载条件和所用连接构件的种类。

- 如果各层内没有拼接，组合梁的强度等于所有单个梁的强度之和。

- 间隔梁每隔一小段就被填塞上并钉牢，使这些单个构件成为一套成组构件。

- 箱型梁由两块或更多的三合板或定向刨花板（OSB，Oriented Strand Board）黏结到锯板或单板层积材翼缘制成。它的设计跨度能达到90英尺（27米）。

胶合板

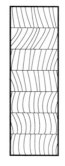

- 胶合板是一定条件下用黏合剂将抗压木材黏合制成的，通常带有厚度相同的纹理。胶合板相对于实木锯材的优点在于，胶合板往往有更大的允许单位应力、更好的外观、更多样的截面形状选择。胶合板可用嵌接或指接的末端连接方式达到任何理想的长度，或拼接为更大的宽度或高度。

单板条层积材

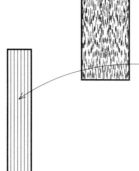

- 单板条层积材（PSL，Parallel Strand Lumber）是将接合的细长木材在热压作用下涂上防水胶拼接制成的。它属于商标Parallam下的专利产品，用于梁柱构造中的梁和柱，以及在轻质框架结构中的梁、顶梁、过梁。

单板层积材

- 单板层积材（LVL，Laminated Veneer Lumber）是将胶合板的黏合层在热压作用下涂上防水胶结合一起制成的。所有薄木板纹理沿着同一纵向，由此，当承载诸如梁的边缘荷载或诸如木板的面荷载时，产品强度较好。单板层积材市场上有多种品牌名称，例如Microlam，用于顶梁和横梁，或作为预制工字木梁的翼缘。

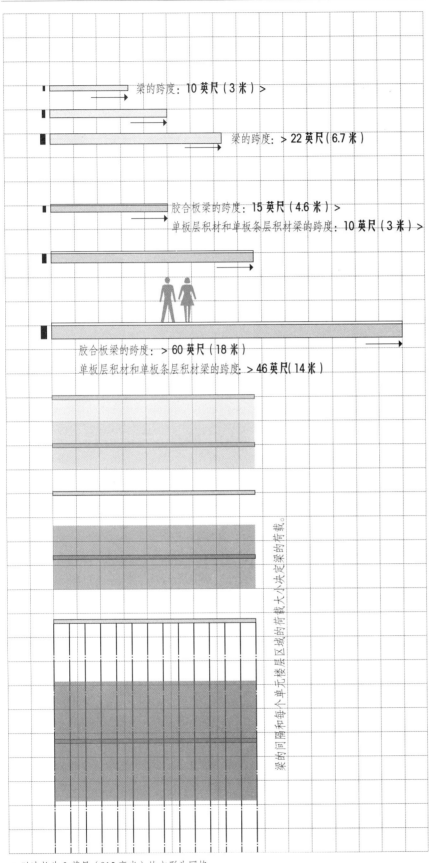

梁的跨度: 10 英尺 (3 米) >

梁的跨度: > 22 英尺 (6.7 米)

胶合板梁的跨度: 15 英尺 (4.6 米) >

单板层积材和单板条层积材梁的跨度: 10 英尺 (3 米) >

胶合板梁的跨度: > 60 英尺 (18 米)

单板层积材和单板条层积材梁的跨度: > 46 英尺 (14 米)

梁的间隔和每个单元楼层区域的荷载大小决定梁的荷载。

• 以边长为 3 英尺 (915 毫米) 的方形为网格。

实木梁

• 从 4×8 型 [译注: 宽 4 英寸、厚 8 英寸] 到 6×12 型可有 2 英寸 (51 毫米) 的额定增量; 实际尺寸比额定尺寸截面厚度上小 0.75 英寸 (19 毫米), 宽度上小 0.5 英寸 (13 毫米)。

• 估算实木梁截面厚度的经验法则: 跨度的 1/15
• 梁宽 = 梁截面厚度的 1/3 到 1/2

胶合板

• 梁宽: 3.125 英寸 (80 毫米)、5.125 英寸 (130 毫米)、6.75 英寸 (170 毫米)、8.75 英寸 (220 毫米)、10.75 英寸 (275 毫米)
• 梁截面厚度是 1.375 英寸 (35 毫米) 或 1.5 英寸 (38 毫米) 厚薄板的倍数, 可达 75 英寸 (1905 毫米)。弯曲构件被锻压成 0.75 英寸 (19 毫米) 厚的薄木, 制作更小的曲率。

单板条层积材

• 梁宽: 3.5 英寸 (90 毫米)、5.25 英寸 (135 毫米) 以及 7 英寸 (180 毫米)
• 梁截面厚度: 9.5 英寸 (240 毫米)、11.875 英寸 (300 毫米)、14 英寸 (355 毫米)、16 英寸 (406 毫米)、18 英寸 (460 毫米)

单板层积材

• 梁宽: 1.75 英寸 (45 毫米); 能被锻压为更大的宽度。
• 5.5 英寸 (140 毫米)、7.25 英寸 (185 毫米)、9.25 英寸 (235 毫米)、11.25 英寸 (285 毫米)、11.875 英寸 (300 毫米)、14 英寸 (355 毫米)、16 英寸 (406 毫米)、18 英寸 (460 毫米) 和 20 英寸 (508 毫米) 的梁截面厚度。

• 估算预制梁截面厚度的经验法则: 跨度的 1/20
• 梁的跨度仅仅是估算值。梁的尺寸精确计算值必须考虑单个梁的从属荷载面积, 以其间距与所支撑荷载大小为基础。

• 梁宽应该为梁截面厚度的 1/4~1/3
• 由于运输的限制, 预制梁的最大标准长度为 60 英尺 (18 米)。

木板梁体系　Plank-and-Beam Systems

木板梁横跨体系往往与一个柱网支撑结构共同组成一个骨架框架体系。使用较大但较少的构件能横跨更大的距离，同时可节约材料和劳务费用。

• 当支撑中等强度的、均匀分布荷载时，厚木板梁框架效果最佳；集中荷载则需要额外的框架。

• 正如常见的情况，当此结构体系保持暴露时，则必须注意所使用木材种类等级、搁栅细部做法（尤其是梁与梁的节点和梁与柱的节点）、工艺质量。

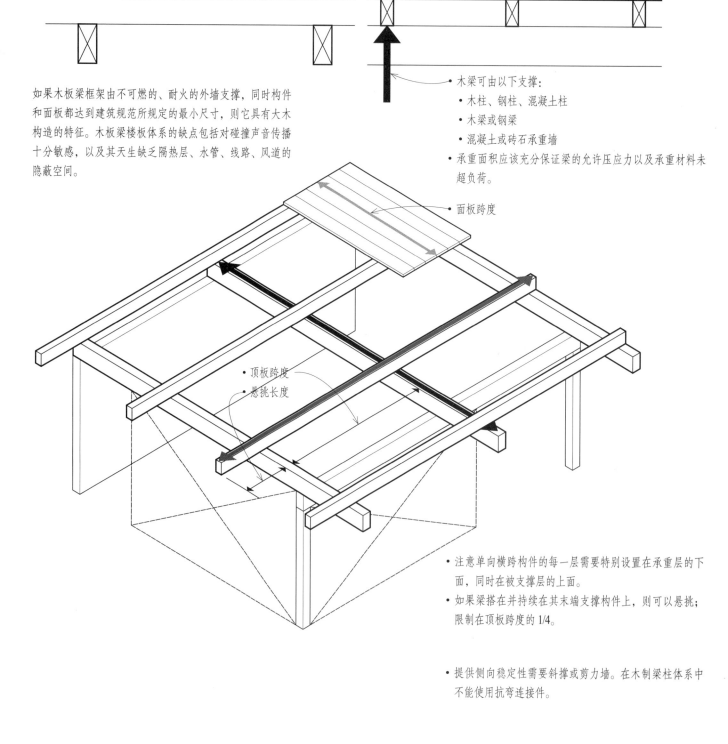

如果木板梁框架由不可燃的、耐火的外墙支撑，同时构件和面板都达到建筑规范所规定的最小尺寸，则它具有大木构造的特征。木板梁楼板体系的缺点包括对碰撞声音传播十分敏感，以及其天生缺乏隔热层、水管、线路、风道的隐蔽空间。

• 木梁可由以下支撑：
　• 木柱、钢柱、混凝土柱
　• 木梁或钢梁
　• 混凝土或砖石承重墙
• 承重面积应该充分保证梁的允许压应力以及承重材料未超负荷。

• 面板跨度

• 顶板跨度
　悬挑长度

• 注意单向横跨构件的每一层需要特别设置在承重层的下面，同时在被支撑层的上面。
• 如果梁搭并持续在其末端支撑构件上，则可以悬挑；限制在顶板跨度的1/4。

• 提供侧向稳定性需要斜撑或剪力墙。在木制梁柱体系中不能使用抗弯连接件。

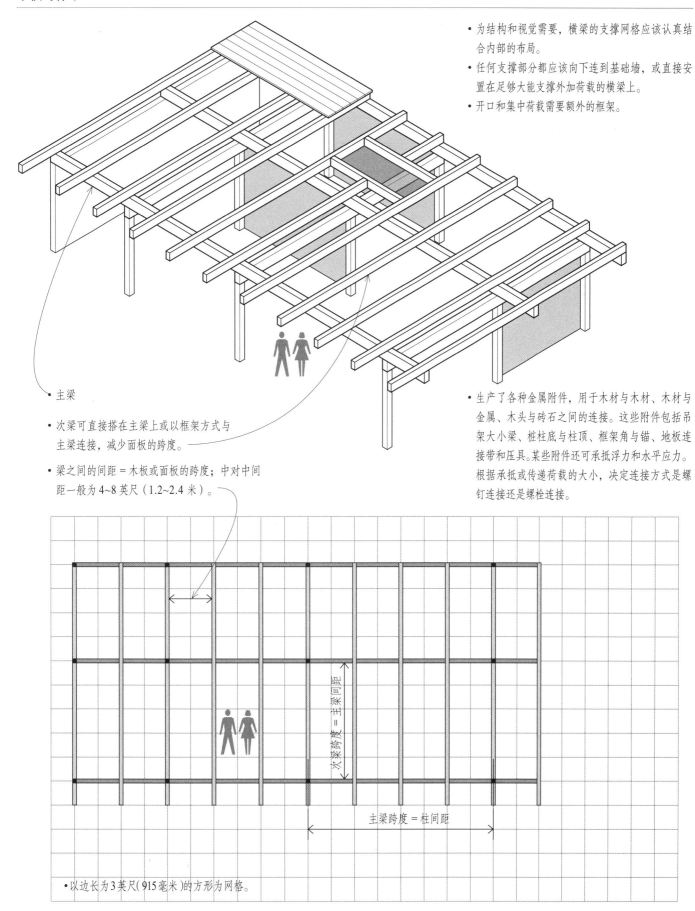

- 为结构和视觉需要，横梁的支撑网格应该认真结合内部的布局。
- 任何支撑部分都应该向下连到基础墙，或直接安置在足够大能支撑外加荷载的横梁上。
- 开口和集中荷载需要额外的框架。

- 主梁
- 次梁可直接搭在主梁上或以框架方式与主梁连接，减少面板的跨度。
- 梁之间的间距＝木板或面板的跨度；中对中间距一般为4~8英尺（1.2~2.4米）。

- 生产了各种金属附件，用于木材与木材、木材与金属、木头与砖石之间的连接。这些附件包括吊架大小梁、桩柱底与柱顶、框架角与锚、地板连接带和压具。某些附件还可承抵浮力和水平应力。根据承抵或传递荷载的大小，决定连接方式是螺钉连接还是螺栓连接。

次梁跨度＝主梁间距

主梁跨度＝柱间距

- 以边长为3英尺（915毫米）的方形为网格。

木面板　Wood Decking

木面板一般与木板梁体系一起使用，但也可作为钢框架结构的表面层。面板的底部可保持暴露，作为精磨的顶棚表面。

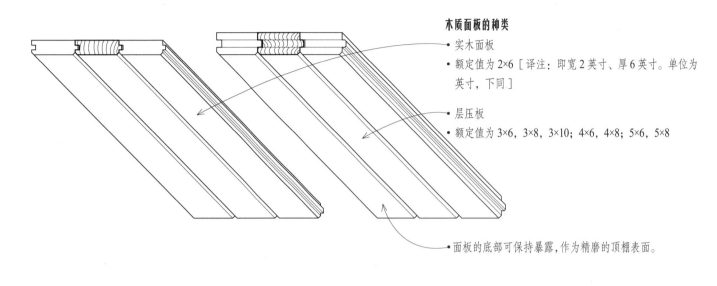

木质面板的种类

• 实木面板
• 额定值为 2×6［译注：即宽 2 英寸、厚 6 英寸。单位为英寸，下同］
• 层压板
• 额定值为 3×6，3×8，3×10；4×6，4×8；5×6，5×8

• 面板的底部可保持暴露，作为精磨的顶棚表面。

• 表面层材料的其他选择包括：2-4-1 三合板或预制承力蒙皮板。
• 2-4-1 三合板厚度为 1.125 英寸（29 毫米），跨度能达 4 英尺（1220 毫米）。
• 板材连续跨过两个横跨，其表面板层垂直于横梁以及交错的端头节点。

• 承力蒙皮板包括在热压作用下用黏合剂将三合板面层与木纵梁及十字斜撑结合。三合板面层和木纵梁作为一系列的带有三合板的工字梁，传递集中荷载，并承抵几乎所有的弯曲应力。
• 面板将隔热层、蒸汽缓凝剂、内部装修结合成为一个单一部件。

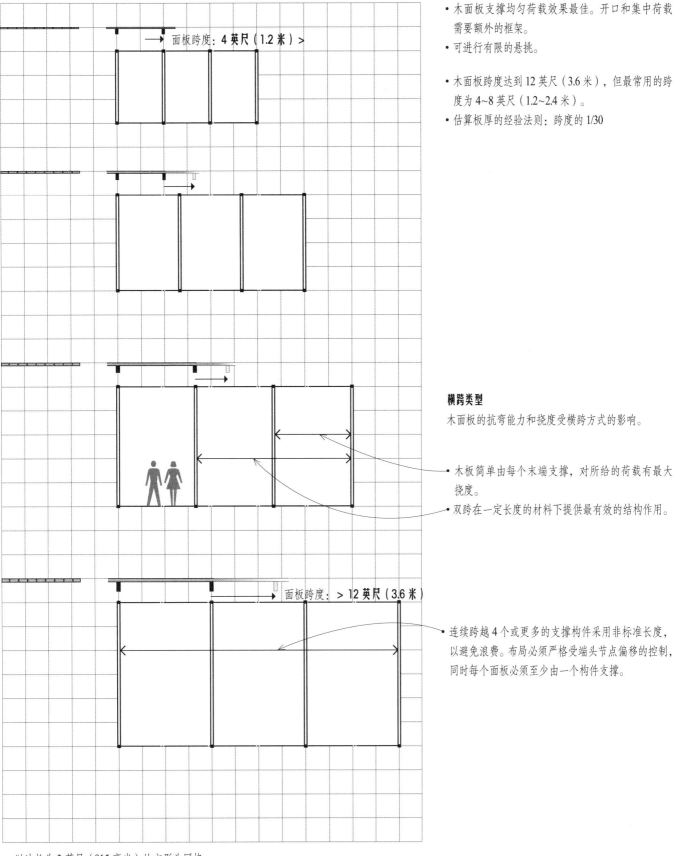

面板跨度：4 英尺（1.2 米）>

面板跨度：> 12 英尺（3.6 米）

- 木面板支撑均匀荷载效果最佳。开口和集中荷载需要额外的框架。
- 可进行有限的悬挑。

- 木面板跨度达到 12 英尺（3.6 米），但最常用的跨度为 4~8 英尺（1.2~2.4 米）。
- 估算板厚的经验法则：跨度的 1/30

横跨类型
木面板的抗弯能力和挠度受横跨方式的影响。

- 木板简单由每个末端支撑，对所给的荷载有最大挠度。
- 双跨在一定长度的材料下提供最有效的结构作用。

- 连续跨越 4 个或更多的支撑构件采用非标准长度，以避免浪费。布局必须严格受端头节点偏移的控制，同时每个面板必须至少由一个构件支撑。

- 以边长为 3 英尺（915 毫米）的方形为网格。

木搁栅　Wood Joists

术语"搁栅"，可指跨度不一的任意构件，这些构件被设计为密布的、由多个部件横跨而成的组件。搁栅之间紧密的间距导致每个构件有相对较小的从属荷载面积，且荷载以均布荷载模式分布在支撑梁或承重墙上。

木搁栅是轻木框架结构中十分重要的次级体系。作为搁栅的木材尺寸易于加工，能在基地中利用简单的工具快速装配。木搁栅与人造板或粗地板一起组成建造中的一层工作平台。如果建造合理，所形成的楼板结构能作为结构隔膜，传递侧向荷载到剪力墙处。

- 木搁栅中对中间距 12 英寸（305 毫米）、16 英寸（406 毫米）、24 英寸（610 毫米），由所作用荷载的预计大小和粗地板或人造板的横跨能力决定。

- 搁栅设计用于均匀荷载，如果它们是十字斜撑或桥接，允许它们传递和分散点荷载，则搁栅能发挥更好的效果。

- 搁栅中间的孔洞能适应管道、线路和隔热需要。
- 顶棚可直接安装在搁栅上，或悬吊更低的顶棚空间或将机械设备用垂直搁栅隐藏。
- 因为木质轻框架是可燃的，它必须依赖于装饰楼板和顶棚材料达到它的耐火程度。
- 搁栅末端需要侧向支撑。

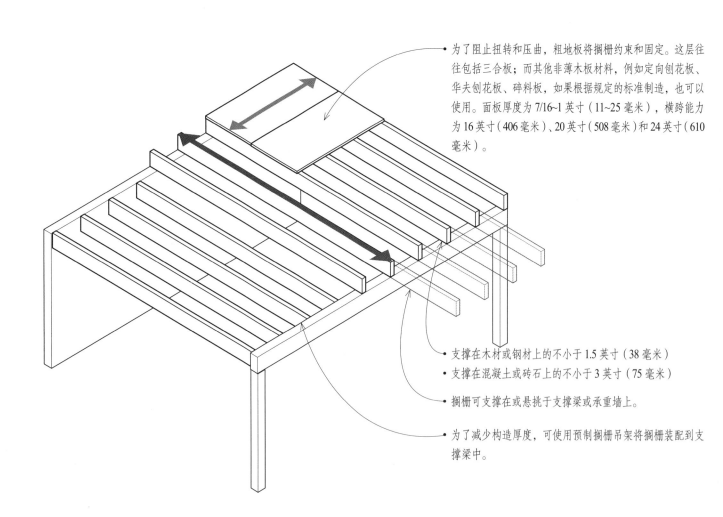

- 为了阻止扭转和压曲，粗地板将搁栅约束和固定。这层往往包括三合板；而其他非薄木板材料，例如定向刨花板、华夫刨花板、碎料板，如果根据规定的标准制造，也可以使用。面板厚度为 7/16~1 英寸（11~25 毫米），横跨能力为 16 英寸（406 毫米）、20 英寸（508 毫米）和 24 英寸（610 毫米）。

- 支撑在木材或钢材上的不小于 1.5 英寸（38 毫米）
- 支撑在混凝土或砖石上的不小于 3 英寸（75 毫米）
- 搁栅可支撑在或悬挑于支撑梁或承重墙上。

- 为了减少构造厚度，可使用预制搁栅吊架将搁栅装配到支撑梁中。

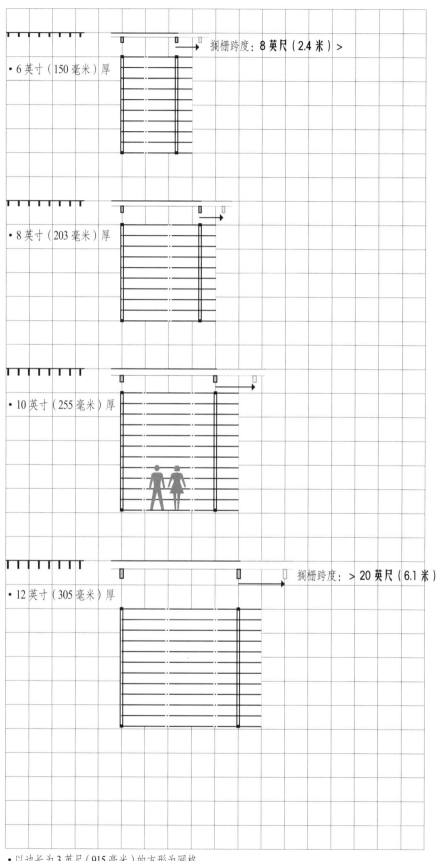

• 6 英寸（150 毫米）厚

搁栅跨度：**8 英尺（2.4 米）** >

• 8 英寸（203 毫米）厚

• 10 英寸（255 毫米）厚

搁栅跨度：**> 20 英尺（6.1 米）**

• 12 英寸（305 毫米）厚

• 以边长为 3 英尺（915 毫米）的方形为网格。

• 木质搁栅框架具有高度灵活性，由于材料的可加工性，它非常适合不规则布局。

• 木搁栅尺寸：额定值为 2×6 [译注：即宽 2 英寸、厚 6 英寸。单位为英寸，下同]，2×8，2×10，2×12

• 修饰过的搁栅尺寸：
从 2~6 英寸（51~150 毫米）的额定尺寸中减去 0.5 英寸（13 毫米）；
从大于 6 英寸（150 毫米）的额定尺寸中减去 0.75 英寸（19 毫米）。

• 木搁栅的横跨范围：
2×6   最大达到 10 英尺（3 米）
2×8   8~12 英尺（2.4~3.6 米）
2×10   10~14 英尺（3~4.3 米）
2×12   12~20 英尺（3.6~6.1 米）

• 估算搁栅截面厚度的经验法则：跨度的 1/16

• 实木搁栅最大长度可达 20 英尺（6.1 米）。

• 搁栅结构在应力下的刚度比它的强度更重要，因为搁栅构件接近它们的跨度范围的极限值。

• 如果整体结构厚度可以接受，那么为满足刚度，更需要排布稀疏的厚搁栅，而非排布较密的薄搁栅。

预制木搁栅和桁架　Prefabricated Joists and Trusses

预制木搁栅和桁架越来越多地使用于按标准尺寸木材建造的楼板或屋顶，因为它们一般比锯材更轻，空间稳定性更好，能被制作得更长和更厚，跨度更大。预制楼板搁栅或桁架随着制作方式的不同，会有不同的具体形式，它们铺设建造楼板的方式本质上与常见的木搁栅框架相似。它们更适合于大跨度和简单平面布局；反之复杂的平面布局就难以建造了。

工字形搁栅　I-Joists

- 工字形搁栅是由锯材或翼缘沿着三合板或定向纤维板腹板的顶部或底部边界的单板层积材制作的。
- 10~16 英寸（255~406 毫米）的额定截面厚度
- 对于商业建筑，截面厚度可达 24 英寸（610 毫米）

- 承重端不得小于 3.5 英寸（90 毫米）

- 双搁栅为平行的承重部件提供支撑。
- 提供垂直于预制木桁架平面的侧向支撑需要斜撑。

木桁架搁栅　Wood Trussed Joists

- 两根 2×4 或 2×6[译注：2×4 或 2×6 即宽 2 英寸、厚 4 英寸或 6 英寸。单位为英寸，下同] 弦杆 + 直径 1 英寸（25.4 毫米）、1.25 英寸（32 毫米），至多 2 英寸（51 毫米）的钢架搁栅
- 最多 42 英寸（1065 毫米）的额定截面厚度

- 桁架搁栅支撑在弦杆的顶部或底部。
- 腹板上的开口可用作机械、管道和线路通道。

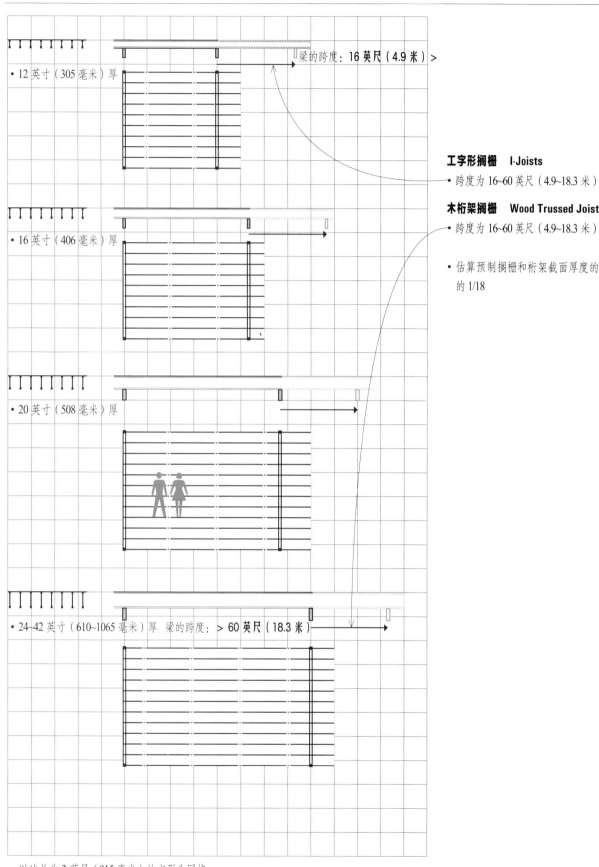

• 12 英寸（305 毫米）厚

梁的跨度：**16 英尺**（4.9 米）>

工字形搁栅　I-Joists
• 跨度为 16~60 英尺（4.9~18.3 米）

木桁架搁栅　Wood Trussed Joists
• 跨度为 16~60 英尺（4.9~18.3 米）

• 估算预制搁栅和桁架截面厚度的经验法则：跨度的 1/18

• 16 英寸（406 毫米）厚

• 20 英寸（508 毫米）厚

• 24~42 英寸（610~1065 毫米）厚　梁的跨度：**> 60 英尺**（18.3 米）

• 以边长为 3 英尺（915 毫米）的方形为网格。

悬臂 Cantilevers

悬臂，可以是横梁、纵梁、桁架，或其他刚性结构框架，一端安全地固定住，另一端不固定。悬臂梁的固定端抵抗横向与转动荷载，而不固定的另一端则可以挠曲和转动。纯粹的悬臂梁遇到来自上部的荷载时，表示为单一的向下曲率。梁的上表面会受到张拉应力，而底部纤维承受压应力。悬臂梁常常有非常大的挠度，并在支撑点上产生出临界弯矩。

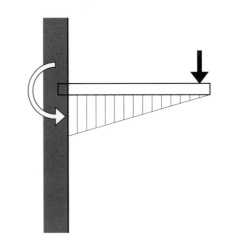

悬挑梁 Overhanging Beams

悬挑梁是将简支梁的一端或两端伸出形成的。悬臂作用是由于梁伸出造成的，它能够积极有效地抵消内跨度中产生的挠曲。与简支梁不同的是，悬挑梁表示为多重曲率。张拉应力和压应力正好颠倒，而梁的长度与挠度形状对应。

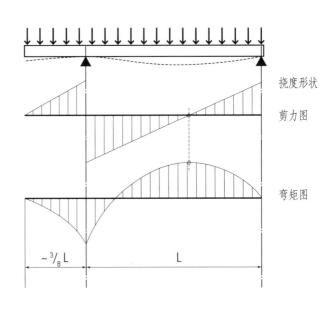

挠度形状

剪力图

弯矩图

- 假设有均布荷载，单挑梁的支撑点上方的弯矩与跨中点的弯矩相等，方向相反，其投影大约是跨距的 3/8。

- 假设有均布荷载，双挑梁的两支撑点上方的弯矩与跨中点的弯矩相等，方向相反，其投影大约是跨距的 1/3。

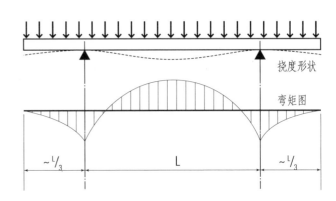

挠度形状

弯矩图

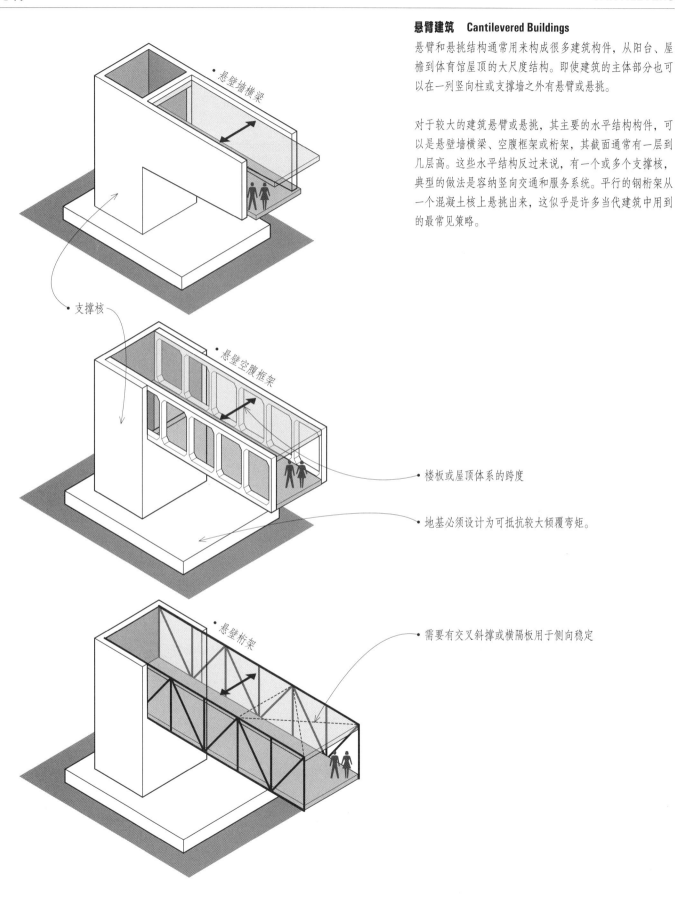

悬臂建筑   **Cantilevered Buildings**

悬臂和悬挑结构通常用来构成很多建筑构件，从阳台、屋檐到体育馆屋顶的大尺度结构。即使建筑的主体部分也可以在一列竖向柱或支撑墙之外有悬臂或悬挑。

对于较大的建筑悬臂或悬挑，其主要的水平结构构件，可以是悬壁墙横梁、空腹框架或桁架，其截面通常有一层到几层高。这些水平结构反过来说，有一个或多个支撑核，典型的做法是容纳竖向交通和服务系统。平行的钢桁架从一个混凝土核上悬挑出来，这似乎是许多当代建筑中用到的最常见策略。

悬壁墙横梁

支撑核

悬壁空腹框架

楼板或屋顶体系的跨度

地基必须设计为可抵抗较大倾覆弯矩。

需要有交叉斜撑或横隔板用于侧向稳定

悬壁桁架

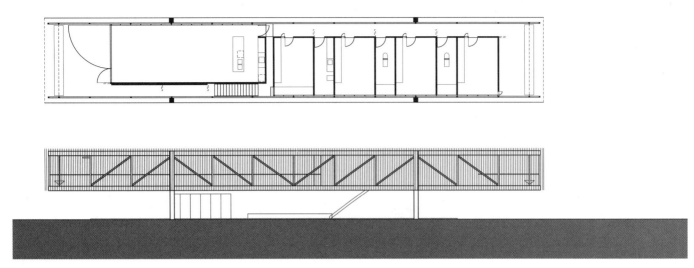

平面图与立面图：澳大利亚维多利亚州圣安德鲁斯海滩（St. Andrews Beach）的海滩住宅（Beach House），2003—2006 年，
肖恩·葛德赛（Sean Godsell，1960—，澳大利亚建筑师）建筑师事务所设计。

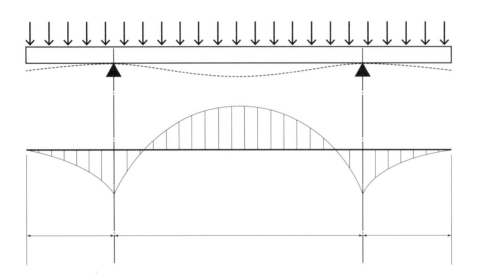

圣安德鲁斯海滩住宅以实例说明了双挑梁是由简支梁两端延伸而
成。在这一实例中，有一对一层高的通长桁架由楼板和屋顶框架
连接起来，它界定出主要居住层的体量，并将其抬升到地面上方，
从而获得更好的视野，并提供下部空间用于停车及储藏。悬臂作
用是由于桁架伸出支撑柱之外造成的，它能够积极有效地抵消内
跨度中产生的挠曲。

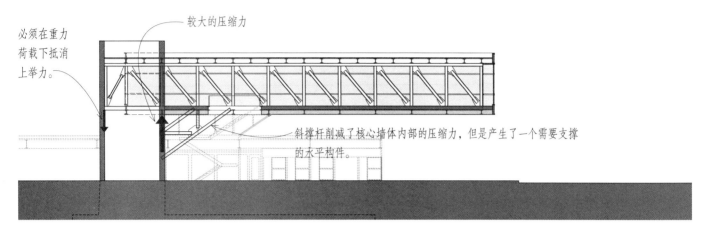

必须在重力荷载下抵消上举力。

较大的压缩力

斜撑杆削减了核心墙体内部的压缩力，但是产生了一个需要支撑的水平构件。

示意图与剖面图：美国密歇根州大激流城（Grand Rapids）的拉玛尔建造公司总部（Lamar Construction Corporate Headquarters），2006—2007 年，集成建筑事务所（Integrated Architecture）设计。

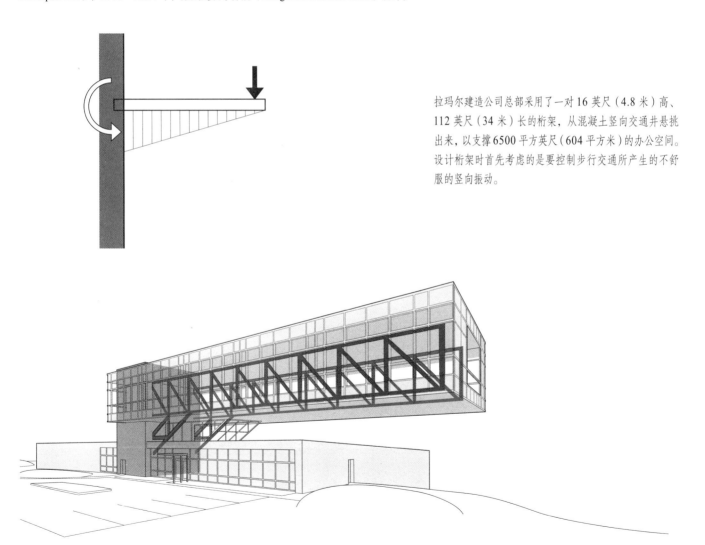

拉玛尔建造公司总部采用了一对 16 英尺（4.8 米）高、112 英尺（34 米）长的桁架，从混凝土竖向交通井悬挑出来，以支撑 6500 平方英尺（604 平方米）的办公空间。设计桁架时首先考虑的是要控制步行交通所产生的不舒服的竖向振动。

当横跨在规则的矩形开间时，单向板体系效果最佳。在双向板体系的情况中，结构开间不仅应该是规则的而且应尽可能接近方形。采用规则开间还可重复使用横截面相同的构件，以增加体量的经济性。然而，项目的需要、周边环境的约束、美学的设计往往导致结构开间的形成既不是矩形，也不是几何规整图形。

不管是什么原因造成的，不规则形状开间往往不是孤立存在的。它们通常沿着比较规整的网格或承重横跨构件的模式的边缘成型的。然而，不规则形状开间几乎总是导致一些结构失效，因为横跨构件必须设计为每层的最长跨度，即使每个跨件的长度会不同。

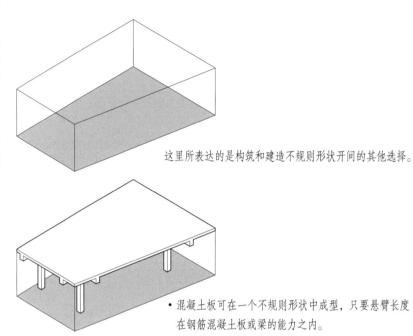

这里所表达的是构筑和建造不规则形状开间的其他选择。

- 混凝土板可在一个不规则形状中成型，只要悬臂长度在钢筋混凝土板或梁的能力之内。

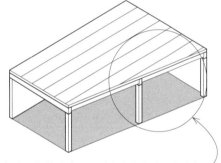

- 当结构嵌板或面板横跨在不规则的方向上时，会造成平面材料在所生成的锐角处成型或修整困难。还需要为被切割嵌板的自由边界增加支撑。

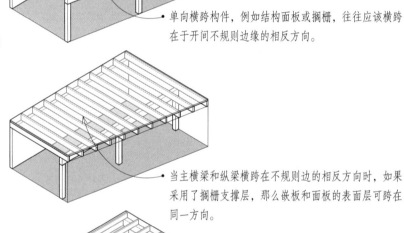

- 单向横跨构件，例如结构面板或搁栅，往往应该横跨在于开间不规则边缘的相反方向。

- 当主横梁和纵梁横跨在不规则边的相反方向时，如果采用了搁栅支撑层，那么嵌板和面板的表面层可跨在同一方向。

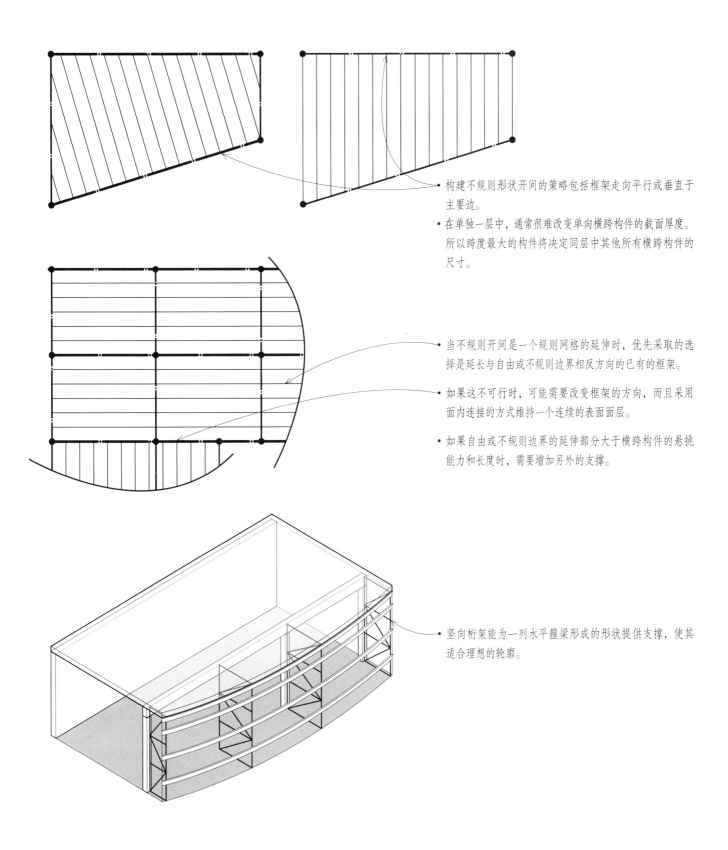

构建不规则形状开间的策略包括框架走向平行或垂直于主要边。

• 在单独一层中，通常很难改变单向横跨构件的截面厚度。所以跨度最大的构件将决定同层中其他所有横跨构件的尺寸。

• 当不规则开间是一个规则网格的延伸时，优先采取的选择是延长与自由或不规则边界相反方向的已有的框架。

• 如果这不可行时，可能需要改变框架的方向，而且采用面内连接的方式维持一个连续的表面面层。

• 如果自由或不规则边界的延伸部分大于横跨构件的悬挑能力和长度时，需要增加另外的支撑。

• 竖向桁架能为一列水平箍梁形成的形状提供支撑，使其适合理想的轮廓。

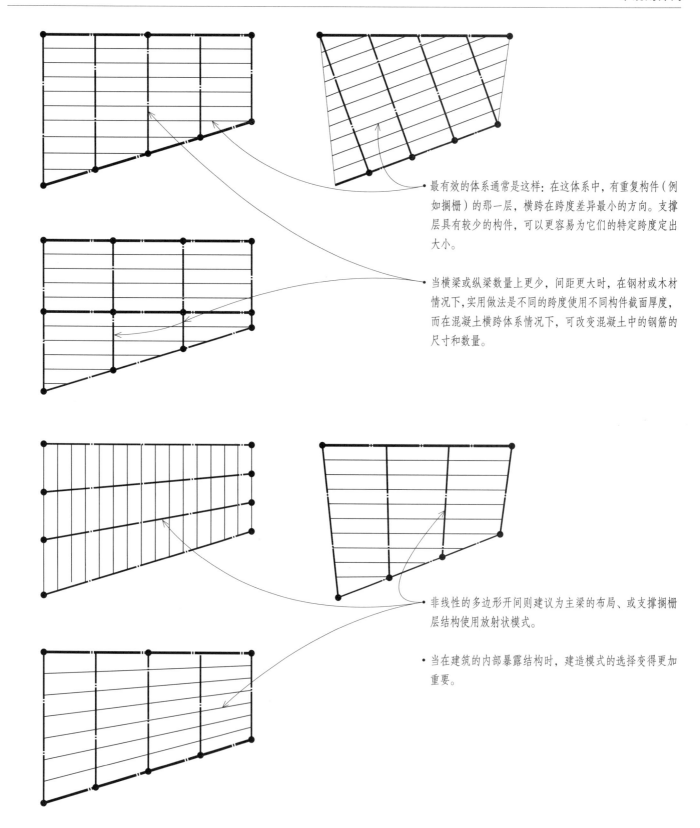

最有效的体系通常是这样: 在这体系中, 有重复构件 (例如搁栅) 的那一层, 横跨在跨度差异最小的方向。支撑层具有较少的构件, 可以更容易为它们的特定跨度定出大小。

当横梁或纵梁数量上更少, 间距更大时, 在钢材或木材情况下, 实用做法是不同的跨度使用不同构件截面厚度, 而在混凝土横跨体系情况下, 可改变混凝土中的钢筋的尺寸和数量。

非线性的多边形开间则建议为主梁的布局、或支撑搁栅层结构使用放射状模式。

当在建筑的内部暴露结构时, 建造模式的选择变得更加重要。

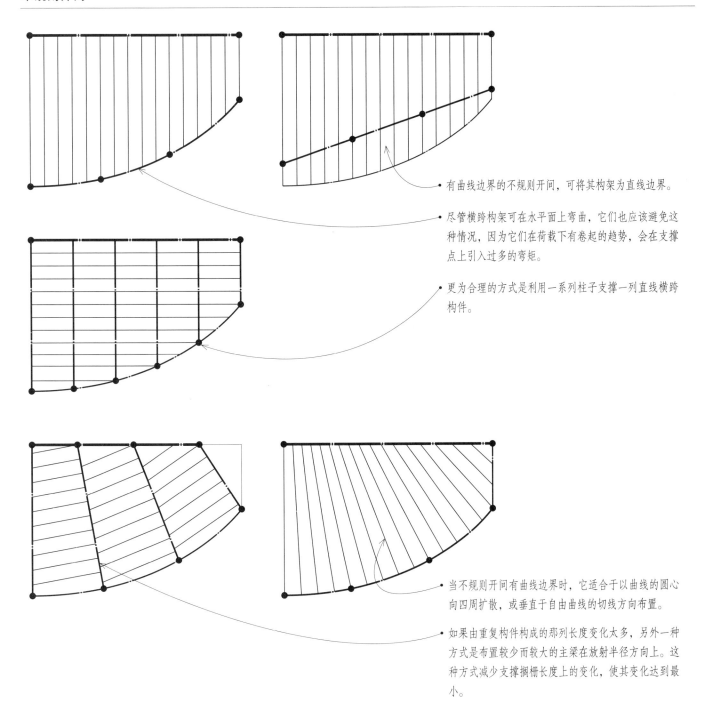

• 有曲线边界的不规则开间，可将其构架为直线边界。

• 尽管横跨构架可在水平面上弯曲，它们也应该避免这种情况，因为它们在荷载下有卷起的趋势，会在支撑点上引入过多的弯矩。

• 更为合理的方式是利用一系列柱子支撑一列直线横跨构件。

• 当不规则开间有曲线边界时，它适合于以曲线的圆心向四周扩散，或垂直于自由曲线的切线方向布置。

• 如果由重复构件构成的那列长度变化太多，另外一种方式是布置较少而较大的主梁在放射半径方向上。这种方式减少支撑搁栅长度上的变化，使其变化达到最小。

建造和构架边角开间会产生难题，即在设计建筑外立面时出现分歧。例如，曲面墙需依赖于建筑的混凝土或钢结构框架作为支撑。如何将幕墙转化为转角——更确切地说，不管它是保留或改变其表面，由于它从建筑的一侧绕到另外一侧——都会受到边角开间建造和构架方式的影响。因为单向框架体系是有方向的，所以它相邻的表面很难以相同方式处理。双向体系的其中一个优点就是相邻的面能以相同的结构方式处理。

另外一个影响是延伸部分，即边角开间越过主要支撑构件延伸，形成楼板和屋顶的悬挑部分。如果目的是为了幕墙在结构框架边缘之外自由悬浮，延伸部分尤其重要。

木框架和钢或混凝土结构之间其中一个区别是各自体系中悬臂端的实施方式。因为木材连接之后不能抗弯，木材框架中的悬臂端需要悬臂搁栅或梁，而支撑横梁或纵梁在不同层。在钢和混凝土结构中，可将悬臂构件和它们的支撑构件放置在同一层。

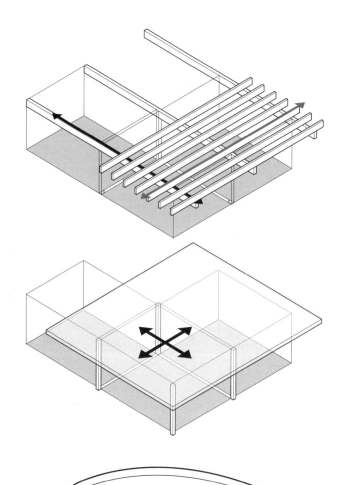

混凝土　Concrete

钢筋混凝土或预制后张混凝土体系本身能在柱、梁、板相接的节点处提供抗弯能力。这些节点能在两个方向上承抵悬臂端的弯矩。

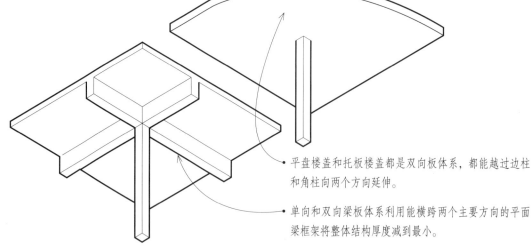

- 平盘楼盖和托板楼盖都是双向板体系，都能越过边柱和角柱向两个方向延伸。

- 单向和双向梁板体系利用能横跨两个主要方向的平面梁框架将整体结构厚度减到最小。

- 悬臂端的延伸一般属于开间尺寸的一部分。长度大于、等于顶板跨度的悬臂端将在柱支撑点处形成一个较大的弯矩，需要大大增加横梁的截面厚度。

钢材   Steel

在钢结构中，悬臂端可结合到刚性连接件面内，或连续架在支撑横梁或纵梁末端之上。不管是哪一种情况，单向框架体系的方向性在相邻立面上会十分明显，即使在建成的建筑上看不出来，在细节层面上无疑也将十分明显。

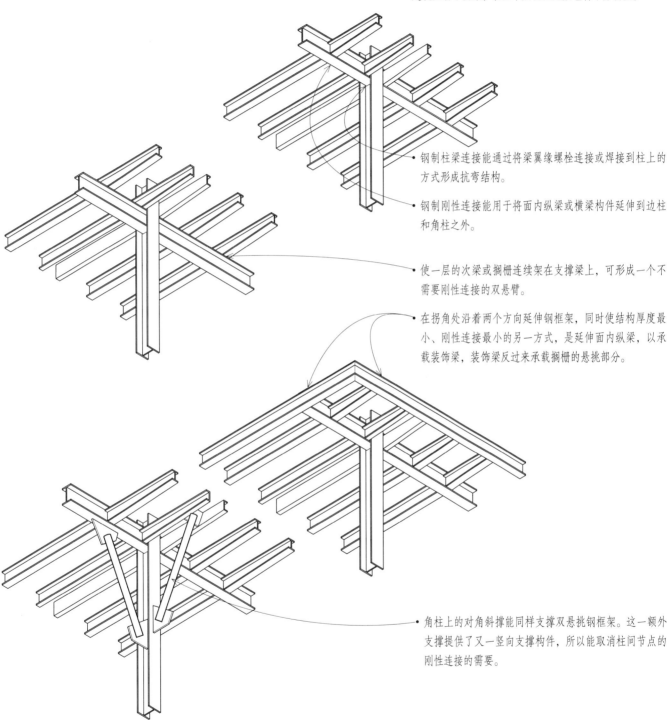

• 钢制柱梁连接能通过将梁翼缘螺栓连接或焊接到柱上的方式形成抗弯结构。

• 钢制刚性连接能用于将面内纵梁或横梁构件延伸到边柱和角柱之外。

• 使一层的次梁或搁栅连续架在支撑梁上，可形成一个不需要刚性连接的双悬臂。

• 在拐角处沿着两个方向延伸钢框架，同时使结构厚度最小、刚性连接最小的另一方式，是延伸面内纵梁，以承载装饰梁，装饰梁反过来承载搁栅的悬挑部分。

• 角柱上的对角斜撑能同样支撑双悬挑钢框架。这一额外支撑提供了又一竖向支撑构件，所以能取消柱间节点的刚性连接的需要。

木材　Timber

单向体系的方向性在木框架体系中表现得最为明显。

- 在木构架中几乎不可能形成抗弯连接。在转角实现双悬挑需要框架承重层改变方向，连续压在支撑的横梁或纵梁。

- 相比室内柱，外柱一般尺寸较小，承托的从属面积也较小。通过悬挑转角处的横梁和搁栅，角柱将要支撑的荷载与室内柱更趋相同，并能按照大致相同的尺寸来设计。

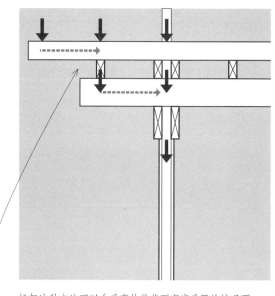

- 托架这种方法可以在受弯构件截面高度受限的情况下，增加屋顶或楼板支架体系的出挑程度。它利用了悬挑来减少后跨中的弯矩，而最为有效的情况是当两个受弯构件连起来，从支撑柱向外挑出——理想情况是受弯构件正好在最大弯矩处连起来。托架产生的集中荷载，因其荷载高而跨距短，所以往往使得较低的构件对剪切破坏更敏感。

在中国传统建筑中，托架（即斗栱）用以扩大檐柱或金柱担负的支撑面积，并缩减梁的有效跨距。参见第5页。

- 对角斜撑可帮助支撑，并延伸角柱和边柱上悬臂梁的长度。

4 竖向维度
Vertical Dimensions

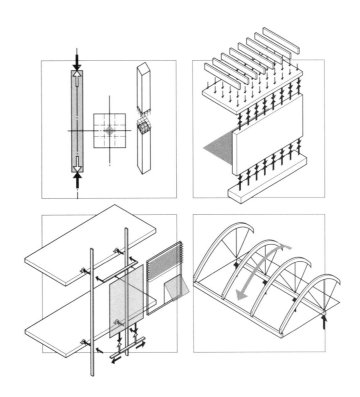

本章叙述的是建筑结构中的竖向维度——水平跨件体系的竖向支撑以及围护结构的竖向体系，它可提供遮蔽，使建筑免受气候因素影响，并协助控制空气、热量、声音进入或穿透建筑的内部空间。

当然，水平跨件体系的模式必须与竖向支撑模式紧密联系，它们是一列柱和梁，一对平行的承重墙，或是两者结合。这些竖向支撑模式反过来应该与理想的建筑形式和内部空间布局结合。柱和墙体比水平面有更好的视觉效果，更有助于定义独立的空间体量，同时提供围合感和内部事物的隐秘性。除此以外，它们使空间相互分离，在内部空间和外部环境之间建立一个公共的纽带。

屋顶结构在本章而非前一章讲到的原因是，尽管屋顶结构必然属于固有的横跨体系，但它们也有竖向的方面，必须考虑它们对建筑外部形式与塑造内部空间的影响。

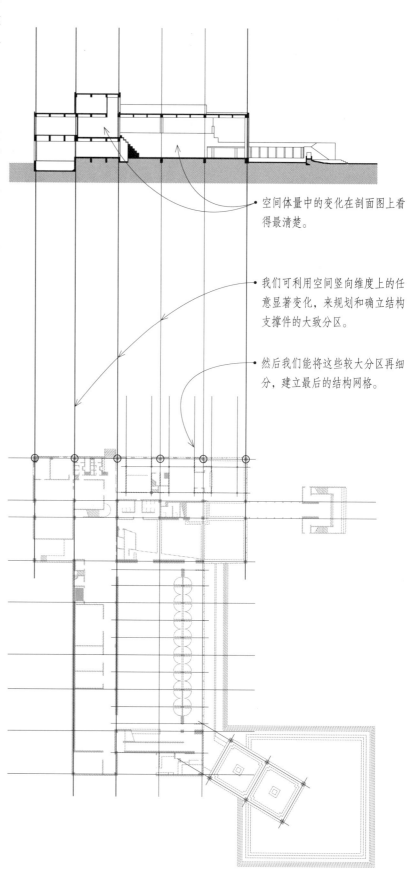

· 空间体量中的变化在剖面图上看得最清楚。

· 我们可利用空间竖向维度上的任意显著变化，来规划和确立结构支撑件的大致分区。

· 然后我们能将这些较大分区再细分，建立最后的结构网格。

· 在设计过程中，我们使用平面、剖面、立面建立二维平面领域，我们可在此研究形式模式和形体构成中的大小关系，同样可在设计中施加一个理性的秩序。任何一副多视图，不管是平面图、剖面图、立面图，都仅仅能显示某个三维构想、结构或建筑的部分信息。将作为第三维尺度的厚度展平在这些视角中必定会变得模棱两可。所以我们需要一系列既独立又互相联系的视角去全面表达一个形式、结构、形体构成的三维特性。

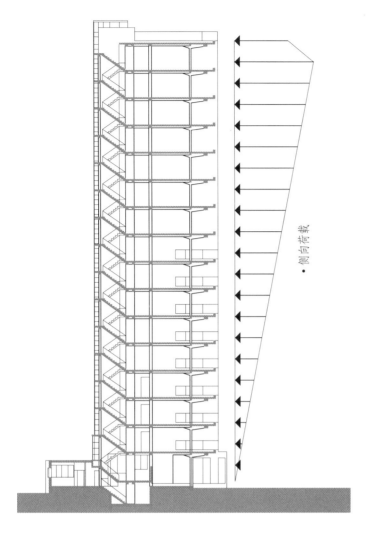

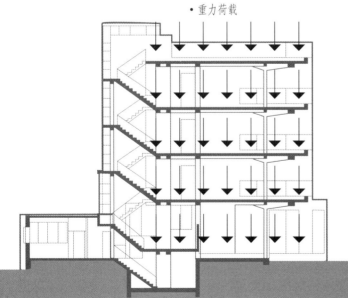

建筑规模   *Building Scale*

我们可将建筑的竖向规模分为低层建筑、中高层建筑、高层建筑。低层结构一般是 1~3 层，没有电梯；中高层建筑有适当多的层数，通常 5~10 层，装配有电梯；而高层建筑有相对较多的层数，必须装配有电梯。当选择和设计一个结构体系时，思考这些分类是十分有用的，因为建筑的规模直接与所需的构造类型以及建筑规范允许的功能和用房直接相关。

建筑的竖向规模同样影响结构体系的选择和设计。对于底层短跨结构，使用相对较重的材料建造，例如混凝土、砖石、钢材，结构形式最重要的决定因素往往是活载的大小。对于大跨结构，使用相似的材料建造，结构的恒载可能是建立结构策略的主要因素。然而，当建筑越来越高，不仅仅是大量层数叠加的重力荷载，还有侧向风载和地震力都是满足整体结构体系发展的重要因素。

对于侧向荷载的讨论，参见第 5 章；对于高层建筑，参见第 7 章。

人体尺度　Human Scale

在房间的三维尺度中，其高度尺度大小的效果较之宽度与长度更为显著。虽然房间中的墙体提供围合感，但头顶的顶棚平面的高度决定房间的遮蔽感和私密性。增加空间顶棚高度比增加相同的宽度更易觉察，更能影响空间的大小规模。一个一般大小的房间有适当的顶棚高度，会使多数人感觉舒适，一个同样顶棚高度的集会大空间会使人感觉压抑。柱子和承重墙必须有足够的高度，以建立每个楼层或楼内某个独立空间所需的规模。当它们的无支撑高度增加时，柱和墙体必须和必然变得更厚才能维持稳定性。

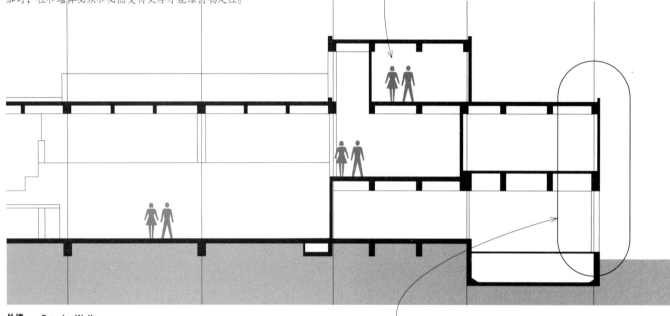

内部空间尺度大小绝大多数由它们的高度与水平尺度长宽之比决定的。

外墙影响建筑的视觉特征，不管它们是厚重的、不透明的承重墙，还是由梁柱框架结构支撑的、轻质的、透明的非承重幕墙。

外墙　Exterior Walls

墙体是包围、分割、保护建筑内部空间的构件。它们可以是均质或组合构造的承重结构，用于支撑来自楼板和屋顶的外加荷载；或是由梁柱框架构成，其间粘贴或填充着非结构面板。内墙或内部隔断在建筑内再细分空间。它们的结构应该能支撑需要的装饰材料，提供必需的隔声等级，并满足机械、电气设备的分布与插座的需要。

必须要为门窗建造开口，以便使任何来自上方的竖向荷载能沿着洞口分布，而不是传递到门窗单元自身。门窗的尺寸和位置应该根据自然采光、通风、视线、疏散出口来确定，并受结构体系和墙体材料模数的约束。

屋顶结构　Roof Structures

建筑物的主要遮蔽构件是它的屋顶结构。它不仅遮蔽建筑内部空间，使之不受日晒雨淋，它还影响建筑的整体形式和空间的形态。反过来，屋顶结构的形式和几何特征，取决于它横跨空间和压在支撑构件上的方式，以及倾斜排泄雨水和融解积雪的方式。作为一个设计元素，屋顶面十分重要，因为它对建筑物自身条件下的形式和外轮廓深有影响。

屋顶面能通过建筑外墙或与墙体融合的方式从视觉上隐藏，以达到强调建筑体块体量的目的。它也能被表达为单独的遮蔽形式，将多个空间包围在它的顶棚之下，或由多个帽状体组成，在单独的建筑内链接一系列空间。

屋顶面可向外延伸形成悬挑，遮蔽门窗洞口，使之免受日晒雨淋，或持续下降直到它与地面层联系十分紧密为止。在温暖气候地区，可将屋顶面抬升，使风穿过建筑的内部空间。

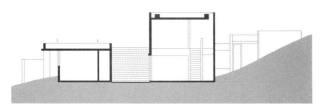

小筱邸，芦屋市，兵库县，日本
安藤忠雄（1941—，日本建筑师）设计，1979—1984 年。

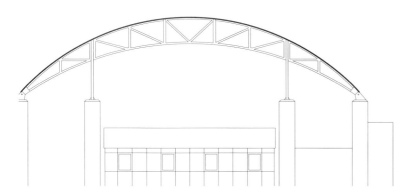

梅那拉·梅西加尼亚大楼（Menara Mesiniaga）（顶层），梳邦再也市（Subang Jaya），雪兰莪（Selangor），马来西亚
杨经文（1949—，马来西亚建筑师）设计，1989—1992 年。

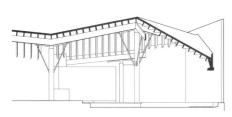

巴尼斯住宅（Barnes House），纳奈莫市（Nanaimo），加拿大不列颠哥伦比亚省
帕特考建筑事务所（Patkau Architects）设计，1991—1993 年。

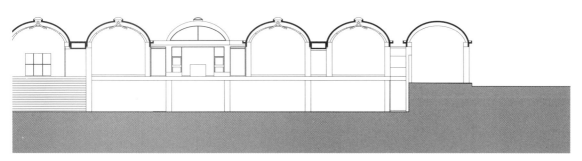

金贝尔美术馆（Kimball Art Museum），范斯堡（Fort Worth），得克萨斯州，美国
路易·康（Louis Kahn，1901—1974，美国建筑师）设计，1966—1972 年。

纵观历史，建筑材料和建筑构造技术的发展造成建筑竖向承重结构的变革，从叠石的承重墙到过梁贯穿或拱形洞口的砖石墙，从木质梁柱框架到钢筋混凝土或钢制刚性框架。

因为外墙作为建筑内部空间阻挡气候因素的保护遮蔽构件，所以它们的构造应该控制热量、空气渗透、声音、湿气、水蒸气的通道。外表皮既可附在墙体结构表面，也可以与墙体结构结为一体，它应该经久耐用，并可抵挡阳光、风雨等气候因素影响。建筑规范规定了外墙、承重墙、室内分隔墙的耐火等级。除支撑竖向荷载以外，外墙构造还必须能承抵水平风荷载。如果刚度足够，它们还能作为剪力墙，将侧向风荷载和地震荷载传递到基础。

柱和墙体比水平楼板有更好的视觉效果，所以它们更有助于定义一个独立空间的体量，提供围合感和私密性。例如，一个木制、钢制或混凝土梁柱的结构框架将给我们与四周相邻的空间建立联系的机会。为了提供围合感，我们可使用任意数量的非承重面板或墙体系统与结构框架连接，同时用于承抵风、剪力和其他侧向荷载。

如果使用一对平行的砖石或混凝土承重墙而不是结构框架，那么所形成的空间将具有方向性，会指向空间的开口尽端。在承重墙上的任何开口都需要限制尺寸和位置，以避免削弱墙体结构的稳定性。如果空间的四边都用承重墙围合，则形成的空间是内向的，完全依赖于开口与相邻的空间建立联系。

在以上三种情况中，用以提供顶部遮蔽的横跨结构可以是任意方式，或平或坡，进一步修饰体量的空间和形式品质。

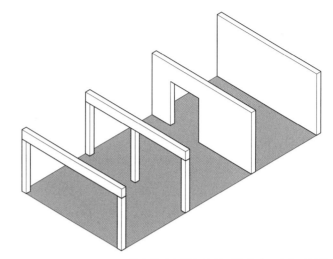

• 从支撑外部楼板和屋顶荷载的承重墙到梁柱的结构框架的变革。

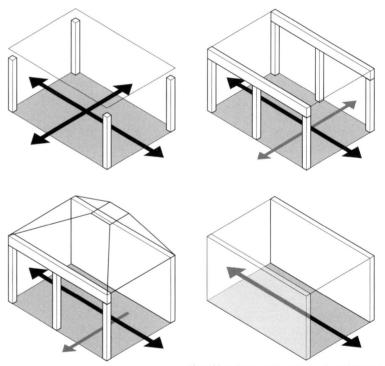

• 顶棚同样影响空间的物理性质，我们触摸不到，而它似乎总是一个视觉事物。由于顶棚横跨在两个支撑构件之间，或是作为装饰层悬吊，用以改变空间规模大小或在房间内界定空间区域，所以它能表达顶上楼板或屋顶的结构形式。

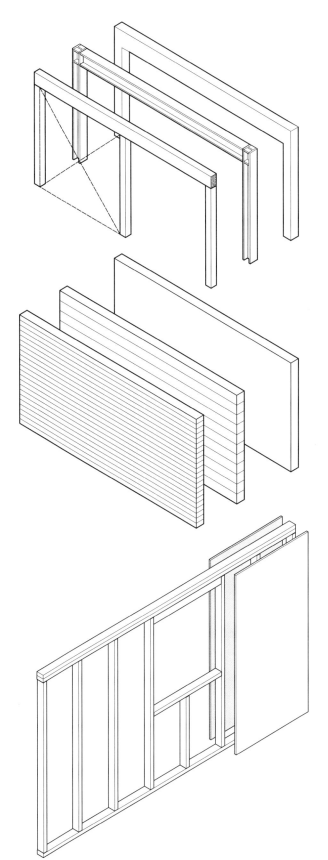

结构框架　　Structural Frames

- 混凝土框架是非常典型的刚性框架，属于不可燃的防火构造。
- 不可燃的钢制框架可采用刚性连接，作为防火构造需要安装耐火装置。
- 木框架需要对角斜撑或剪力面提供侧向稳定性。如果用作不可燃的防火外墙时，可使用大木构造，同时满足建筑规范中要求的最小尺寸。
- 钢制或混凝土框架跨度更大，比木结构支撑更大的荷载。
- 结构框架可支撑或承接多种非承重墙和幕墙体系。
- 出于结构原因，节点细部十分重要；当框架暴露时，出于视觉原因，节点细部也十分重要。

混凝土或砖石承重墙　　Concrete and Masonry Bearing Walls

- 混凝土或砖石承重墙属于不可燃构造，承重能力决定它们的质量。
- 由于抗压性强，混凝土和砖石需要配筋控制抗拉应力。
- 高宽比、侧向稳定性条款、伸缩接头的合适放置，是墙体设计和施工的决定性因素。
- 墙体的表面可暴露。

金属立筋墙和木立筋墙　　Metal and Wood Stud Walls

- 冷弯金属或木材的立筋的中对中距离为 16 英寸（406 毫米）或 24 英寸（610 毫米）；间距与护套材料的宽度和长度有关。
- 立筋支撑竖向荷载，而望板或对角斜撑加强墙体刚度。
- 墙体框架上的开洞可满足隔热、蒸汽缓凝剂、机械分布、机械、电气设备插座的需要。
- 立筋结构可承接多种内墙和外墙的饰面；某些饰面需要钉基板。
- 饰面材料决定墙体部件的耐火等级。
- 立筋墙结构可现场装配或场外预制。
- 由于相对较轻小部件容易加工、固定方式多样，因而立筋墙的形式灵活。

从属荷载　Tributary Loads

要确定垂直承重构件上荷载的从属面积，就必须考虑结构网格的布局和所支撑的水平跨件体系的类型及模式。承重墙和柱用于收集来自桁架、纵梁、横梁、楼板的重力荷载，并重新将这些荷载竖向传递到基础。斜撑框架、刚性框架、剪力墙同样可将侧向荷载传递至承重墙和柱，而承重墙和柱必须在竖直方向上将荷载重新定向。

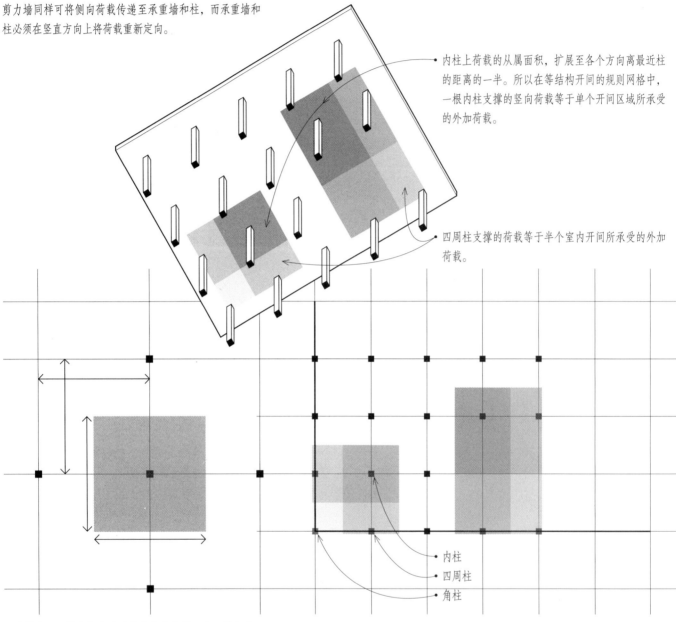

• 内柱上荷载的从属面积，扩展至各个方向离最近柱的距离的一半。所以在等结构开间的规则网格中，一根内柱支撑的竖向荷载等于单个开间区域所承受的外加荷载。

• 四周柱支撑的荷载等于半个室内开间所承受的外加荷载。

—• 内柱

—• 四周柱

—• 角柱

• 在特定承重墙或柱上的重力荷载的从属面积，是由承重墙或柱与相邻竖向支撑件之间的距离确定，它等于承载楼板或屋顶结构的横跨长度。

• 在网格中省一根柱必然会转移荷载，荷载将被相邻的柱子支撑。这同样导致楼板或屋顶跨度加倍以及横跨构件的截面厚度增加。

• 位于外角的柱子支撑的荷载等于室内开间荷载的1/4。

荷载叠加   **Load Accumulation**

柱子将由横梁和纵梁收集的重力荷载重新定向为竖向集中荷载。在多层建筑中，这些重力荷载沿着承重墙和柱向下，从屋顶穿过楼板到达基础不断叠加，越来越多。

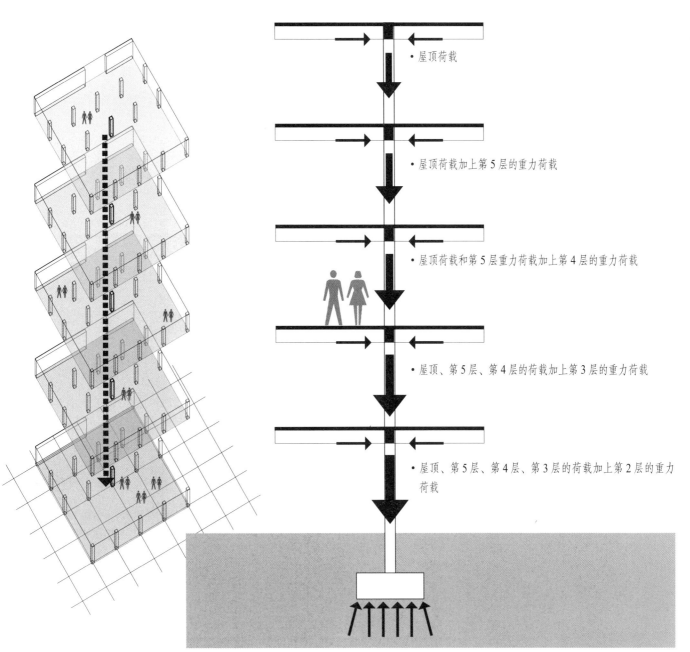

• 屋顶荷载

• 屋顶荷载加上第 5 层的重力荷载

• 屋顶荷载和第 5 层重力荷载加上第 4 层的重力荷载

• 屋顶、第 5 层、第 4 层的荷载加上第 3 层的重力荷载

• 屋顶、第 5 层、第 4 层、第 3 层的荷载加上第 2 层的重力荷载

• 柱基或基础上的总荷载是从屋顶到各层重力荷载的总和。

竖向连续性 Vertical Continuity

重力荷载最佳的路径是直接经过对齐的柱和承重墙到达基础。这意味着相同的网格应该控制各楼层以及屋顶结构的竖向支撑构件。竖向荷载传递路径中的任何偏差都需要通过转换梁或桁架，将荷载水平改向再传递到替代的竖向支撑构件，这会导致荷载增加，横跨构件截面厚度也增加。

尽管通常需要有一个规则网格来排布竖向对齐的支撑构件，但设计任务可能会要求某个空间体量远大于适用于普通网格间距的体量。本页和对页所列举的是适用于建筑中超大空间的一些选择方式。

• 为了适应超大体量所需空间或较规整开间间距中的较大净跨，需要转换梁或桁架。

• 转换梁的跨度应尽可能小。
• 集中荷载作用在转换梁的末端支撑点上，会形成非常大的剪切应力。

• 在建筑横断面上突然断开的位置，通常最好沿着断开位置布置承重墙或一系列柱来支撑水平跨件体系。

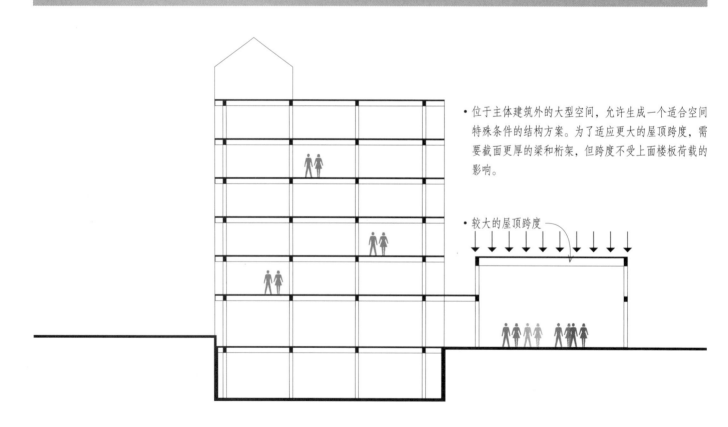

• 位于主体建筑外的大型空间，允许生成一个适合空间特殊条件的结构方案。为了适应更大的屋顶跨度，需要截面更厚的梁和桁架，但跨度不受上面楼板荷载的影响。

• 较大的屋顶跨度

• 在多层楼板以下设置大空间时需要转换梁，用以支撑来自上面楼层的重力荷载，然后将它们传递到支撑柱，支撑柱必须增大，以适应不断增加的荷载。

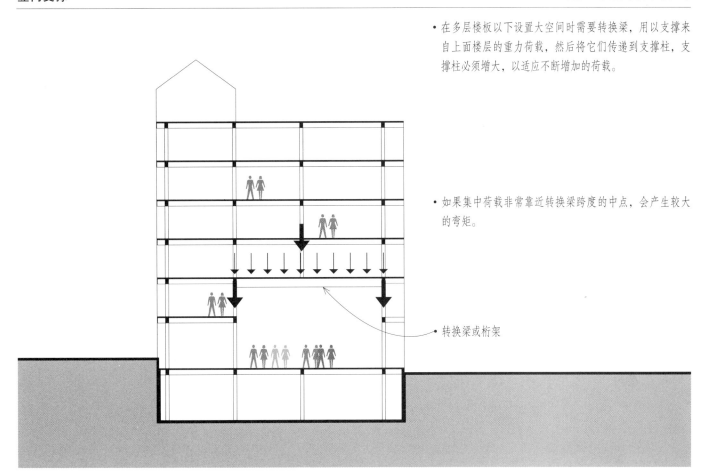

• 如果集中荷载非常靠近转换梁跨度的中点，会产生较大的弯矩。

转换梁或桁架

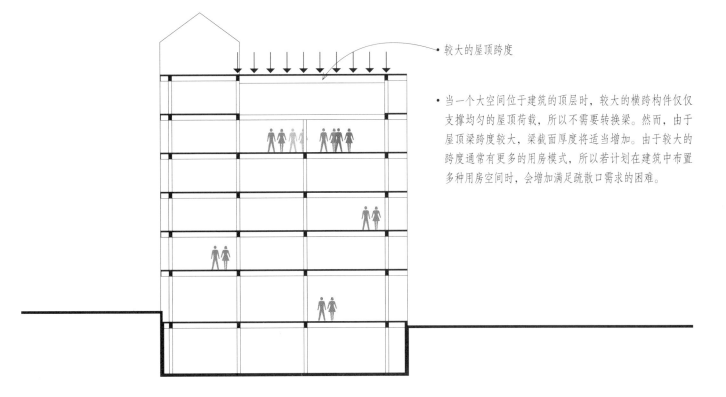

较大的屋顶跨度

• 当一个大空间位于建筑的顶层时，较大的横跨构件仅仅支撑均匀的屋顶荷载，所以不需要转换梁。然而，由于屋顶梁跨度较大，梁截面厚度将适当增加。由于较大的跨度通常有更多的用房模式，所以若计划在建筑中布置多种用房空间时，会增加满足疏散口需求的困难。

柱子是刚性的、相对细长的结构构件，主要用以支撑作用在构件末端的轴向压力荷载。较为短粗的柱子更易被压碎而失效，而非断裂。当轴向荷载的直接应力超过横截面材料的有效抗压应力，会出现失效。然而，偏心荷载会产生弯曲，导致截面应力不均匀。

细长的柱子易受到断裂影响而失效，而非压碎。断裂指材料达到弹性极限之前受到轴向应力的作用，细长结构构件出现突发的侧向或扭转失稳。在压曲荷载的作用下，柱开始侧向偏移，不能形成维持其原有线性条件所必需的内力。任何外加的荷载会造成柱子更严重的偏移，直到在弯曲处产生破裂为止。柱子的细长比越高，导致其断裂的必要应力越小。柱子设计的主要目的在于通过减少其有效长度，或增加其截面的回转半径来减少柱子的细长比。

中间立柱的失效情况介于短柱和长柱之间，通常会因挤压而局部失去弹性，或因断裂而局部失去弹性。

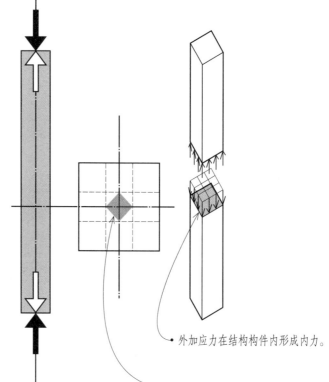

• 外加应力在结构构件内形成内力。

• 核心区域指柱或墙任意水平横截面的中心区域，如果在这个界面上仅有压应力作用，则所有压缩荷载的效果必须通过这个区域。一个压缩荷载作用于这个区域之外，将在这个截面上形成拉应力。

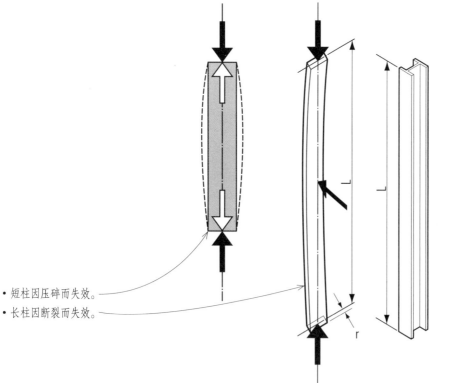

强轴
弱轴

• 回转半径指从各微分面积的假设的集中点到形心轴的距离。对于柱截面，回转半径等于惯性矩除总面积后再开平方。
• 柱子的细长比指有效长度与最小回转半径的比。

• 对于不对称柱截面，断裂容易出现在弱轴或尺寸较小的方向。

• 短柱因压碎而失效。
• 长柱因断裂而失效。

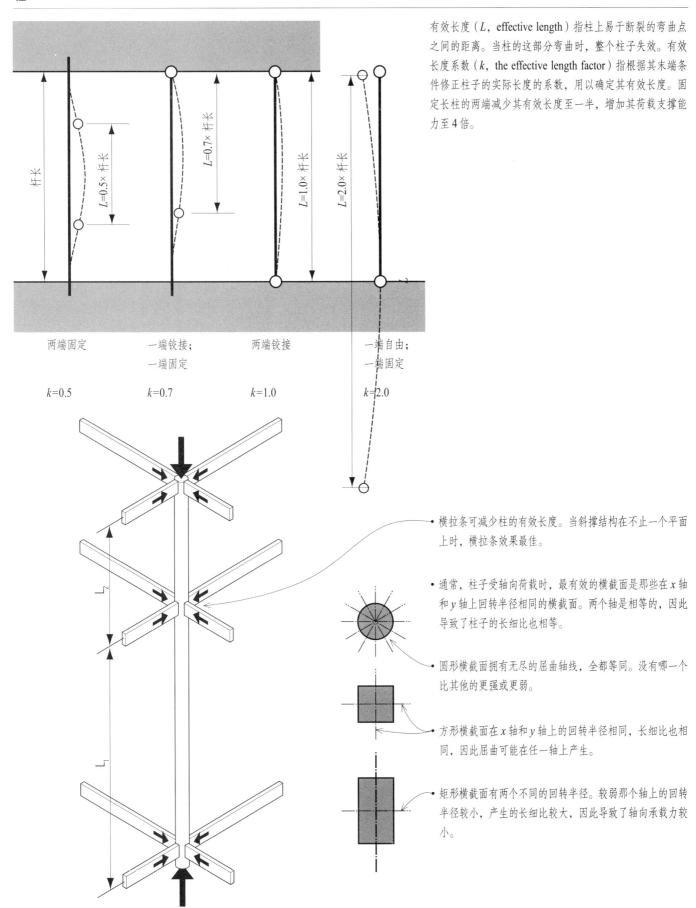

有效长度（*L*, effective length）指柱上易于断裂的弯曲点之间的距离。当柱的这部分弯曲时，整个柱子失效。有效长度系数（*k*, the effective length factor）指根据其末端条件修正柱子的实际长度的系数，用以确定其有效长度。固定长柱的两端减少其有效长度至一半，增加其荷载支撑能力至4倍。

两端固定

一端铰接；
一端固定

两端铰接

一端自由；
一端固定

k=0.5

k=0.7

k=1.0

k=2.0

杆长

L=0.5× 杆长

L=0.7× 杆长

L=1.0× 杆长

L=2.0× 杆长

• 横拉条可减少柱的有效长度。当斜撑结构在不止一个平面上时，横拉条效果最佳。

• 通常，柱子受轴向荷载时，最有效的横截面是那些在 *x* 轴和 *y* 轴上回转半径相同的横截面。两个轴是相等的，因此导致了柱子的长细比也相等。

• 圆形横截面拥有无尽的屈曲轴线，全都等同。没有哪一个比其他的更强或更弱。

• 方形横截面在 *x* 轴和 *y* 轴上的回转半径相同，长细比也相同，因此屈曲可能在任一轴上产生。

• 矩形横截面有两个不同的回转半径。较弱那个轴上的回转半径较小，产生的长细比较大，因此导致了轴向承载力较小。

斜柱　Inclined Columns

柱子可以倾斜，以传递本来不在一条直线上的集中荷载。柱子倾斜有个重要的二次效应，即引入一个轴向荷载，其水平分力会加在支撑梁、楼板或基脚，必须在设计这些构件时加以整合。

- 斜柱可以像垂直柱一样设计，但应考虑由柱子自重导致的附加弯矩以及因其倾斜产生的附加剪力。
- 只有撑条反作用力的竖向分力才能抵抗重力荷载。

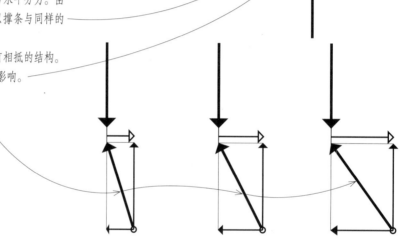

- 由于竖向重力荷载会沿着斜撑柱的轴线重新引导，所以撑条的轴向反作用力同时会有竖向分力与水平分力。由于轴向荷载总是会大于其竖向分力，所以撑条与同样的垂直柱相比，其横截面也必须更大。
- 撑条的轴向荷载同样有水平分力，必须有相抵的结构。这个水平分力的大小直接受撑条倾斜度的影响。

- 撑条越倾斜，轴向荷载的水平分力越大。

撑条　Struts

尽管携带重力荷载的斜柱经常被称为"撑条"，但撑条可以指任何沿着杆长受压缩荷载或拉伸荷载的倾斜构件，比如一个构件其两端连接到桁架式构架的其他部件上，以维持结构的刚度。撑条失效主要是由于弹性屈曲，但还是可以做到抗拉的。

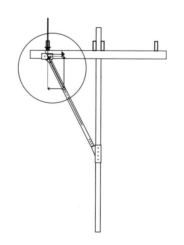

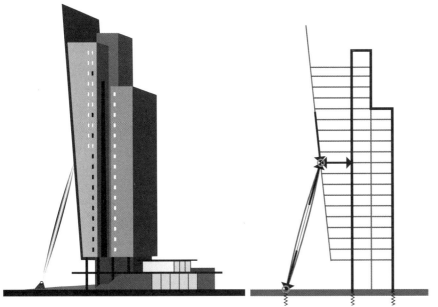

本页的案例说明了斜柱可以应用于各种规模。KPN 电信大厦由三个剖面组成——居中的竖向核和两座相邻塔楼。第二高的剖面有 5.9° 的倾斜度，近似于附近伊拉斯谟斯桥（Erasmus bridge）的斜拉索。玻璃幕墙盖住了倾斜表面，起到一块大广告牌的作用，它采用了 896 块特制窗格玻璃。有一个鲜明的特色是高 164 英尺（50 米）的斜钢柱，外形就像一枝拉长的雪茄，它连着外立面的中心点，来帮助塔楼抵抗侧向力，使其稳定。假如出于某种原因，斜柱受到了损坏，那么建筑也不会倒塌。

外观示意图与剖面示意图：荷兰鹿特丹的 KPN 电信大厦（KPN Telecom Building），1997—2000 年，伦佐·皮亚诺（Renzo Piano，1937—，意大利建筑师）设计。

地铁公园中心采用了一个非对称的树状柱以及从地板到天花板整层高度的桁架，其截面高度 20 英尺（6 米），跨度 120 英尺（36 米），以支撑第四层的大出挑。第四层从屋顶结构悬吊出来，在中心创造出一个矩形开口，使采光进入下方的广场区域。树状柱是采用厚钢板的材料，分成四段预制，将它们在现场焊接在一起，并注入混凝土。

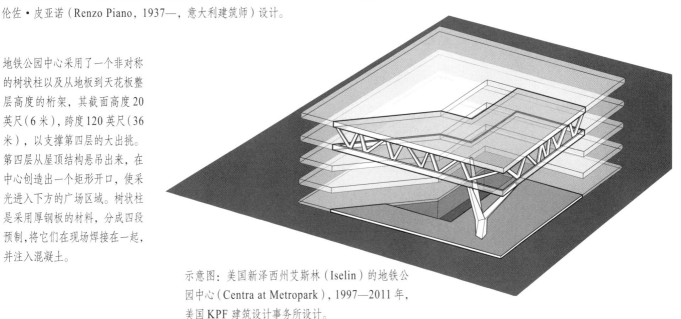

示意图：美国新泽西州艾斯林（Iselin）的地铁公园中心（Centra at Metropark），1997—2011 年，美国 KPF 建筑设计事务所设计。

阿格斯·格林社区中心暨图书馆的屋顶依赖于主桁架，其跨度有整个游泳池那么长。桁架由空心钢管构件建造，它被设计成不带斜杆的张力臂，支撑着胶合叠板主梁及屋面板。那些斜柱只在其柱头端支撑着桁架；没有室内柱，也就不会在空间中产生物理障碍。还有一些桁架式斜柱被用来支撑胶合叠板梁在室外的梁头端。

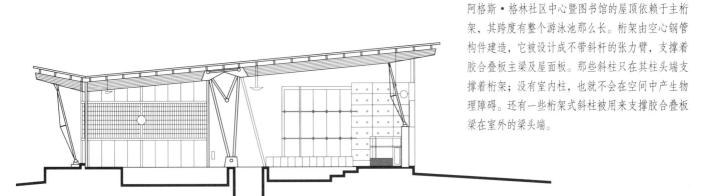

剖面图：加拿大安大略省马卡姆（Markham）的阿格斯·格林社区中心暨图书馆（Angus Glen Community Center and Library），2004 年，帕金斯威尔（Perkins+Will）建筑设计事务所设计。

混凝土柱将竖向和横向钢筋结合用于承抵作用力。

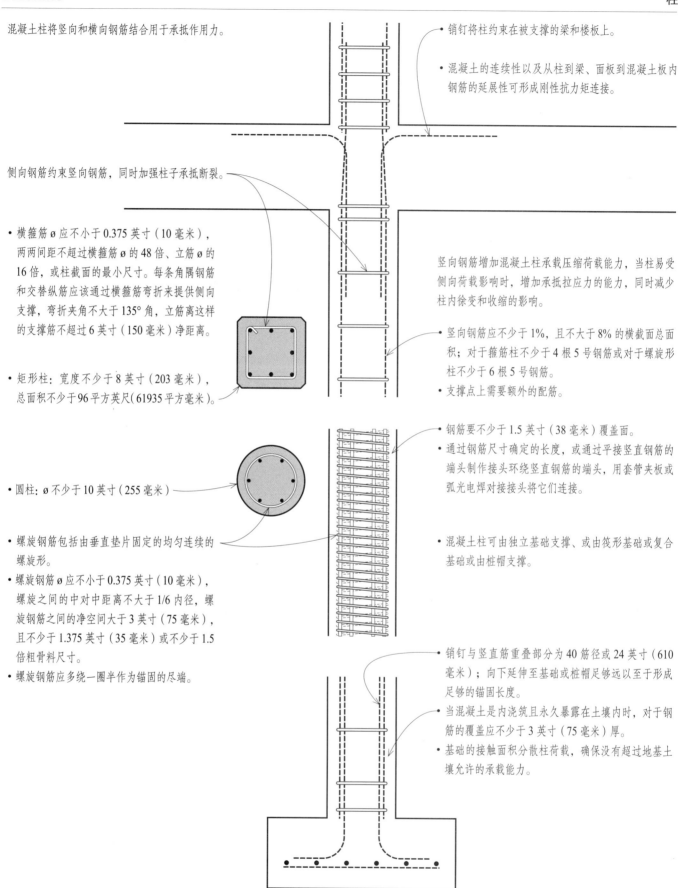

侧向钢筋约束竖向钢筋，同时加强柱子承抵断裂。

- 横箍筋 ø 应不小于 0.375 英寸（10 毫米），两两间距不超过横箍筋 ø 的 48 倍、立筋 ø 的 16 倍，或柱截面的最小尺寸。每条角隅钢筋和交替纵筋应该通过横箍筋弯折来提供侧向支撑，弯折夹角不大于 135° 角，立筋离这样的支撑筋不超过 6 英寸（150 毫米）净距离。

- 矩形柱：宽度不少于 8 英寸（203 毫米），总面积不少于 96 平方英尺（61935 平方毫米）。

- 圆柱：ø 不少于 10 英寸（255 毫米）

- 螺旋钢筋包括由垂直垫片固定的均匀连续的螺旋形。
- 螺旋钢筋应不小于 0.375 英寸（10 毫米），螺旋之间的中对中距离不大于 1/6 内径，螺旋钢筋之间的净空间大于 3 英寸（75 毫米），且不少于 1.375 英寸（35 毫米）或不少于 1.5 倍粗骨料尺寸。
- 螺旋钢筋应多绕一圈半作为锚固的尽端。

- 销钉将柱约束在被支撑的梁和楼板上。

- 混凝土的连续性以及从柱到梁、面板到混凝土板内钢筋的延展性可形成刚性抗力矩连接。

竖向钢筋增加混凝土柱承载压缩荷载能力，当柱易受侧向荷载影响时，增加承抵拉应力的能力，同时减少柱内徐变和收缩的影响。

- 竖向钢筋应不少于 1%，且不大于 8% 的横截面总面积；对于箍筋柱不少于 4 根 5 号钢筋或对于螺旋形柱不少于 6 根 5 号钢筋。
- 支撑点上需要额外的配筋。

- 钢筋要不少于 1.5 英寸（38 毫米）覆盖面。
- 通过钢筋尺寸确定的长度，或通过平接竖直钢筋的端头制作接头环绕竖直钢筋的端头，用套管夹板或弧光电焊对接接头将它们连接。

- 混凝土柱可由独立基础支撑、或由筏形基础或复合基础或由桩帽支撑。

- 销钉与竖直筋重叠部分为 40 筋径或 24 英寸（610 毫米）；向下延伸至基础或桩帽足够远以至于形成足够的锚固长度。
- 当混凝土是内浇筑且永久暴露在土壤内时，对于钢筋的覆盖应不少于 3 英寸（75 毫米）厚。
- 基础的接触面积分散柱荷载，确保没有超过地基土壤允许的承载能力。

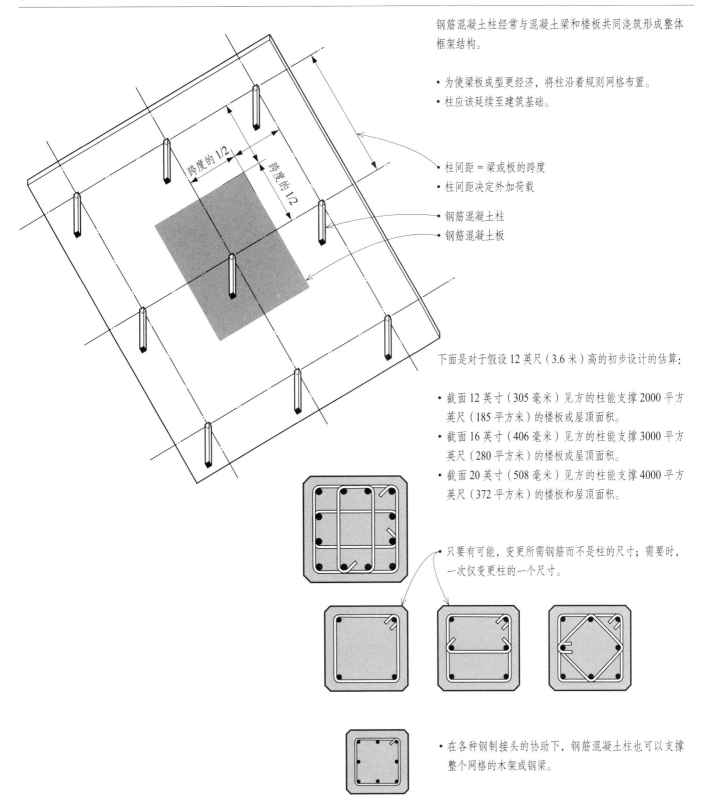

钢筋混凝土柱经常与混凝土梁和楼板共同浇筑形成整体框架结构。

- 为使梁板成型更经济，将柱沿着规则网格布置。
- 柱应该延续至建筑基础。

- 柱间距 = 梁或板的跨度
- 柱间距决定外加荷载

- 钢筋混凝土柱
- 钢筋混凝土板

跨度的 1/2

跨度的 1/2

下面是对于假设 12 英尺（3.6 米）高的初步设计的估算：

- 截面 12 英寸（305 毫米）见方的柱能支撑 2000 平方英尺（185 平方米）的楼板或屋顶面积。
- 截面 16 英寸（406 毫米）见方的柱能支撑 3000 平方英尺（280 平方米）的楼板或屋顶面积。
- 截面 20 英寸（508 毫米）见方的柱能支撑 4000 平方英尺（372 平方米）的楼板和屋顶面积。

- 只要有可能，变更所需钢筋而不是柱的尺寸；需要时，一次仅变更柱的一个尺寸。

- 在各种钢制接头的协助下，钢筋混凝土柱也可以支撑整个网格的木架或钢梁。

最常使用的钢柱截面是宽翼（W, the wide-flange）工字形。它适用于梁的双向连接，而它的所有表面都可使用螺栓连接或焊接。其他用作柱的型钢是圆管状和方形或矩形管状。柱截面也可加工成不同形状和平面，以适应柱子所需的最终用途。

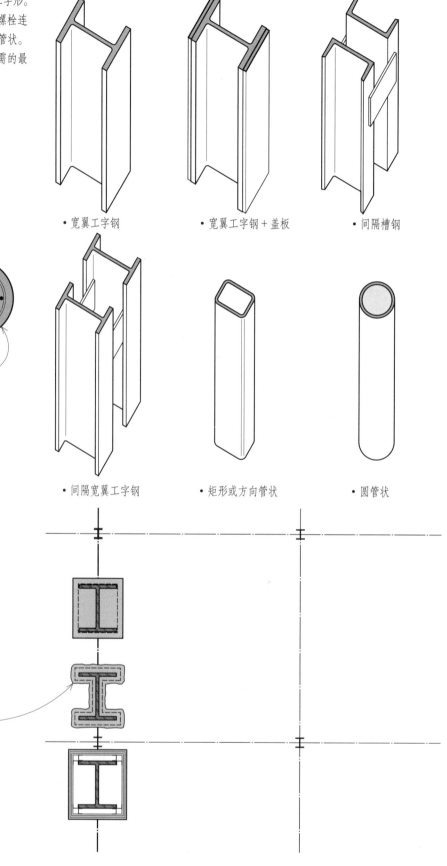

- 宽翼工字钢
- 宽翼工字钢＋盖板
- 间隔槽钢

- 间隔宽翼工字钢
- 矩形或方向管状
- 圆管状

- 组合柱是结构钢柱，被最少2.5英寸（64毫米）厚的混凝土包裹，用金属丝网加固。

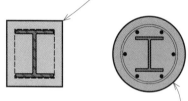

- 混成柱是结构钢截面，四周被混凝土包裹，并用竖向钢筋和螺旋钢筋加固。

- 使腹部方向与结构框架的短轴平行，或沿着最易受到侧向应力影响的结构方向。
- 使四周柱的翼缘方向向外，促进幕墙与结构框架的连接。

- 承抵侧向风荷载和地震荷载需要使用剪力面、对角斜撑或带有抗弯连接的刚性框架。

- 因为钢材在火中强度快速下降，所以需要耐火装置或耐火涂料。这种绝热方式是在钢柱完全磨光后尺寸上再增加8英寸（203毫米）。
- 在某些构造类型上，如果建筑安装自动喷水装置，结构钢材可暴露。

钢柱的允许荷载由它的横截面积和它的长细比（L/r）决定，这里的 L 指柱未受力时的长度，r 是柱截面最小回转半径。

假设钢柱的有效长度是 12 英尺（3.7 米），下列是对钢柱的估算指南：

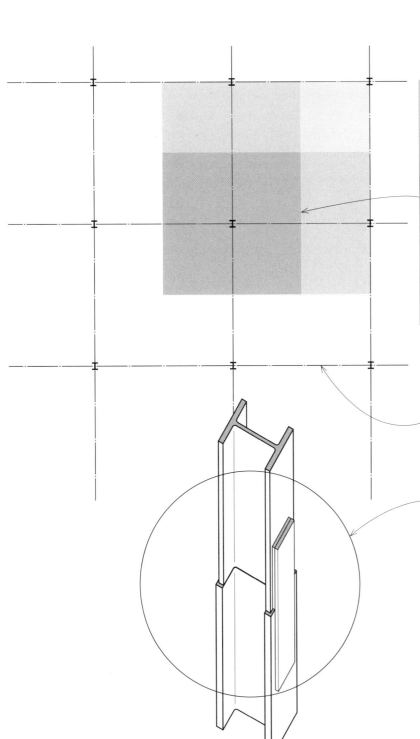

- 截面 4×4 英寸的钢管柱可支撑 750 平方英尺（70 平方米）的楼板或屋顶。
- 截面 6×6 英寸的钢管柱可支撑 2400 平方英尺（223 平方米）的楼板或屋顶。
- 截面 6×6 英寸的宽翼工字钢可支撑 750 平方英尺（70 平方米）的楼板或屋顶。
- 截面 8×8 英寸的宽翼工字钢可支撑 3000 平方英尺（279 平方米）的楼板或屋顶。
- 截面 10×10 英寸的宽翼工字钢可支撑 4500 平方英尺（418 平方米）的楼板或屋顶。
- 截面 12×12 英寸的宽翼工字钢可支撑 6000 平方英尺（557 平方米）的楼板或屋顶。
- 截面 14×14 英寸的宽翼工字钢可支撑 12000 平方英尺（1115 平方米）的楼板或屋顶。

- 当柱布置用于支撑规则梁、柱和搁栅网格时，钢框架效果最佳。

- 柱间距 = 梁的跨度

- 为了柱子能支撑较重的荷载，增加高度，或有助于结构的侧向稳定性，应该增加钢柱的尺寸和重量。
- 钢柱可不采用增加尺寸的方式增加强度，可采取选用高强度钢材或厚重截面钢材的方式。上下楼层的柱子竖向对齐，当柱子尺寸必须变动时，应按柱中心线将相邻楼层的室内柱竖向对齐。
- 因为建筑的四周框架通常会承受外部覆盖层的额外荷载，并作为建筑侧向支撑的一部分，为了达到初步的设计目的，我们可假设内柱和外围柱需要同样的尺寸。

木柱　Wood Columns

木柱有实心柱、组合柱、间隔柱。选择木柱，应考虑以下几点：木材种类、结构等级、弹性系数以及未来使用功能要求的允许压力值、弯矩值、剪切应力值。除此以外，应该注意明确的荷载条件和所用连接的种类。缺少成熟的木材，就不太会有较高结构等级的实木，这就更有赖于人造胶合板和单板条层积材，来实现大构件尺寸和高结构等级。

木柱和木杆都受轴向压力。如果最大单位应力超过允许平行纹理压应力，会由于木纤维压碎而导致失效。柱的承重能力由它的细长比决定。随着柱子的细长比增加，柱子会由于断裂而失效。

- 实木或组合木柱的 $L/d < 50$
- 间隔柱独立构件的 $L/d < 80$

- L = 未受力杆长
- d = 受压构件的最小尺寸

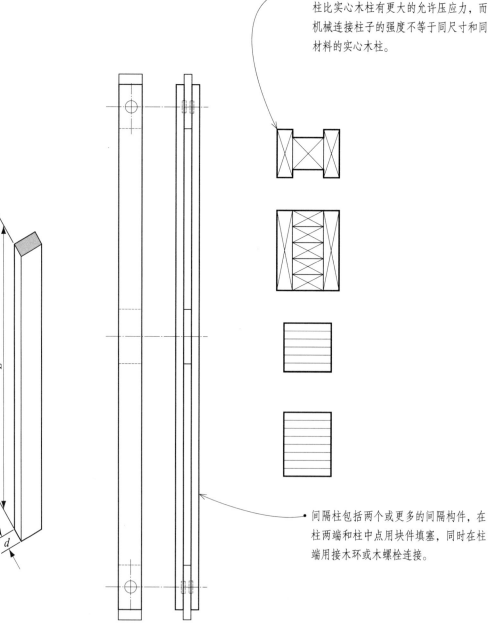

- 实心木柱应是经过良好自然风干的木材。

- 组合柱可用胶黏合或机械连接。胶合板柱比实心木柱有更大的允许压应力，而机械连接柱子的强度不等于同尺寸和同材料的实心木柱。

- 间隔柱包括两个或更多的间隔构件，在柱两端和柱中点用块件填塞，同时在柱端用接木环或木螺栓连接。

下面是对于木柱的估算指南。

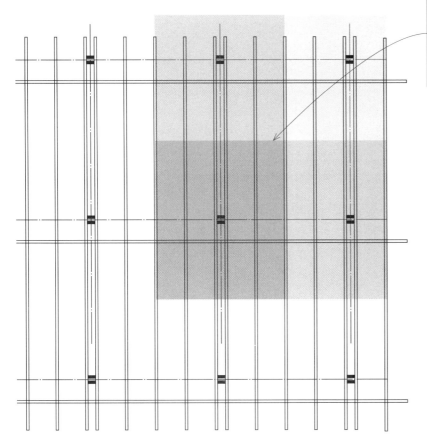

- 截面 6×6 英寸可支撑 500 平方英尺（46 平方米）的楼板和屋顶
- 截面 8×8 英寸可支撑 1000 平方英尺（93 平方米）的楼板和屋顶
- 截面 10×10 英寸可支撑 2500 平方英尺（232 平方米）的楼板和屋顶

- 假设柱子的非承重长度为 12 英尺（3.6 米）。
- 为了柱子能支撑较大的荷载，需要增加柱的尺寸，同时增加高度，或抗侧应力。
- 除了选择大的横截面以外，能通过使用弹力系数较高或允许顺纹压应力较大的木材种类增加木柱的承重能力。

接木环　Timber Connectors

如果没有足够的表面接触面积为所需数量的螺栓提供空间，则可使用接木环。接木环是金属环（金属板或金属网），用以转换两个木构件表面之间的剪切力，用螺栓的方式将构件互相约束和压紧。接木环比单独使用螺栓或方头螺钉更为有效，因为它们扩大了木材荷载分布的面积，同时增加了单位承重能力。

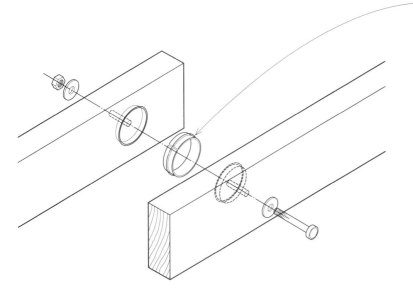

- 裂环接合件包括插入连接构件表面相应槽口的金属环，由独立螺栓约束固定。圆环内的舌槽裂口允许其在荷载作用下发生轻微变形，并维持所有表面的承载，同时斜截面使插入更轻松，并且在环完全放置在槽内后确保接头严丝合缝。

- 直径尺寸可为 2.5 英寸（64 毫米）和 4 英寸（100 毫米）。
- 对于 2.5 英寸（64 毫米）裂口环需要至少 3.625 英寸（90 毫米）的表面宽度；对于 4 英寸（100 毫米）裂口环需要至少 5.5 英寸（140 毫米）表面宽度。
- 2.5 英寸（64 毫米）裂口环需配 ø 0.5 英寸（13 毫米）的螺栓；4 英寸（100 毫米）裂口环需配 ø 0.75 英寸（19 毫米）的螺栓。

- 剪切板包括插入相应槽口的韧性铁圆盘，与木材表面对齐，由单个螺钉固定。剪切板背对背成双使用，以便在可拆卸的木与木接头处或仅在木与金属接头处提供抗剪力。

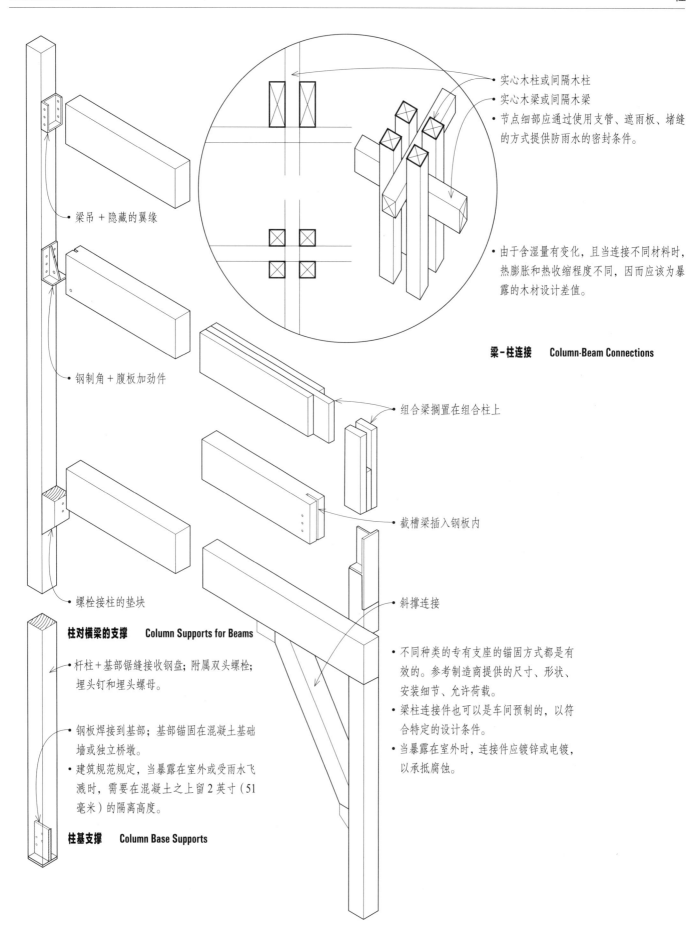

梁吊 + 隐藏的翼缘

实心木柱或间隔木柱

实心木梁或间隔木梁

• 节点细部应通过使用支管、遮雨板、堵缝的方式提供防雨水的密封条件。

• 由于含湿量有变化，且当连接不同材料时，热膨胀和热收缩程度不同，因而应该为暴露的木材设计差值。

钢制角 + 腹板加劲件

梁–柱连接　Column-Beam Connections

组合梁搁置在组合柱上

截槽梁插入钢板内

螺栓接柱的垫块

斜撑连接

柱对横梁的支撑　Column Supports for Beams

• 杆柱 + 基部锯缝接收钢盘；附属双头螺栓；埋头钉和埋头螺母。

• 不同种类的专有支座的锚固方式都是有效的。参考制造商提供的尺寸、形状、安装细节、允许荷载。

• 梁柱连接件也可以是车间预制的，以符合特定的设计条件。

• 钢板焊接到基部；基部锚固在混凝土基础墙或独立桥墩。

• 建筑规范规定，当暴露在室外或受雨水飞溅时，需要在混凝土之上留 2 英寸（51毫米）的隔离高度。

• 当暴露在室外时，连接件应镀锌或电镀，以承抵腐蚀。

柱基支撑　Column Base Supports

承重墙　Bearing Walls

承重墙指能支撑像来自建筑楼板或屋顶的外加荷载，并且通过墙面能将压应力传递到基础的任何墙体构造。承重墙体系可由砖石、现浇混凝土、立墙平浇混凝土、木材或金属立筋构成。

承重墙应在楼板与楼板之间连续，并从屋顶到基础竖向对齐。由于这种连续性，承重墙也能作为剪力墙，同时提供平行于墙面作用的地震或风力的侧向承抵力。然而，由于它们相对较薄，承重墙不能提供明显的垂直于承重墙作用的抗剪力。

除了承抵来自重力荷载的压碎和断裂以外，外承重墙易受到水平风荷载的影响。这些作用力被传递到水平屋顶和楼板，然后到垂直于承重墙的抗侧力构件上。

- 混凝土板和屋顶或楼板的托梁沿着承重墙的顶部施加均布荷载。如果没有开洞阻断从墙体顶部开始的荷载传送路径，均匀荷载将最后作用在基础的顶部。

- 竖向荷载必须重新导向洞口两侧：在轻框结构中可使用额梁；在砖石结构中可使用拱和过梁；在混凝土结构中可使用加强钢筋。

- 当墙体所支撑的柱或梁布置的间距较宽时，在墙体的顶部形成集中荷载。依据墙体的材料确定，由于集中荷载向墙体下移动，所以它沿着45°~60°分布。这导致基础荷载不均匀，在直接作用荷载下有最大的应力。

- 建筑规范根据外墙的位置、构造种类、用房，确定其所需的耐火程度。通常情况下，满足这些要求的墙体都适合作为承重墙。

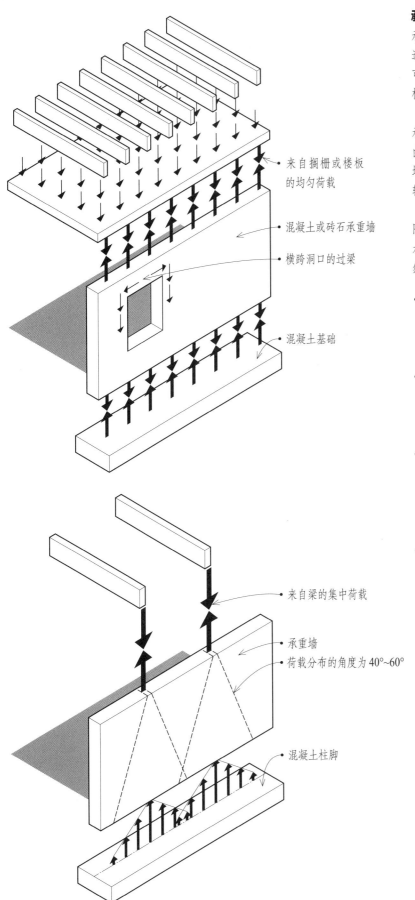

来自搁栅或楼板的均匀荷载

混凝土或砖石承重墙

横跨洞口的过梁

混凝土基础

来自梁的集中荷载

承重墙

荷载分布的角度为40°~60°

混凝土柱脚

混凝土墙　Concrete Walls

混凝土墙可预制，既可在场也可不在场预制；通常更多是现场浇筑。预制墙的优点是能达到较高的混凝土表面光洁度，并且还可对它预加应力。典型情况是混凝土墙将要做成光洁的墙面，这时要使用预制板。预制墙板尤其适合不易受侧向荷载影响的低层建筑。

- 现浇混凝土墙可用作结构中基本垂直承重构件，或与钢框架或混凝土框架配合使用。
- 混凝土的高耐火性使其成为围合建筑核心区域和中心轴区域的理想材料，或者用作剪力墙。

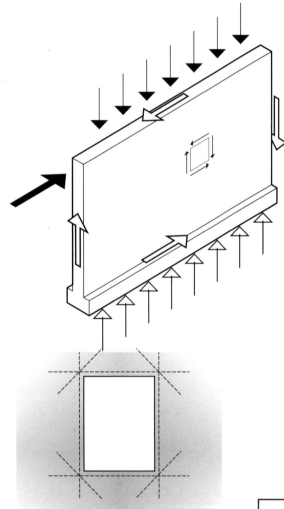

- 需要沿着门窗开洞的边沿和转角用钢筋进行加固。

- 混凝土墙可与混凝土楼板体系整体现浇，同时有效地作为剪力墙。

- 将混凝土墙锚固到楼板、柱子、相交墙壁之上。
- 转角处或墙体相交处的水平抗弯钢筋，以维持结构连续性。

- 大于10英寸（255毫米）厚的墙体需要两面配筋，且与墙面平行配置。
- 根据特殊的荷载条件改变钢筋的数量和位置，比改变墙体厚度更为有效。

- 当混凝土未暴露在空气或泥土中时，要有最小0.75英寸（19毫米）的覆盖面。
- 当混凝土暴露在空气或泥土中时，要有最小1.5英寸（38毫米）的覆盖面；6号钢筋或更高要有不少于2英寸（51毫米）的覆盖面。

- 混凝土墙通常搭建在条形基础上。
- 墙体与墙脚相接，暗钉弯向了另一个方向。

- 钢筋上的覆盖面最小为6英寸（150毫米）。
- 当混凝土浇注在地表并在地表永久暴露时，要有最小3英寸（75毫米）的覆盖面。

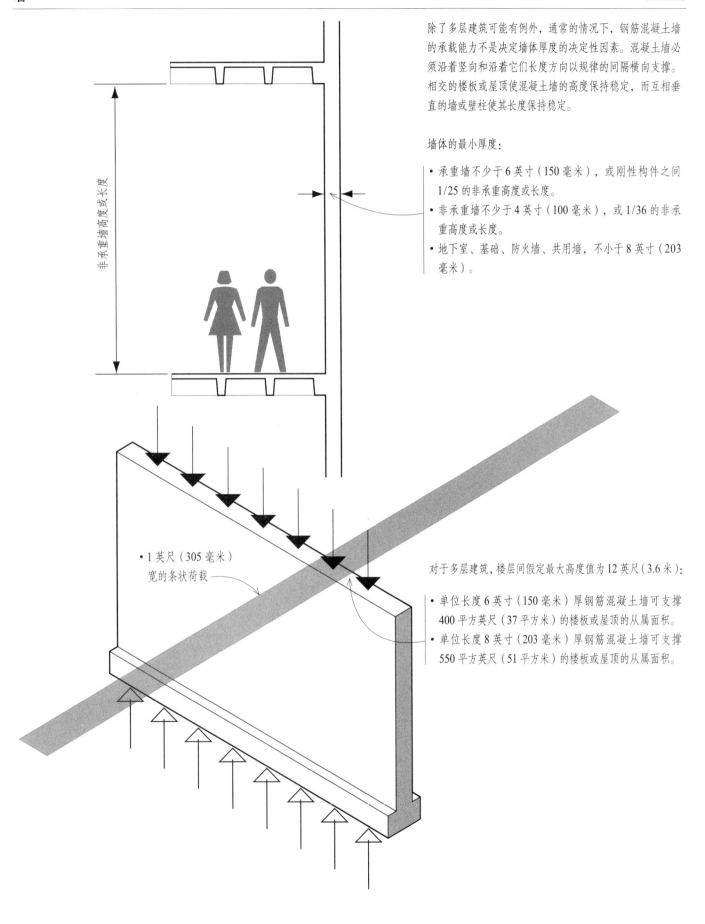

除了多层建筑可能有例外，通常的情况下，钢筋混凝土墙的承载能力不是决定墙体厚度的决定性因素。混凝土墙必须沿着竖向和沿着它们长度方向以规律的间隔横向支撑。相交的楼板或屋顶使混凝土墙的高度保持稳定，而互相垂直的墙或壁柱使其长度保持稳定。

墙体的最小厚度：

- 承重墙不少于6英寸（150毫米），或刚性构件之间 1/25 的非承重高度或长度。
- 非承重墙不少于4英寸（100毫米），或 1/36 的非承重高度或长度。
- 地下室、基础、防火墙、共用墙，不小于8英寸（203毫米）。

非承重墙高度或长度

- 1英尺（305毫米）宽的条状荷载

对于多层建筑，楼层间假定最大高度值为12英尺（3.6米）：

- 单位长度6英寸（150毫米）厚钢筋混凝土墙可支撑 400 平方英尺（37平方米）的楼板或屋顶的从属面积。
- 单位长度8英寸（203毫米）厚钢筋混凝土墙可支撑 550 平方英尺（51平方米）的楼板或屋顶的从属面积。

砖石墙　Masonry Walls

砖石结构指用类似石材、砖或混凝土块的多种自然的或人工产品，常利用砂浆作为黏合剂形成墙体的建筑，它们耐久、防火，并能有效承抵压缩。最常用的结构砖石单元是预制混凝砌块（CMU, concrete masonry unit）或混凝土块（concrete block）。因为混凝土块更为经济且易于加固，所以它逐渐代替耐火性黏土砖和瓦作为承重墙。砖和黏合瓦最初因为它们表现的光滑平整而被使用，往往作为轻框架或混凝土块承重墙的饰面。

砖石承重墙可建造成实心墙、空心墙或镶面墙。它们也可不加钢筋，但在地震区时，为了增加支撑竖向荷载的强度，增加抗断裂和抗侧向荷载的能力，砖石承重墙应该通过在较厚连接部位和有水泥、骨料和水泥合灌浆流体的槽缝处预埋钢筋加固。在钢筋、灌浆、砖石单元之间需要牢固结合。

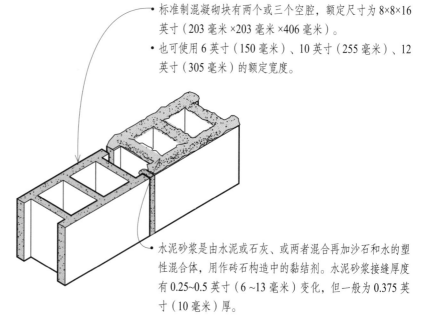

- 标准制混凝砌块有两个或三个空腔，额定尺寸为 8×8×16 英寸（203 毫米 ×203 毫米 ×406 毫米）。
- 也可使用 6 英寸（150 毫米）、10 英寸（255 毫米）、12 英寸（305 毫米）的额定宽度。

- 水泥砂浆是由水泥或石灰、或两者混合再加沙石和水的塑性混合体，用作砖石构造中的黏结剂。水泥砂浆接缝厚度有 0.25~0.5 英寸（6~13 毫米）变化，但一般为 0.375 英寸（10 毫米）厚。

- 砖石外墙必须防风雨且控制热流。
- 必须通过使用钻具接头、空腔、遮雨板和堵缝控制水渗透率。
- 空心墙由于它较高的抗雨水渗透能力和改良的热力性能，通常被优先选用。

- 不少于 8 英寸（203 毫米）的额定厚度用作：
  砖石承重墙
  砖石剪力墙
  砖石护墙

- 对配筋砖石承重墙，不少于 6 英寸（150 毫米）额定厚度；需要承抵侧向荷载的砖石墙高度不能超过 35 英尺（10 米）。

- 模数尺寸

- 水泥浆砖石墙在施工过程中所有内接缝被水泥灌满。用于将相邻材料加固为实心体的灌浆是一种流动的水泥砂浆，它在原料不分离的情况下易于流动。

- 水平接缝钢筋
- 钢筋
- 钢筋向下延续到钢筋混凝土基础。

- 砖承重墙往往平行排列，用于支撑钢、木或混凝土横跨体系。
- 常见的横跨构件包括空腹钢搁栅、木梁或钢梁、现浇或预制混凝土板。

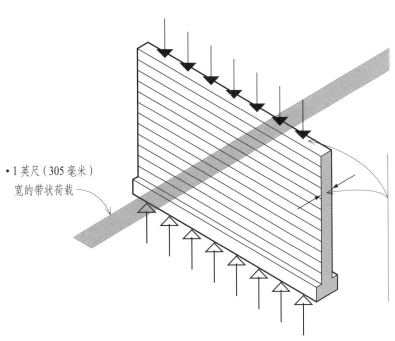

- 1英尺（305毫米）宽的带状荷载

- 单位长度 8 英寸（203 毫米）厚加筋混凝砌块墙可支撑 250 平方英尺（23 平方米）楼板或屋顶的从属面积。
- 单位长度 10 英寸（255 毫米）厚加筋混凝砌块墙可支撑 350 平方英尺（32 平方米）楼板或屋顶的从属面积。
- 单位长度 12 英寸（305 毫米）厚加筋混凝砌块墙可支撑 450 平方英尺（40 平方米）楼板或屋顶的从属面积。
- 单位长度 16 英寸（406 毫米）厚双空腔加筋砌块墙可支撑 650 平方英尺（60 平方米）楼板或屋顶的从属面积。

- 砖石承重墙必须有水平和竖向的侧向支撑构件。
- 可由十字交叉墙、壁柱或水平方向的结构框架，或由竖直方向的楼板或屋顶横隔提供侧向支撑。
- 壁柱不仅加强砖石墙承抵侧向应力和断裂的能力，也为较大的集中荷载提供支撑。

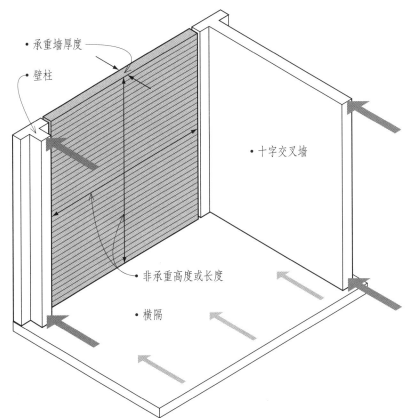

- 承重墙厚度
- 壁柱
- 十字交叉墙
- 非承重高度或长度
- 横隔

- 一面完全灌浆的承重墙的非承重高度或长度是它厚度的 20 倍。其他砖石承重墙的非承重高度或长度是它厚度的 18 倍。
- 砖石墙的差异移动是由温度或含水量的变化造成的，或是由应力集中造成的，需要使用伸缩缝和控制缝。

立筋框架墙　Stud-Framed Walls

轻质框架墙由轻金属或木立筋组成，中心间距往往为 12 英寸（305 毫米）、16 英寸（406 毫米）、24 英寸（610 毫米），这由所需墙体高度以及一般面板与表面材料的横跨能力和尺寸所决定。轻质框架结构往往用于低层建筑的承重墙，具有轻质构件和易于装配的优点。这种体系尤其适合于平面布局或形式不规则的建筑。

轻质金属立筋由冷成型薄膜或带钢制作而成。冷成型金属立筋易于切割，可使用简单工具将其安装在墙体结构上，具有轻质、不可燃、不透水的特点。金属立筋墙可用作非承重部分或支撑轻质钢搁栅的承重墙。轻质金属框架结构不像木质轻框架结构，它可在不可燃结构中作为装配隔墙。不过，不论轻质木框架还是轻质金属框架墙体组件，其耐火程度是由表面材料的耐火能力决定的。

当荷载均匀向下时，金属立筋墙和木质立筋墙能发挥整体式墙的作用。立筋可支撑竖直的和水平的弯曲荷载，而望板则加强墙面和分配在独立立筋之间的水平和竖向荷载。墙体构架中的任何开洞都需要使用过梁，将荷载重新定向至洞口的任意一边。来自过梁反作用的集中荷载必须由一列类似柱子的立筋支撑。

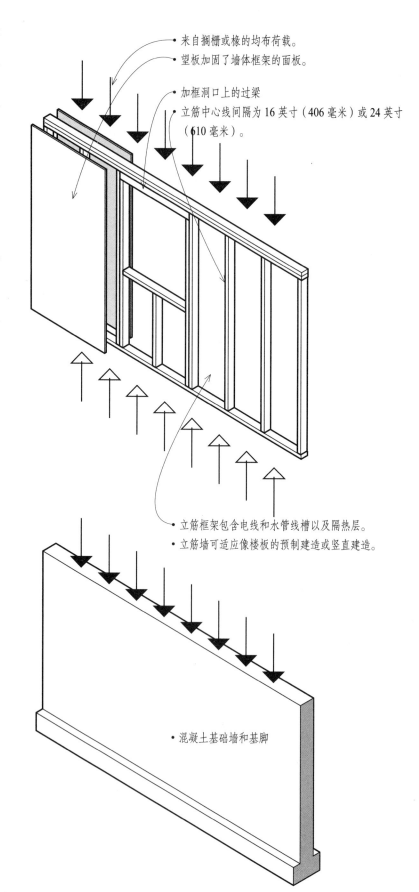

- 来自搁栅或椽的均布荷载。
- 望板加固了墙体框架的面板。

- 加框洞口上的过梁
- 立筋中心线间隔为 16 英寸（406 毫米）或 24 英寸（610 毫米）。

- 立筋框架包含电线和水管线槽以及隔热层。
- 立筋墙可适应像楼板的预制建造或竖直建造。

- 混凝土基础墙和基脚

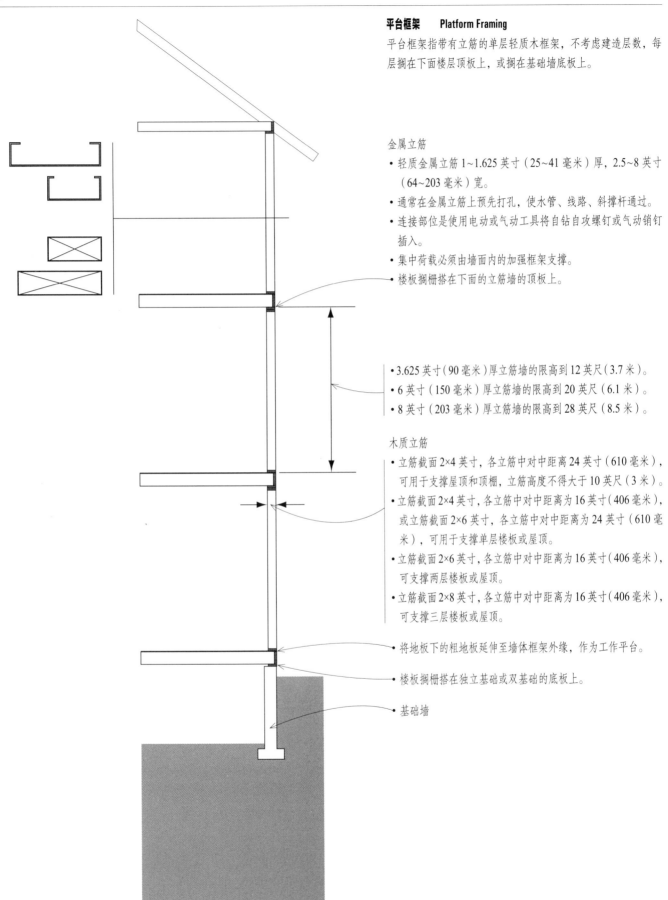

平台框架　Platform Framing

平台框架指带有立筋的单层轻质木框架，不考虑建造层数，每层搁在下面楼层顶板上，或搁在基础墙底板上。

金属立筋

• 轻质金属立筋 1~1.625 英寸（25~41 毫米）厚，2.5~8 英寸（64~203 毫米）宽。

• 通常在金属立筋上预先打孔，使水管、线路、斜撑杆通过。

• 连接部位是使用电动或气动工具将自钻自攻螺钉或气动销钉插入。

• 集中荷载必须由墙面内的加强框架支撑。

• 楼板搁栅搭在下面的立筋墙的顶板上。

• 3.625 英寸（90 毫米）厚立筋墙的限高到 12 英尺（3.7 米）。

• 6 英寸（150 毫米）厚立筋墙的限高到 20 英尺（6.1 米）。

• 8 英寸（203 毫米）厚立筋墙的限高到 28 英尺（8.5 米）。

木质立筋

• 立筋截面 2×4 英寸，各立筋中对中距离 24 英寸（610 毫米），可用于支撑屋顶和顶棚，立筋高度不得大于 10 英尺（3 米）。

• 立筋截面 2×4 英寸，各立筋中对中距离为 16 英寸（406 毫米），或立筋截面 2×6 英寸，各立筋中对中距离为 24 英寸（610 毫米），可用于支撑单层楼板或屋顶。

• 立筋截面 2×6 英寸，各立筋中对中距离为 16 英寸（406 毫米），可支撑两层楼板或屋顶。

• 立筋截面 2×8 英寸，各立筋中对中距离为 16 英寸（406 毫米），可支撑三层楼板或屋顶。

• 将地板下的粗地板延伸至墙体框架外缘，作为工作平台。

• 楼板搁栅搭在独立基础或双基础的底板上。

• 基础墙

幕墙　Curtainwalls

幕墙指完全由建筑的钢或混凝土结构框架支撑的外墙，它除了自身重量和侧向荷载外不支撑其他荷载。幕墙对结构稳定性没有帮助。

幕墙包括支撑透明玻璃或不透明拱肩单元的金属框架，或包括预制混凝土、石材切片、砖、金属的单面板。墙体单元高度可为一层、两层、三层，可预先安装玻璃或装配后安装玻璃。镶板体系提供可控的车间组装和快速安装，但过于庞大，会难以运输和处理。

虽然理论上简单，但幕墙结构是十分复杂的，需要仔细研发、测试及安装。在设计幕墙结构时，需要经验丰富的建筑师、结构工程师、承包商、制造商之间的密切配合。

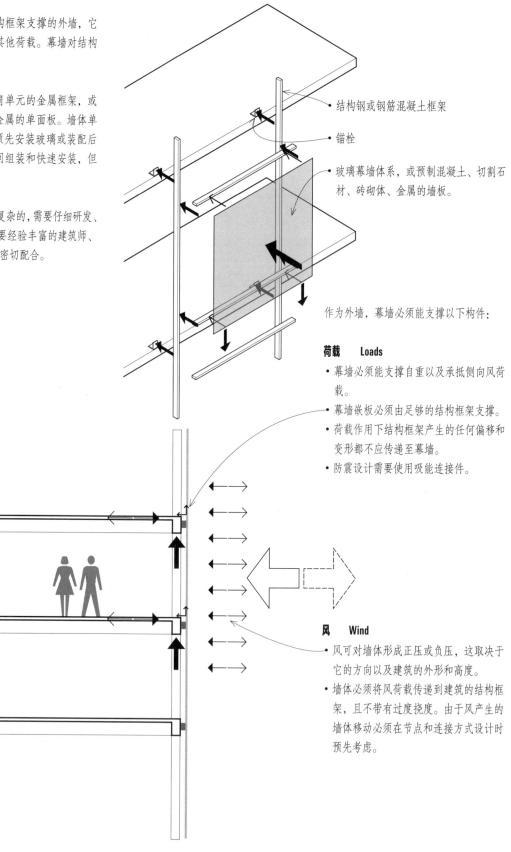

结构钢或钢筋混凝土框架

锚栓

玻璃幕墙体系，或预制混凝土、切割石材、砖砌体、金属的墙板。

作为外墙，幕墙必须能支撑以下构件：

荷载　Loads

- 幕墙必须能支撑自重以及承抵侧向风荷载。
- 幕墙嵌板必须由足够的结构框架支撑。
- 荷载作用下结构框架产生的任何偏移和变形都不应传递至幕墙。
- 防震设计需要使用吸能连接件。

风　Wind

- 风可对墙体形成正压或负压，这取决于它的方向以及建筑的外形和高度。
- 墙体必须将风荷载传递到建筑的结构框架，且不带有过度挠度。由于风产生的墙体移动必须在节点和连接方式设计时预先考虑。

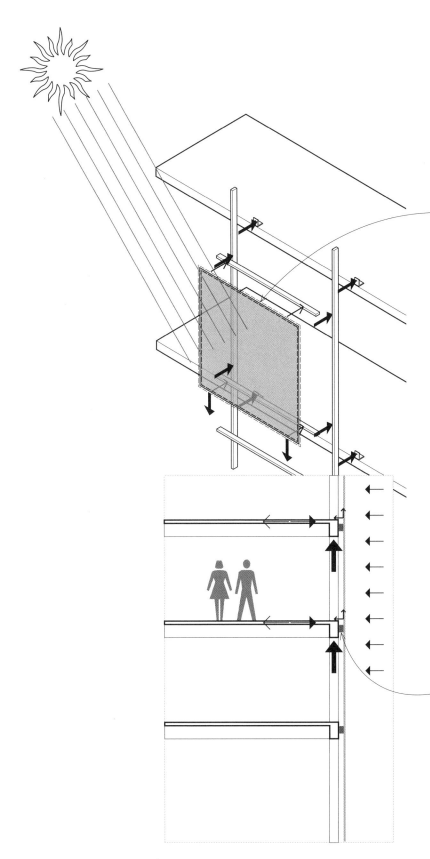

阳光　Sun

• 亮度和眩光应该通过遮阳设备，或使用反射玻璃或染色玻璃控制。

• 阳光紫外线同样会造成连接部位和覆盖材料的劣化以及内部饰面的褪色。

温度　Temperature

• 日常或季节性的温度变化导致包括墙体装置，特别是金属在内的材料的膨胀或收缩。必须考虑由不同材料不同的热膨胀和收缩引起的偏移。

• 连接和密封材料必须能承受由热应力引起的偏移。

• 通过玻璃幕墙的热流应该通过使用中空玻璃、中空不透明嵌板以及在金属框架中插入隔热组件的方式控制。

• 单层镶板的隔热性同样可与墙体单元结合，将单层镶板贴在墙体背面，或配以现场建造的支撑墙。

水　Water

• 雨水在墙表面累积，同时由于风压作用通过细小的洞口进入。

• 在墙体内凝结，累积的水蒸气必须排出。

• 在幕墙细部，特别在大型和高层建筑中，等压设计原则变得至关重要。因为这些建筑室内环境和外部大气压强不同，会导致雨水从墙交接处哪怕最细小的开口中进入。

火　Fire

• 不可燃的材料，有时作为保护，必须在柱表面以及墙板与楼板边缘或外墙托梁之间设置不可燃材料阻止每层火势的蔓延。

• 建筑规范同样规定了框架结构和幕墙墙板自身所需要的耐火程度。

幕墙装置必须结合柱间的水平跨件和楼板间的竖向跨件。当水平跨件在柱与柱之间时，由框架结构的柱间距决定的跨度通常比楼板高度大得多。由于这个原因，幕墙体系往往竖向跨于楼板与楼板之间，并从钢制或混凝土外墙托梁上、或从悬挑的混凝土板边缘悬挂下来。

幕墙装置基本的横跨构件是铝型材、较小的槽钢和角钢、轻质金属框架。在嵌板式预制幕墙中，横跨构件可作为定位板，让嵌板被当做一个整体单元来处理。

若需要，垂直于主横跨构件的次级框架可将幕墙设计模数再细分为更小的部分，结合不同功能来提供不同的设备，例如不透明的隔热嵌板、用于自然通风的可操作窗户、百叶或其他遮阳设施。

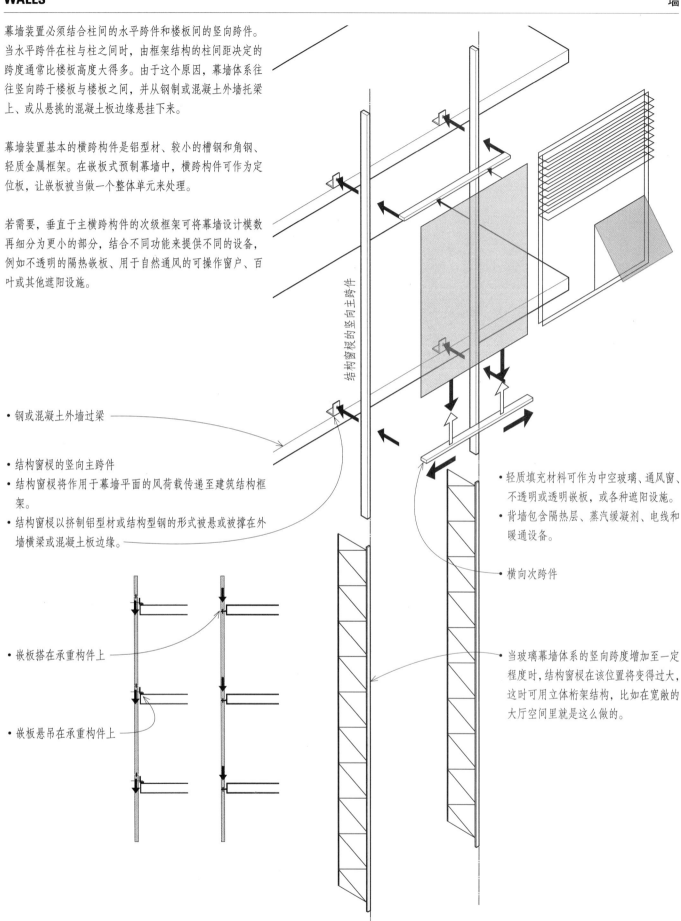

结构窗棂的竖向主跨件

• 钢或混凝土外墙过梁

• 结构窗棂的竖向主跨件
• 结构窗棂将作用于幕墙平面的风荷载传递至建筑结构框架。
• 结构窗棂以挤制铝型材或结构型钢的形式被悬或被撑在外墙横梁或混凝土板边缘。

• 轻质填充材料可作为中空玻璃、通风窗、不透明或透明嵌板，或各种遮阳设施。
• 背墙包含隔热层、蒸汽缓凝剂、电线和暖通设备。

• 横向次跨件

• 嵌板搭在承重构件上

• 嵌板悬吊在承重构件上

• 当玻璃幕墙体系的竖向跨度增加至一定程度时，结构窗棂在该位置将变得过大，这时可用立体桁架结构，比如在宽敞的大厅空间里就是这么做的。

有多种金属装置可用于将幕墙固定到建筑结构框架上。某些连接可用于承抵来自于各个方向的荷载作用。其他的则仅用于承抵侧向风荷载。这些连接往往可在三维尺度上作出调整，由此允许幕墙单元与结构框架之间有一定的尺寸差异；当结构框架在荷载作用下发生挠曲，或当幕墙对热应力作出反应、发生温度变化时，也可适应不同的偏移。

带有槽口的垫片或垫角可允许单方向的调整；垫片和垫角结合可允许三维的调整。最终调整完成后，如果需要固定连接，可通过焊接将连接永久固定。

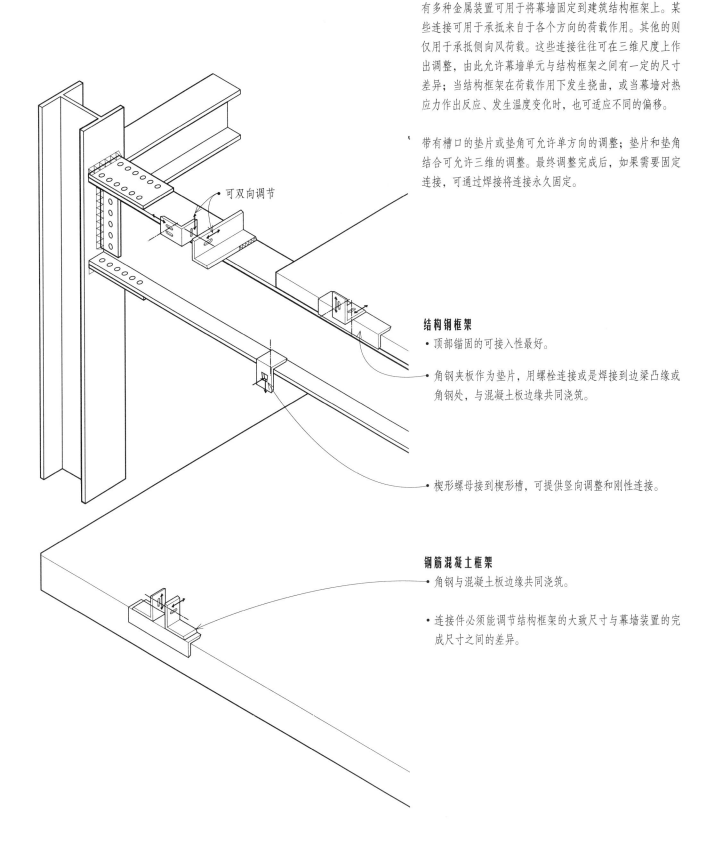

可双向调节

结构钢框架

• 顶部锚固的可接入性最好。

• 角钢夹板作为垫片，用螺栓连接或是焊接到边梁凸缘或角钢处，与混凝土板边缘共同浇筑。

• 楔形螺母接到楔形槽，可提供竖向调整和刚性连接。

钢筋混凝土框架

• 角钢与混凝土板边缘共同浇筑。

• 连接件必须能调节结构框架的大致尺寸与幕墙装置的完成尺寸之间的差异。

幕墙与结构框架的关系
Relation of Curtainwall to Structural Frame

幕墙作为防风避雨的外围护，是否可以不与建筑框架的结构功能挂钩，将引出一项重要的设计决策——确定幕墙相对于结构框架置于何处。

幕墙装置可通过三种基本方式连接至建筑的结构框架：
- 结构框架平面后
- 结构框架平面内
- 结构框架平面前

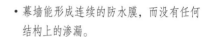

幕墙在结构框架前
Curtainwalls in Front of the Structural Frame

最常用的安排方式是将幕墙装置放在结构框架之前。以这种与结构框架的关系设定幕墙平面，可使室外围护结构强调结构框架的网格，或产生柱梁或楼板模式的对位关系。

- 幕墙能形成连续的防水膜，而没有任何结构上的渗漏。
- 尽管热运动的累积效应在外幕墙上更加明显，但由于热运动不再受结构框架所限，因此更容易调节。

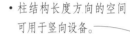

- 柱结构长度方向的空间可用于竖向设备。

- 暴露在建筑内部的钢结构构件需要防火设备或防火涂料。

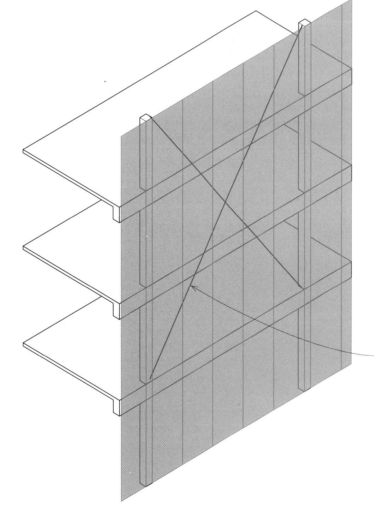

- 柱和对角斜撑暴露在建筑的内部空间。

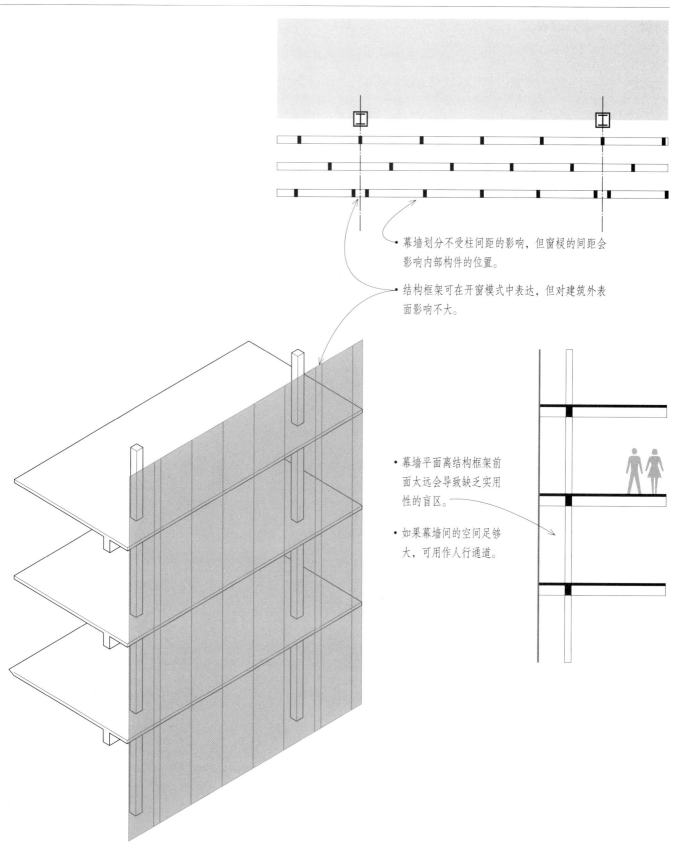

- 幕墙划分不受柱间距的影响，但窗棂的间距会影响内部构件的位置。

- 结构框架可在开窗模式中表达，但对建筑外表面影响不大。

- 幕墙平面离结构框架前面太远会导致缺乏实用性的盲区。

- 如果幕墙间的空间足够大，可用作人行通道。

面内幕墙　In-Plane Curtainwalls

将幕墙嵌板或组件安排在结构框架平面内，将会表现出
建筑立面的尺度、比例以及梁柱框架的视觉权重。

- 被暴露的柱梁或楼板边缘需要有结合隔热层的抗风雨
围护结构。

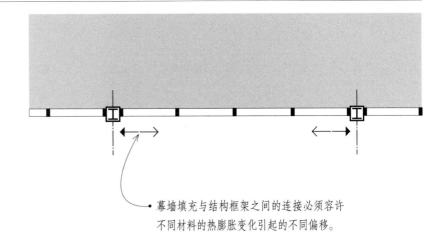

- 幕墙填充与结构框架之间的连接必须容许
不同材料的热膨胀变化引起的不同偏移。

- 荷载作用下的结构框架的任何偏移和变形
都不应该传递到幕墙装置上。

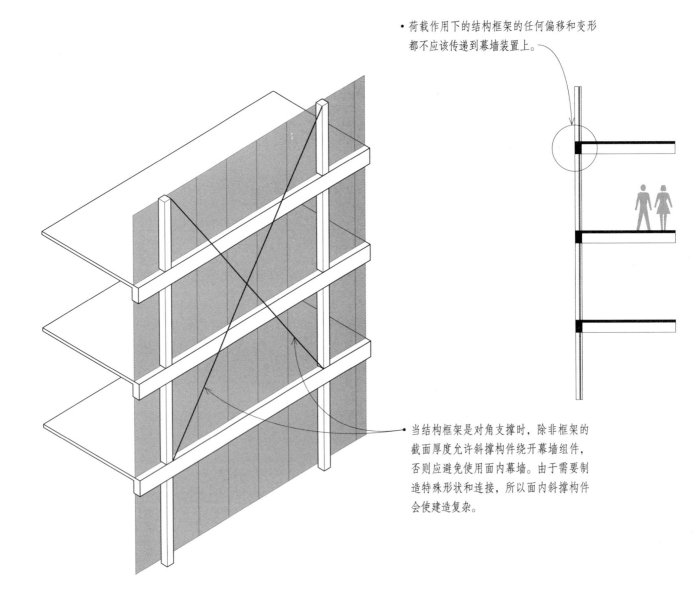

- 当结构框架是对角支撑时，除非框架的
截面厚度允许斜撑构件绕开幕墙组件，
否则应避免使用面内幕墙。由于需要制
造特殊形状和连接，所以面内斜撑构件
会使建造复杂。

幕墙在结构框架后面
Curtainwalls behind the Structural Frame

当幕墙放置在结构框架后面时，结构框架的设计将成为外立面的主要表现特征。

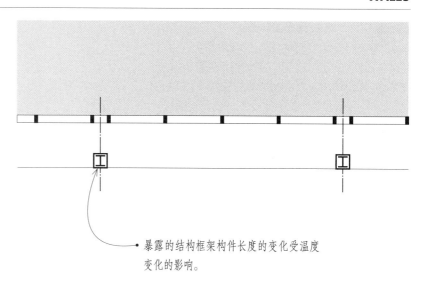

• 暴露的结构框架构件长度的变化受温度变化的影响。

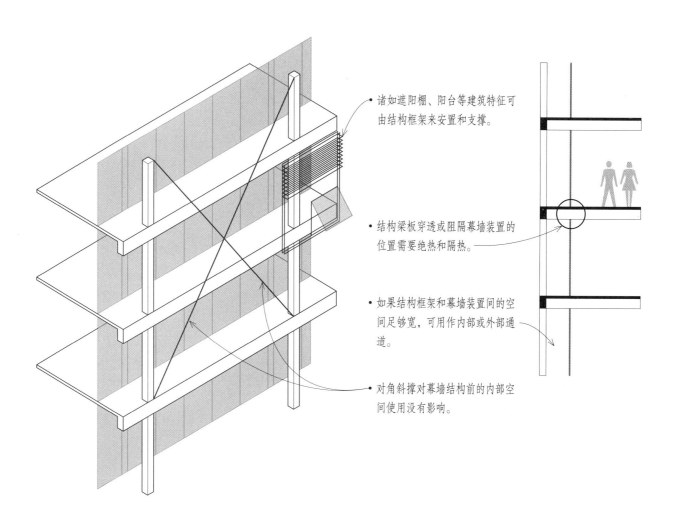

• 诸如遮阳棚、阳台等建筑特征可由结构框架来安置和支撑。

• 结构梁板穿透或阻隔幕墙装置的位置需要绝热和隔热。

• 如果结构框架和幕墙装置间的空间足够宽，可用作内部或外部通道。

• 对角斜撑对幕墙结构前的内部空间使用没有影响。

玻璃外墙结构　Structural Glass Facades

幕墙与玻璃外墙结构联系紧密，但其支撑方式有别。幕墙通常会从一层跨到另一层，与建筑物的主体结构相连并受其支撑。铝制挤压件通常用作框架的一部分，来加固某些类型的板材——嵌装玻璃、复合金属、石材或陶土。

玻璃外墙结构已出现了好几十年，它被当做一种为建筑物提供最大透明度的手段。玻璃外墙结构将结构与面层合为一体，而且可以投入大跨度应用当中。当结构体系用来支撑嵌装玻璃时，它就显露出来，与建筑的主体结构区分开。玻璃外墙结构通常可以按其表层下面的支撑结构特点，分为若干类：

- 强力背板体系（Strong-back system）：这一体系由若干构造片段组成，它采用竖向和/或横向构件，足以适应所需的跨度。有时，横梁（不论是直梁还是弯梁）悬在架空悬索之上，梁两端则固定在建筑的锚固结构上。

- 玻璃翼片体系（Glass fin systems）：玻璃翼片支撑的外立面可回溯到20世纪50年代，它代表着玻璃工艺的一种特殊情况——不依靠金属支撑结构（五金件和拼接板除外）。玻璃翼片与玻璃外墙相垂直地布置，以提供侧向支撑，这和强力背板结构部件的完成方式差不多。新近开发采用了多层复合材料，将热处理玻璃梁作为主要结构构件。

- 平面桁架体系（Planar truss system）：平面桁架可采用各种配置形态和种类，以支撑玻璃外墙。最常用到的桁架是竖向的，其截面方向与玻璃嵌装面相垂直。桁架往往以某个规律的间隔距离来放置，通常是沿着建筑的网格线，或是按网格模数的细分值。最常见的情况是桁架在立面上竖向垂直排布，在平面上排成一条直线，不过桁架也可以向内或向外倾斜以及顺应曲面几何形的平面排布。桁架可以放在外立面的内侧或外侧。桁架体系往往会结合横撑，以斜向反张力来达到侧向稳定。

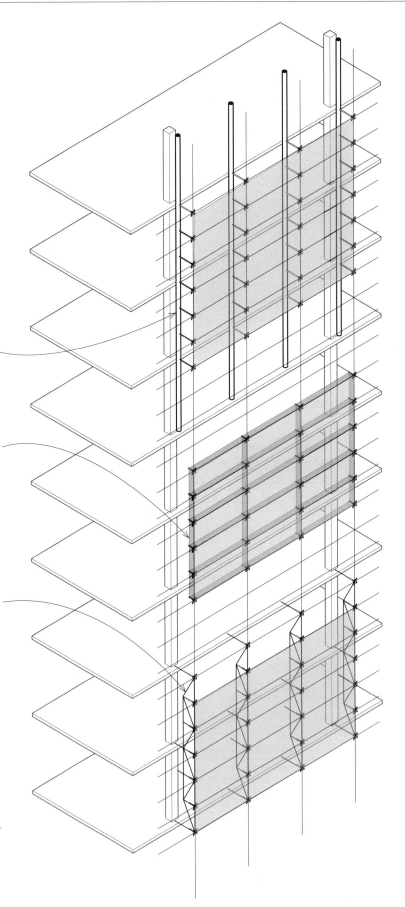

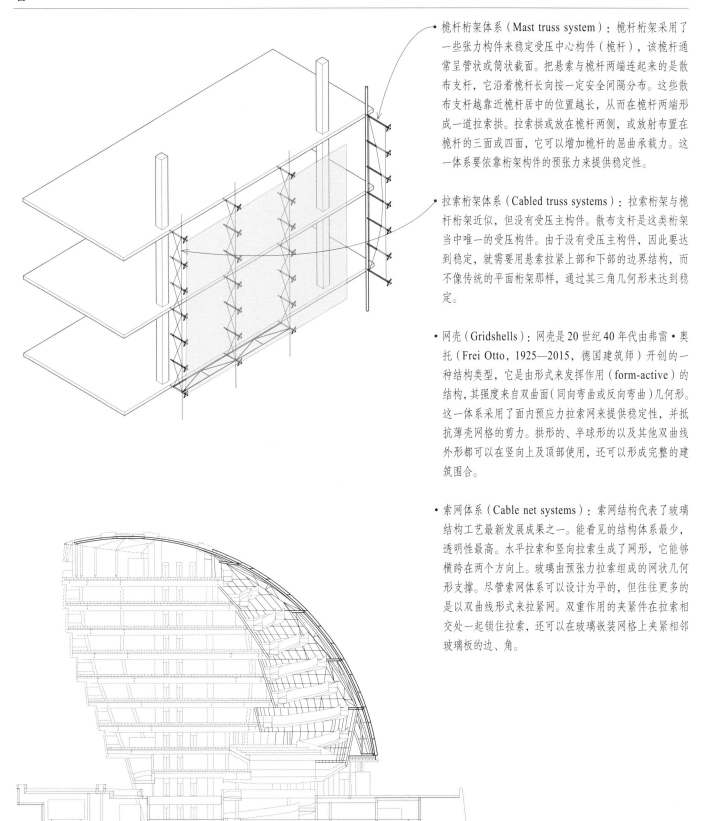

- 桅杆桁架体系（Mast truss system）：桅杆桁架采用了一些张力构件来稳定受压中心构件（桅杆），该桅杆通常呈管状或筒状截面。把悬索与桅杆两端连起来的是散布支杆，它沿着桅杆长向按一定安全间隔分布。这些散布支杆越靠近桅杆居中的位置越长，从而在桅杆两端形成一道拉索拱。拉索拱或放在桅杆两侧，或放射布置在桅杆的三面或四面，它可以增加桅杆的屈曲承载力。这一体系要依靠桁架构件的预张力来提供稳定性。

- 拉索桁架体系（Cabled truss systems）：拉索桁架与桅杆桁架近似，但没有受压主构件。散布支杆是这类桁架当中唯一的受压构件。由于没有受压主构件，因此要达到稳定，就需要用悬索拉紧上部和下部的边界结构，而不像传统的平面桁架那样，通过其三角几何形来达到稳定。

- 网壳（Gridshells）：网壳是20世纪40年代由弗雷·奥托（Frei Otto，1925—2015，德国建筑师）开创的一种结构类型，它是由形式来发挥作用（form-active）的结构，其强度来自双曲面（同向弯曲或反向弯曲）几何形。这一体系采用了面内预应力拉索网来提供稳定性，并抵抗薄壳网格的剪力。拱形的、半球形的以及其他双曲线外形都可以在竖向上及顶部使用，还可以形成完整的建筑围合。

- 索网体系（Cable net systems）：索网结构代表了玻璃结构工艺最新发展成果之一。能看见的结构体系最少，透明性最高。水平拉索和竖向拉索生成了网形，它能够横跨在两个方向上。玻璃由预张力拉索组成的网状几何形支撑。尽管索网体系可以设计为平的，但往往更多的是以双曲线形式来拉紧索。双重作用的夹紧件在拉索相交处一起锁住拉索，还可以在玻璃嵌装网格上夹紧相邻玻璃板的边、角。

剖面图：英国伦敦的伦敦市政厅，1998—2003年，福斯特联合建筑师事务所设计

斜交网格　　Diagrids

斜交网格指的是一种交叉构件结构，可形成斜对角网格，在
特殊连接节点上连起来，从而创造出一个贯穿建筑外立面的
整体网络，足以抵抗侧向力及重力荷载。这一外骨架式结构
可以尽量减少内部支撑的数量，节约空间和建材，并为室内
布置提供更大的灵活性。水平环件把所有的三角片一起连成
三维立体框架，必须要有这一构件来为外骨架式网格提供抗
弯阻力。

- 连续的刚性壳结构在各个方向抵抗荷载，可采用斜交网格
  将其成对组合，因为使用离散构件会影响施工方便性。
- 每一个斜交网格都可以视为给地面提供了连续荷载路径。
  可能存在的荷载路径数量导致了很高的冗余度。

- 参见第 297~301 页关于斜交网格及其在高层建筑稳定中应
  用的讨论。

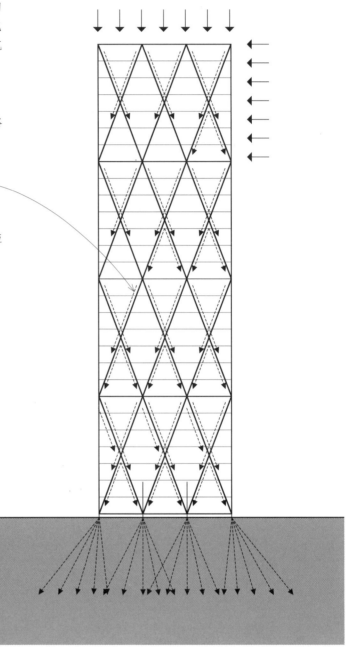

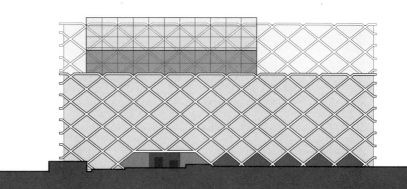

立面图：澳大利亚悉尼的谢利街一号办公楼（One Shelley Street），2009 年，菲茨帕特里克联合建筑师事务所（Fitzpatrick + Partners）设计

谢利街一号采用了斜交网格结构体系，以创造一个看起来独一无二的外立面。因为斜交网格放在玻璃外墙之外，并且离得很近，因此需要在装配与安装期间密切监测、管理及协调。

与谢利街一号的规则几何形不同，TOD's 表参道店的混凝土斜交网格采用的是一种树剪影交叠的图样，它模仿了基地附近榆树的分支结构。与树木的成长模式相仿，当你在建筑内登高时，斜交网格部件变得更细，数量更多，开口比例更高。生成的结构支撑着32~50英尺（10~15 米）跨度的楼面板，没有任何室内柱。为了将地震时的摇晃最小化，建筑结构坐落在减震基础上。

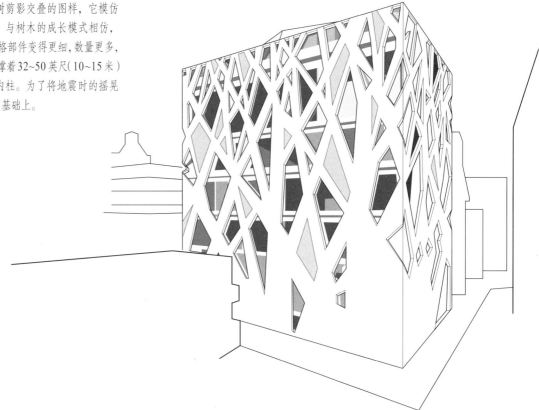

外观：日本东京的 TOD's 表参道店，2002—2004 年，伊东丰雄联合建筑师事务所（Toyo Ito and Associates）设计

屋顶结构与楼板结构相似，属于水平跨件体系。然而，楼板结构为我们的活动和家具提供支撑的楼层平台，而屋顶结构却有竖向的影响，即它显然影响着建筑的外形，同时也影响屋顶下空间体量的品质。屋顶可能是平的或倾斜的、人字形的或四坡顶的、宽敞而掩蔽的、连贯有韵律的。它可能暴露出来，四角齐平或挑出外墙，也可能隐藏在视野外，遮蔽在护墙后面。如果屋顶底面保持暴露，那么它还会将其形式传递到下面内部空间的顶部界面。

由于屋顶体系主要功能是作为建筑内部空间的遮蔽构件，它的形式和坡度必须与屋顶的类型相协调——盖瓦、铺砖或连续覆膜——用作将雨水或融雪排到排水沟、排水槽、落水管系统中。屋顶的建造也应该控制湿蒸气、空气渗透、热量及太阳辐射的通道。根据建筑规范要求的屋顶类型，屋顶结构及组件必须承抵火势蔓延。

与楼板体系相似，屋顶必须横跨穿过空间，并支撑其自重以及任何附属设备和积雨积雪。用作露天平台的平屋顶同样易受活动居住荷载的影响。除了这些重力荷载以外，屋面可能还需要承抵侧向风荷载和地震荷载以及上升风作用力，然后将这些作用力传递至支撑结构。

由于建筑重力荷载来自屋顶体系，它的结构布置必须与传递荷载到基础体系的柱和承重墙体系结合。屋顶支撑模式和屋顶横跨的范围反过来影响内部空间的布局和屋顶结构支撑的顶棚形式。大跨屋顶形成更加灵活的内部空间，而屋顶跨度较小可能意味着更加明确界定的空间。

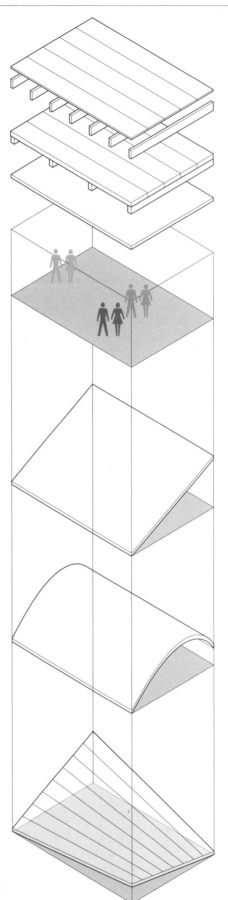

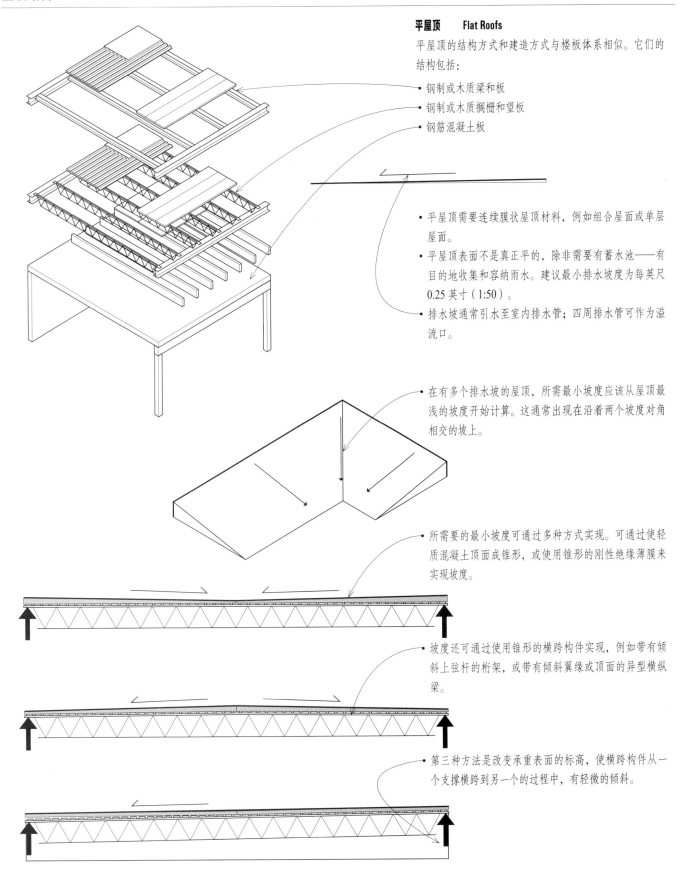

平屋顶　**Flat Roofs**

平屋顶的结构方式和建造方式与楼板体系相似。它们的结构包括：

• 钢制或木质梁和板
• 钢制或木质搁栅和望板
• 钢筋混凝土板

• 平屋顶需要连续膜状屋顶材料，例如组合屋面或单层屋面。
• 平屋顶表面不是真正平的，除非需要有蓄水池——有目的地收集和容纳雨水。建议最小排水坡度为每英尺0.25英寸（1:50）。
• 排水坡通常引水至室内排水管；四周排水管可作为溢流口。

• 在有多个排水坡的屋顶，所需最小坡度应该从屋顶最浅的坡度开始计算。这通常出现在沿着两个坡度对角相交的坡上。

• 所需要的最小坡度可通过多种方式实现。可通过使轻质混凝土顶面成锥形，或使用锥形的刚性绝缘薄膜来实现坡度。

• 坡度还可通过使用锥形的横跨构件实现，例如带有倾斜上弦杆的桁架，或带有倾斜翼缘或顶面的异型横纵梁。

• 第三种方法是改变承重表面的标高，使横跨构件从一个支撑横跨到另一个的过程中，有轻微的倾斜。

坡屋顶　Sloping Roofs

屋顶的坡度会影响屋顶材料选择、屋顶垫层和屋檐防雨板
要求、设计风荷载。某些屋顶材料适用于低坡屋顶；其他
的必须铺盖在陡坡屋面上，以完全排出雨水。

• 坡屋顶比平屋顶更容易将雨水排至屋顶檐沟。

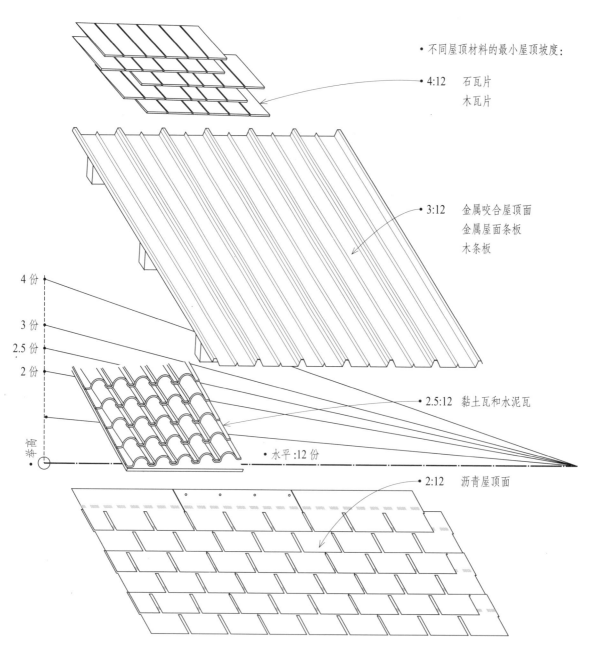

• 不同屋顶材料的最小屋顶坡度：

• 4:12　石瓦片
　　　　木瓦片

• 3:12　金属咬合屋顶面
　　　　金属屋面条板
　　　　木条板

4 份
3 份
2.5 份
2 份
举高

水平:12 份

• 2.5:12　黏土瓦和水泥瓦

• 2:12　沥青屋顶面

• 坡屋顶的高度和面积随着它的水平尺寸增
　加而增加。
• 陡坡屋顶下的空间可用。
• 顶棚可悬吊在屋顶结构下，或有自己独立
　的结构体系。

正如楼板结构一样，屋顶材料的性质和它的排水铺设的方式决定次级支撑的模式，而次级支撑体系又反过来影响屋顶结构主要横跨构件的间距和方向。理解这些关系有助于形成屋顶结构的框架模式。

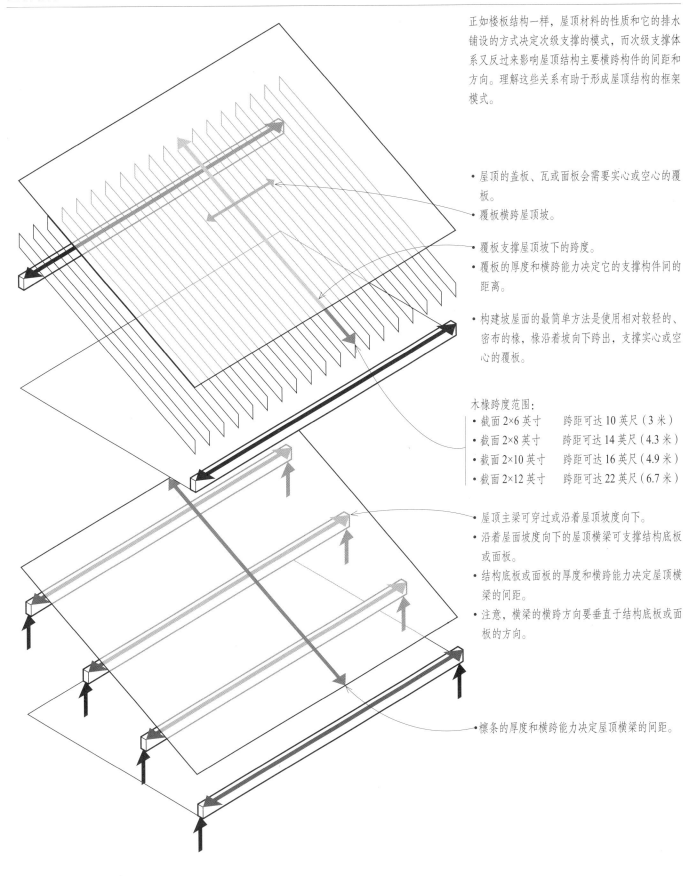

- 屋顶的盖板、瓦或面板会需要实心或空心的覆板。
- 覆板横跨屋顶坡。

- 覆板支撑屋顶坡下的跨度。
- 覆板的厚度和横跨能力决定它的支撑构件间的距离。

- 构建坡屋面的最简单方法是使用相对较轻的、密布的椽，椽沿着坡向下跨出，支撑实心或空心的覆板。

木椽跨度范围：
- 截面 2×6 英寸　　跨距可达 10 英尺（3 米）
- 截面 2×8 英寸　　跨距可达 14 英尺（4.3 米）
- 截面 2×10 英寸　　跨距可达 16 英尺（4.9 米）
- 截面 2×12 英寸　　跨距可达 22 英尺（6.7 米）

- 屋顶主梁可穿过或沿着屋顶坡度向下。
- 沿着屋面坡度向下的屋顶横梁可支撑结构底板或面板。
- 结构底板或面板的厚度和横跨能力决定屋顶横梁的间距。
- 注意，横梁的横跨方向要垂直于结构底板或面板的方向。

- 檩条的厚度和横跨能力决定屋顶横梁的间距。

构建钢质或木质屋顶结构有多种方式，这取决于屋顶横梁的方向和间距、用于横跨梁间距的构件、结构组件的整体厚度。

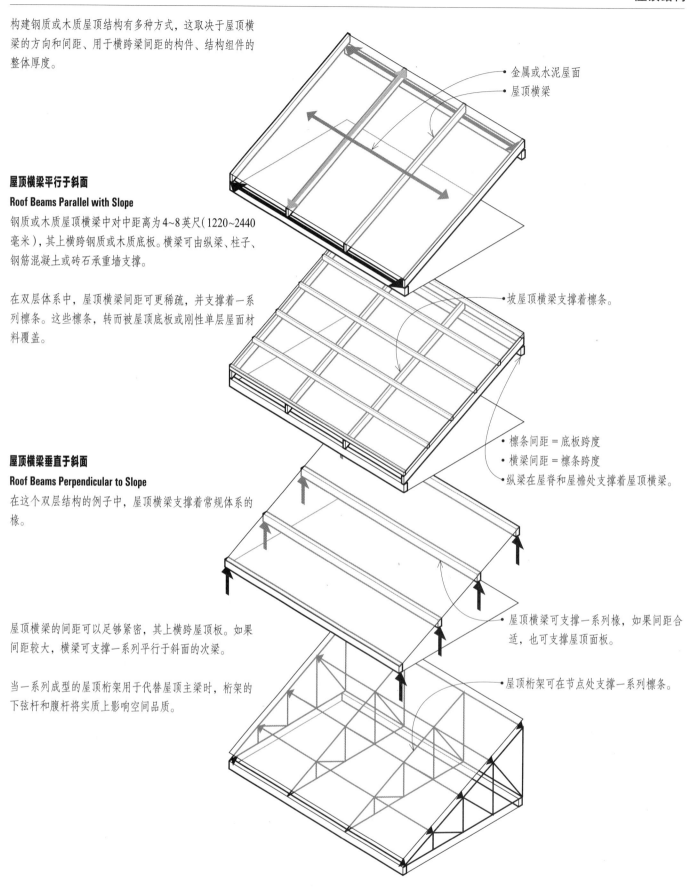

• 金属或水泥屋面
• 屋顶横梁

屋顶横梁平行于斜面
Roof Beams Parallel with Slope

钢质或木质屋顶横梁中对中距离为4~8英尺（1220~2440毫米），其上横跨钢质或木质底板。横梁可由纵梁、柱子、钢筋混凝土或砖石承重墙支撑。

在双层体系中，屋顶横梁间距可更稀疏，并支撑着一系列檩条。这些檩条，转而被屋顶底板或刚性单层屋面材料覆盖。

• 坡屋顶横梁支撑着檩条。

• 檩条间距 = 底板跨度
• 横梁间距 = 檩条跨度
• 纵梁在屋脊和屋檐处支撑着屋顶横梁。

屋顶横梁垂直于斜面
Roof Beams Perpendicular to Slope

在这个双层结构的例子中，屋顶横梁支撑着常规体系的椽。

屋顶横梁的间距可以足够紧密，其上横跨屋顶板。如果间距较大，横梁可支撑一系列平行于斜面的次梁。

当一系列成型的屋顶桁架用于代替屋顶主梁时，桁架的下弦杆和腹杆将实质上影响空间品质。

• 屋顶横梁可支撑一系列椽，如果间距合适，也可支撑屋顶面板。

• 屋顶桁架可在节点处支撑一系列檩条。

多个坡屋顶面可组合创造不同的屋顶形式。其中一种最常见
的是人字形屋面，包括两面从屋脊向下倾斜的屋面。

构建人字形屋面有两种主要方式。由两个或更多的柱支撑的
脊檩，可支撑一系列简支跨的椽。

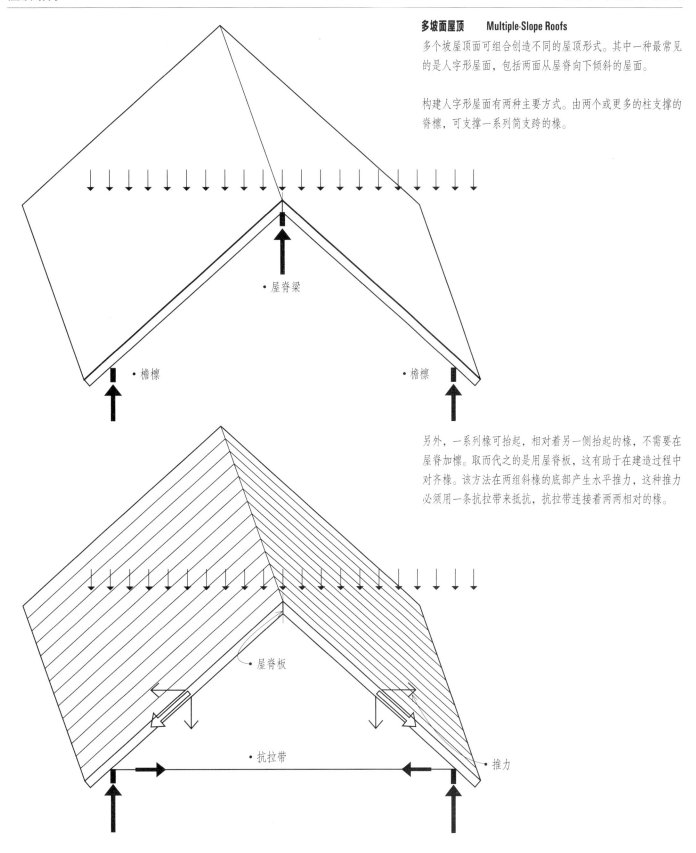

• 屋脊梁

• 檐檩   • 檐檩

另外，一系列椽可抬起，相对着另一侧抬起的椽，不需要在
屋脊加檩。取而代之的是用屋脊板，这有助于在建造过程中
对齐椽。该方法在两组斜椽的底部产生水平推力，这种推力
必须用一条抗拉带来抵抗，抗拉带连接着两两相对的椽。

• 屋脊板

• 抗拉带   • 推力

对于由多个斜面在任意边、脊或斜沟处相接或相交的各种屋面组合，加以考虑不无裨益，还要想到由此形成的排雨和融雪的排水系统。正脊、斜脊、天沟都代表屋面的断裂，需要一排支撑构件，其形式可以是由柱或承重墙支撑的某个梁或桁架。

四坡顶、圆顶或类似屋顶形式的横跨构件可在顶部相互牵制和支撑。然而，为抵消在底部支撑产生的水平推力，需要抗拉带、抗拉环，或一系列连接的水平横梁。

• 正脊是屋顶斜面在顶部相交形成的交点的连线。

• 斜脊是由两个相邻的斜屋面相交形成的倾斜的突起角。

• 天沟是由两个倾斜屋面相交形成的向内的角，雨水会顺天沟流走。

• 屋面断裂若在某一空间内终结，需要有柱子或承重墙支撑的脊檩或沟梁。

• 另一种方法是使用成型的纵梁或桁架横跨在空间上，支撑作为集中荷载的脊檩或沟梁。

• 跨空间延展的屋面断裂可使用端头由四周柱或承重墙支撑的净跨梁或桁架支撑。例如，一系列高桁架可净跨在宽敞的空间上，形成锯齿形屋顶。

拱顶　**Vaulted Roofs**

曲线屋面可使用横跨构件构筑，例如组合或定制辊压钢梁、胶合板梁，或形状符合空间或形体之理想轮廓的桁架。

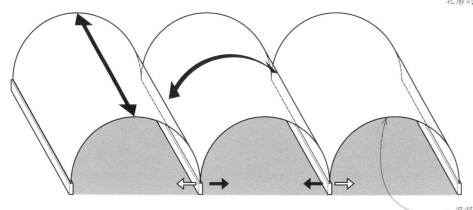

• 混凝土板可制成理想的曲线，并在纵向有挤压。例如，筒壳能拉伸成截面为曲线的厚截面梁，沿纵向横跨。然而，如果筒壳相对较短，它会以类似拱形的方式呈现，需要横拉杆或横向刚性框架抵消拱形产生的向外的推力。

• 成型的混凝土构件可现浇，但仅在跨度巨大、重复较小的情况下比较经济。对于重复的单件，预制混凝构件比较经济。当一个成型的结构单件的外轮廓与其横跨的弯矩图对应时，最有效用。例如，弯矩大的构件截面应该更厚。

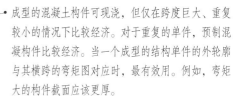

• 当建造带有单向横跨构件的曲面屋顶时，考虑屋面材料以及所用的主次横跨构件的方向可将其当做平屋顶和斜屋顶来考虑。

当结构的尺度规模增加时，内部承重轴线会变得十分必要，以保证屋面跨度在合理的极限内。只要有可能，这些承重轴线都应加强屋顶形式所生成体量的空间品质。室内支撑构件会干扰空间的功能，而理想形式是净跨，比如在运动场和音乐厅，大跨屋顶结构就变得十分必要。更多关于大跨结构的资料，参见第6章。

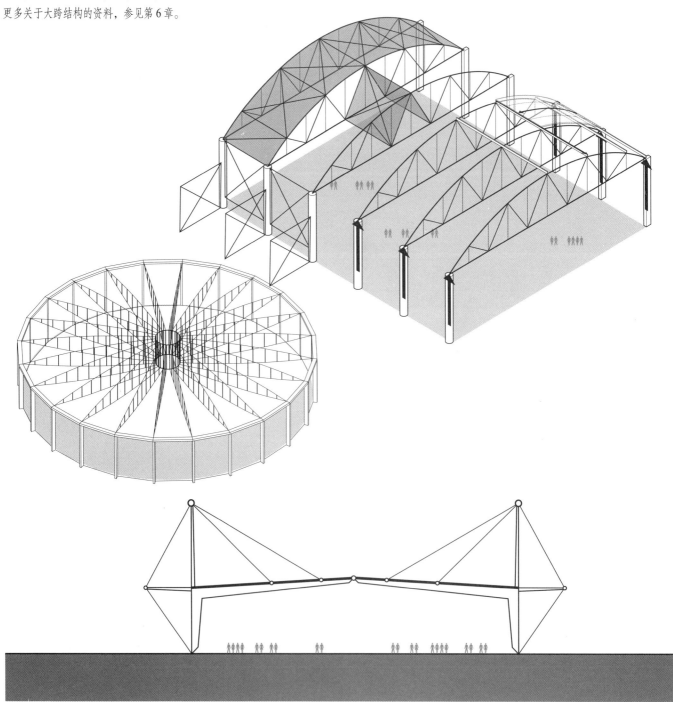

5 侧向稳定
Lateral Stability

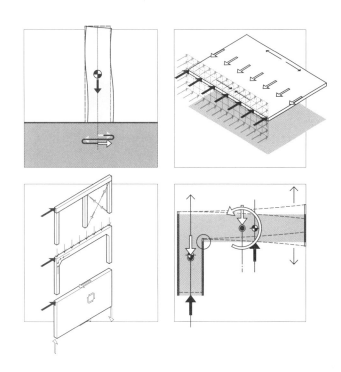

当我们考虑建筑结构体系时,我们往往首先考虑如何设计竖向承重构件和水平跨件装置,使其支撑建筑和居住重量施加的恒载和活载。然而,承抵环境的综合条件如同建筑稳定性一样重要,例如风、地震、土压、温度,都能动摇重力荷载支撑构件。通过风或地震的形式施加在结构上的这些作用力是这章主要关注的。风和地震使结构受动力荷载的影响,这些荷载经常快速变化作用力的大小和作用点。在动力荷载作用下,结构产生与它体量相关的惯性力,同时,它的最大变形不必对应于作用力的最大值。风和地震荷载尽管有动态性,但通常将其考虑为侧向作用的等效静荷载。

风　Wind

风荷载由大团运动空气的动能施加的作用力产生的,结合了定向压力、负压或吸力作用在建筑物或在其路径内的阻挡物上的拖拽力。风作用力往往假设为正交于或垂直于建筑物的受影响表面。

地震　Earthquakes

地震作用力来源于地震的地表震荡运动,它导致建筑基础突然移动,引起结构同时多方向摇动。地表震荡运动本身是三维的,具有水平、竖向、旋转等分力,其中水平分力在结构设计中是最着重考虑的。在地震过程中,建筑结构的重量产生一个惯性力,使其努力承抵水平地面加速度。结构在地面和建筑体量间产生了剪切应力,它影响基础之上的每层楼板和横隔梁。

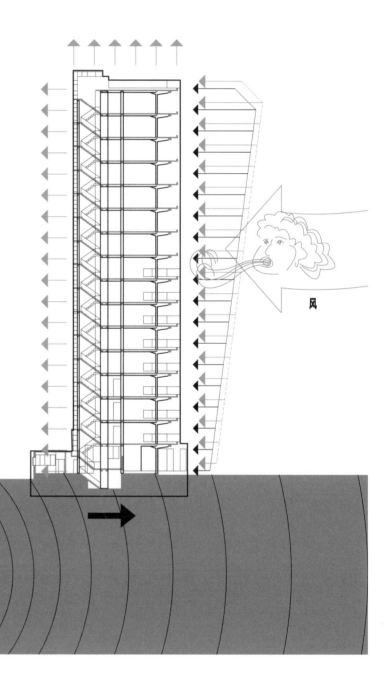

风

地震

所有建筑都易受到来自风和地震的侧向荷载的影响。然而，承抵侧向作用力的需要在高或细长的建筑的结构体系中处于主导地位，侧向作用力会在它们的竖向构件上施加巨大的弯矩和形成侧向位移。

另外一方面，高宽比小的建筑结构设计主要受竖向的重力荷载作用。由风和地震产生的侧向荷载对这种尺度的构件影响相对较小，但也不能忽略。

并且，即使风和地震向所有建筑施加侧向荷载，但它们的侧向荷载作用方式各不相同。或许这些差异的最大意义在于地震作用力的惯性种类，它导致作用力随着建筑重量的增加而增加。所以重量是抗震设计中的主要责任。不过，为了回应风作用力，建筑使用自重可有利于承抵滑动和倾覆。

同样地，稳定性相对较好的建筑对风作用有较好的反应能力，因为它的振幅较小。然而，如果建筑的结构是柔性的，使其能抵消部分动能，并能通过移动缓冲产生的压力，那么在地震作用下，它往往表现出更好的反应。

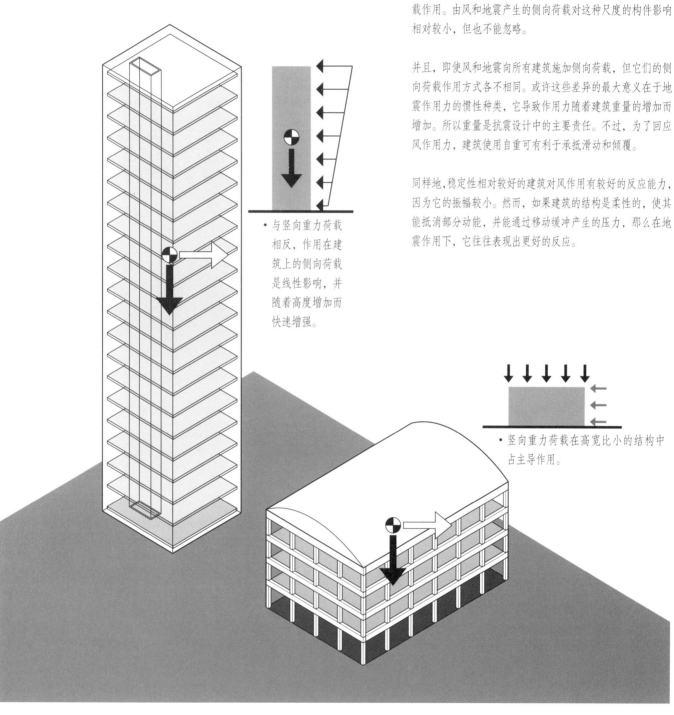

• 与竖向重力荷载相反，作用在建筑上的侧向荷载是线性影响，并随着高度增加而快速增强。

• 竖向重力荷载在高宽比小的结构中占主导作用。

风是大团运动的空气。建筑物或其他构造物作为阻挡或使风转向的障碍物，将大团运动空气的动能转化为潜在的压能。

风压随着风速增加。一段时间内，测得单位面积平均风速随着高度逐渐增加。平均速度的增加率同样是地面粗糙度和包括其他建筑、植物和地形内的周围物体提供的干扰度的一个因素。

• 定向压力：垂直于风向的建筑表面（迎风面）受到以定向压力形式的主要风作用力。

吸力：建筑表面的背面或背风面（与迎风面相反）以及坡度小于 30° 的迎风屋面，受到负压力或吸力作用，导致屋顶或覆面失效。

拖拽力：大团运动的空气当遇到建筑时不会停止，而是像流体一样围绕建筑。平行于这个流体的表面易受到由摩擦力产生的纵向拖拽力的影响。

风作用在建筑物上一个主要的影响是侧向作用力，它作用于整体结构，尤其在外表面。是定向压力、负压或吸力、拖拽力的综合效果。风压同样会导致建筑结构的滑动和倾覆。

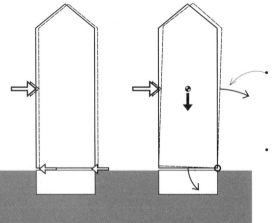

• 滑动：风压导致建筑在结构和基础间产生的剪切力作用下侧向转移或移动。

• 倾覆：轻质建筑，例如木框架结构，需要仔细设计细部承抵倾覆的影响。然而重量大的建筑则更容易承抵风压导致的倾覆作用，但它们易受地震中形成的巨大惯性的影响。
• 由风压产生的倾覆作用力会被风速或建筑暴露的表面增加而扩大。

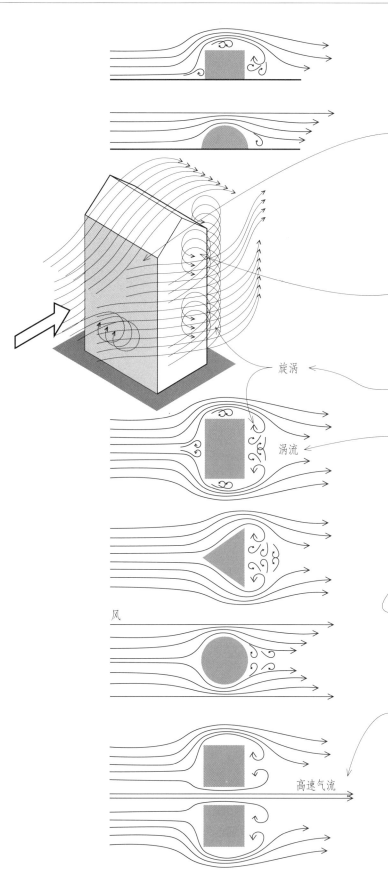

平面形式或形体会增加或减少风压在建筑上的作用。例如空气动力学形状的建筑，或圆形或曲线，相对于宽大表面的矩形建筑，往往形成较小的空气阻力。

• 矩形的暴露面积越大，风压就越明显影响到整个建筑的剪切力和建筑基础的倾覆力矩。

• 大团运动的空气在经过建筑或其他障碍物时，流动速度增加。建筑尖锐的拐角或边缘会挤压流动的空气颗粒，其作用比圆形的或更符合空气动力学的边缘更明显。

• 在任何紊乱气流中，只要空气接触建筑表面，正风压就会被记录。当建筑表面有太明显突出或气流过于快速时，大团空气将离开建筑表面，并形成负压的无风区。

• 旋涡和涡流是由低压区的紊乱气流产生的循环气流。

• 涡流运动缓慢，而旋涡是较高速度的气流，在建筑附近形成环形上升和吸入流。

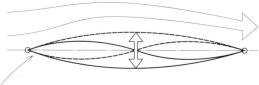

• 紊乱流的存在加剧风在建筑上的作用。其中一个例子就是谐波作用，即当风产生的基本振动周期和结构的固有周期一致时，会产生不能允许的移动或抖动。

• 紊乱流往往是由于大团运动气流穿过两座建筑间狭长空间或建筑内廊时，形成的漏洞状的气流。在这些空间内的相应的风速通常超过主要气流的风速。这种紊乱流类型被称为"文丘里效应"（Venturi effect）[责编注]。

[责编注] 这种现象以其发现者，意大利物理学家乔瓦尼·巴蒂斯塔·文丘里（Giovanni Battista Venturi，1746—1822）命名，当风吹过阻挡物时，在阻挡物的背风面上方端口附近气压相对较低，从而产生吸附作用并导致空气的流动。

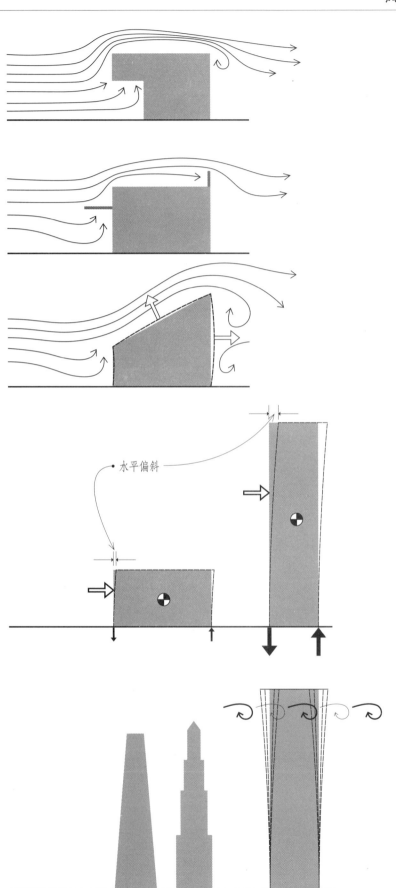

• 带有开口的建筑物或带有凹槽或凹洞的结构外形可收集风，受到更大的设计风压的影响。

• 类似女儿墙、阳台、穹顶、悬挑等建筑突出部分，易受到来自运动气流局部增压的影响。

• 风压使非常高的墙体和大跨椽受到弯矩和偏移的影响。

风可在超过一般建筑等级的较高或细长结构上产生活载。对于高层建筑的结构体系和外墙进行有效设计，需要了解风作用力如何影响细长的建筑形体。结构设计师使用风洞测试和电脑建模，确定整体基础剪切力、倾覆力矩以及作用在结构上的分压分布，同时搜集建筑物位移如何影响居住舒适度的数据。

• 高宽比较大的高而细长的建筑在顶部受到更大的水平偏移，并对倾覆力矩更敏感。

• 短时阵风风速同样形成运动的风压，产生额外的偏移。对于较高、细长的建筑来说，阵风作用占主导，并产生称为"阵风抖动"的动态运动，这将导致细长结构的摆动。

• 锥形的建筑形式，随着高度增加，暴露在风中的表面积逐渐减少，有助于抵消随着高度上升而增加的风速和风压。

• 关于高层建筑结构的更多信息，参见第7章。

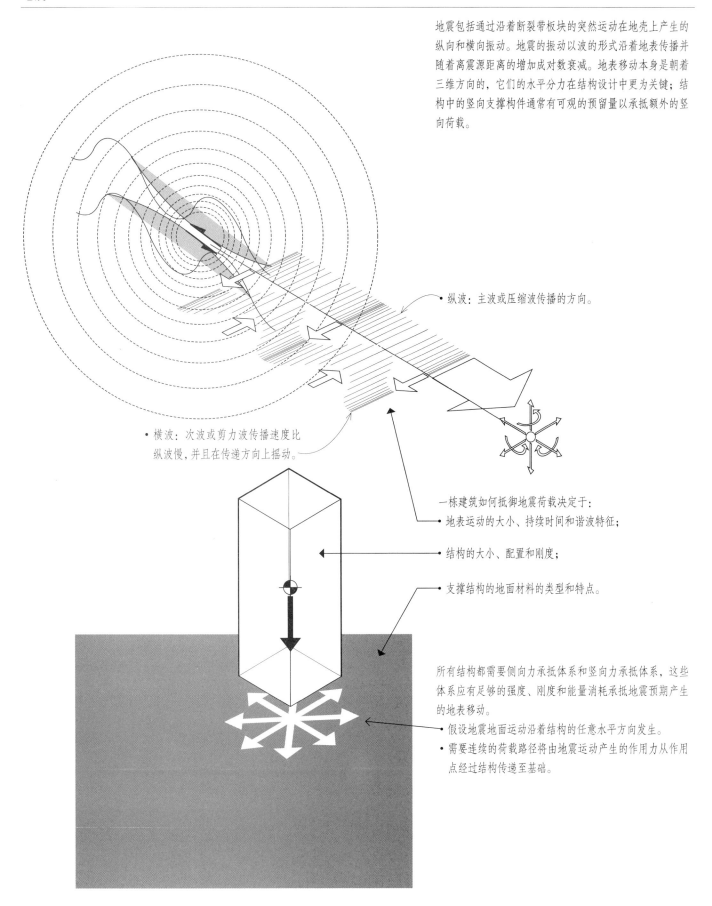

地震包括通过沿着断裂带板块的突然运动在地壳上产生的纵向和横向振动。地震的振动以波的形式沿着地表传播并随着离震源距离的增加成对数衰减。地表移动本身是朝着三维方向的，它们的水平分力在结构设计中更为关键；结构中的竖向支撑构件通常有可观的预留量以承抵额外的竖向荷载。

• 纵波：主波或压缩波传播的方向。

• 横波：次波或剪力波传播速度比纵波慢，并且在传递方向上摇动。

一栋建筑如何抵御地震荷载决定于：

• 地表运动的大小、持续时间和谐波特征；

• 结构的大小、配置和刚度；

• 支撑结构的地面材料的类型和特点。

所有结构都需要侧向力承抵体系和竖向力承抵体系，这些体系应有足够的强度、刚度和能量消耗承抵地震预期产生的地表移动。

• 假设地震地面运动沿着结构的任意水平方向发生。

• 需要连续的荷载路径将由地震运动产生的作用力从作用点经过结构传递至基础。

受到地震影响的建筑的整体趋势是随着地表摇晃而震动。
地震作用的震动以三种主要方式对建筑造成影响：惯性力、
基本振动周期、扭转。

惯性力   Inertial Force

• 建筑在地震中最初的反应是在其重力的惯性下纹丝不动。
然而，几乎是瞬间的，地表加速度使建筑从基础处开始移
动，在建筑上产生侧向荷载，在基础上产生剪切应力（地
震基底剪切力）。建筑内的惯性力与基本剪切力相反，但
两种方向相反的力使建筑来回摇晃。

• 根据牛顿第二定律，惯性力等于质量和加速度的乘积。

• 惯性力能通过降低建筑质量减少。所以，轻质结构，例如
木框架房屋，一般在地震中表现良好，而重型砖石结构受
到明显的损坏。

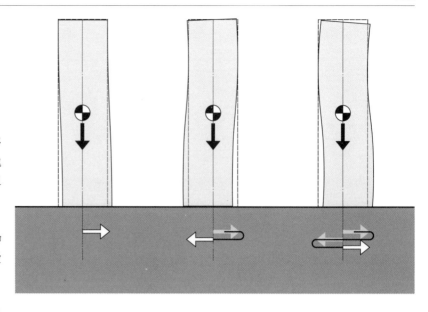

• 地震基底剪切力是构筑物上横向地震作用力的最小设计
值，假设在任意水平方向都有作用力。

• 对于规整结构、低层不规整结构、在低震级区的结构，地
震基底剪力通过总恒载和多个系数相乘来计算。这些系
数反映了地震区地表运动的强度和特征、基础下土壤剖
面类型、建筑类型、质量分布和结构刚度以及结构基本周
期——一个完整的振动所需要的时间。

• 对于高层结构、不规则形状或框架体系的结构，或者建造
在软土或塑性土上在地震荷载下易于损毁或崩塌的结构，
需要更复杂的动态分析。

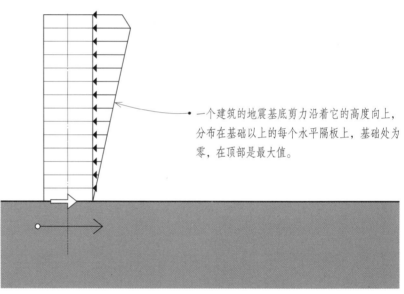

• 一个建筑的地震基底剪力沿着它的高度向上，
分布在基础以上的每个水平隔板上，基础处为
零，在顶部是最大值。

倾覆力矩   Overturning Moment

• 任何作用于距离底层一定距离的侧向荷载在结构底部形成
一个倾覆力矩。为了平衡，倾覆力矩必须与外部恢复力矩
和内部阻力矩相互平衡抵消，后者是由柱子构件和剪力墙
产生的作用力提供。

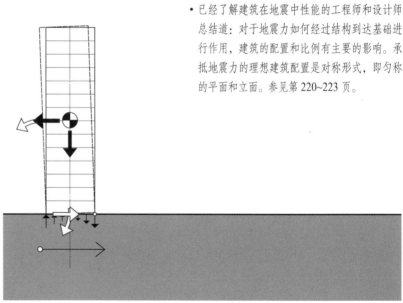

• 已经了解建筑在地震中性能的工程师和设计师
总结道：对于地震力如何经过结构到达基础进
行作用，建筑的配置和比例有主要的影响。承
抵地震力的理想建筑配置是对称形式，即匀称
的平面和立面。参见第220~223页。

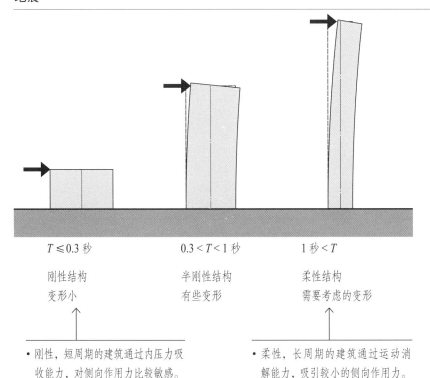

$T \leq 0.3$ 秒

刚性结构
变形小

0.3 < T < 1 秒

半刚性结构
有些变形

1 秒 < T

柔性结构
需要考虑的变形

• 刚性, 短周期的建筑通过内压力吸收能力, 对侧向作用力比较敏感。

• 柔性, 长周期的建筑通过运动消解能力, 吸引较小的侧向作用力。

基本振动周期   Fundamental Period of Vibration

结构的固有振动周期 (T) 随着它在基础上的高度和它平行于作用力方向的尺寸变化而变化。刚度相对较大的结构振动较快, 有较短的周期, 而更为柔性的结构振动较慢, 有较长的周期。

由于地震振动通过建筑结构下的地面材料传播, 所以它们会被放大或缩小, 这取决于材料的固有振动周期。地面材料的固有振动周期大约从硬土或岩石的 0.40 秒到软土的 1.5 秒不等。十分松软的土壤可达 2 秒的周期。建立在软土上的建筑比建立在硬土上的受到更大的地震振动。当土壤的周期减少至建筑的周期范围内时, 有可能因这种对应关系而创造共振的条件。

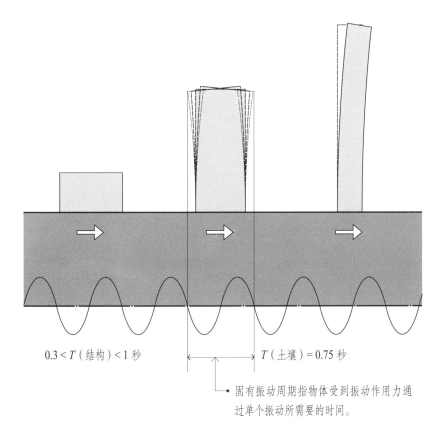

0.3 < T (结构) < 1 秒

T (土壤) = 0.75 秒

• 固有振动周期指物体受到振动作用力通过单个振动所需要的时间。

建筑振动的任何放大都是负面作用的。结构设计应该保证建筑的振动周期不与支撑土壤的周期相同。建在软土 (长周期) 的低层刚性 (短周期) 建筑与建在硬土 (短周期) 的高层建筑 (长周期) 同样合适。

阻尼、延展性、刚强度是帮助结构承抵和消减地震运动影响的三个主要特性。

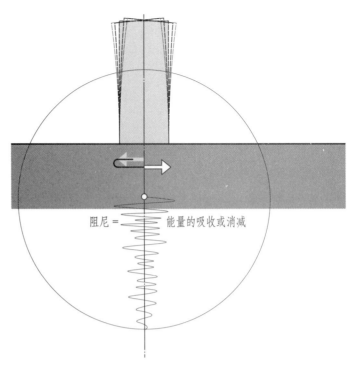

阻尼　Damping

阻尼指振动结构中任意方式吸收或消减能力使连续的振动逐渐减少。对于阻尼机制的特定类型，参见第302~304页。除了这些阻尼方式以外，建筑中的非结构构件、连接点、构造材料和设计假定都能提供阻尼特性，这都能大大减少建筑在地震中的振动和摇晃。

阻尼 = 能量的吸收或消减

延展性　Ductility

延展性指结构构件多次变形的能力以及在屈服点上的设计变形能力，这种特性允许超出的荷载分布在其他构件上或相同构件的其他部分。延展性是建筑中储存强度的重要来源，使像钢一样的材料在不损坏的情况下故意扭曲，以这种方式抵消地震中的能量。

刚强度　Strength & Stiffness

强度指结构构件在没有超过材料安全应力的条件下，承抵指定荷载的能力。另一方面，刚度，指结构构件在荷载作用下控制变形和限制偏移量的能力。以这种方式限制偏移，有助于将对建筑非结构构件的有害影响减到最少，例如外墙、隔墙、吊顶和家具以及对建筑居住舒适度的有害影响。

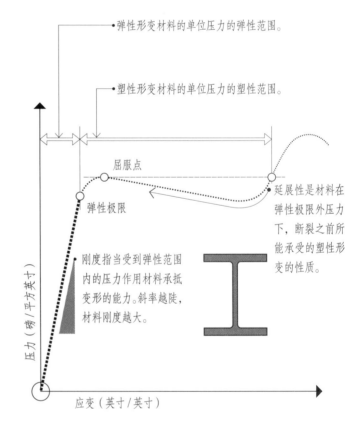

弹性形变材料的单位压力的弹性范围。

塑性形变材料的单位压力的塑性范围。

屈服点

弹性极限

刚度指当受到弹性范围内的压力作用材料承抵变形的能力。斜率越陡，材料刚度越大。

延展性是材料在弹性极限外压力下，断裂之前所能承受的塑性形变的性质。

压力（磅/平方英寸）

应变（英寸/英寸）

一般而言，为了保证建筑的侧向稳定性，有三种常用的基本方式，单独使用或结合使用。它们是斜撑框架、抗弯刚架、剪力墙。请注意，所有这些抗侧力构架仅在承抵面内侧向应力方面有效。它们不能用于承抵垂直于它们平面方向上的侧力。

用于将侧向荷载分布于竖向承抵构件的主要水平结构的隔板。

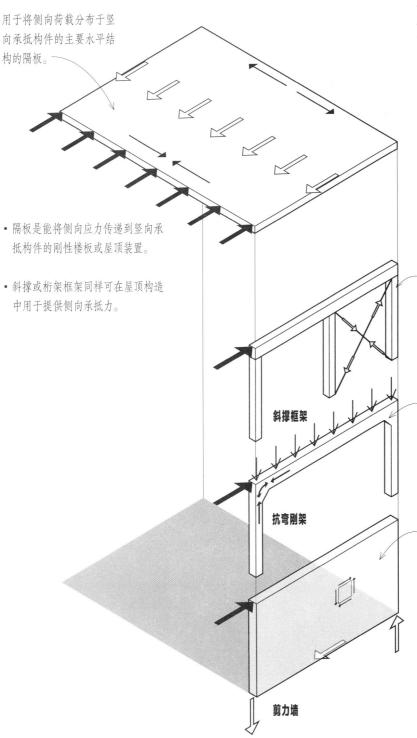

斜撑框架

抗弯刚架

剪力墙

- 隔板是能将侧向应力传递到竖向承抵构件的刚性楼板或屋顶装置。

- 斜撑或桁架框架同样可在屋顶构造中用于提供侧向承抵力。

- 斜撑框架由线性木材或钢材构件刚性连接而成，是由多种斜拉杆体系组成的。

- 抗弯刚架包括钢制或钢筋混凝土线性构件，刚性连接固定构件端部避免自由转动。外施荷载在框架内的所有构件中产生轴向应力、弯矩和剪切力。

- 剪力墙可以是任意几种混凝土、砖石、钢质、木质的墙体组件，它就像一道薄而高的悬臂梁，将侧向荷载传递至基础。

结构细部和构造质量控制十分重要，可用以确保竖向承重构件在巨大地震运动过程中的延展性和固有阻尼。

斜撑框架   Braced Frames

斜撑由梁柱框架刚性连接而成，是由稳定三角形构架的斜撑构件体系组成的。有很多种斜撑体系，例如：

- 斜隅斜撑
- 对角斜撑
- 十字斜撑
- V形斜撑
- K形斜撑
- 偏心斜撑
- 格构斜撑

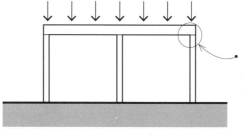

- 一个典型的梁柱框架被假定为销钉连接或铰接，这样可有效承抵所受的竖向荷载。

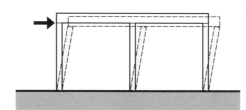

- 然而，四边铰接的四边形本身是不稳定的，并且将不能承抵所受的侧向荷载。

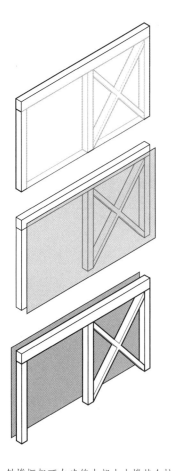

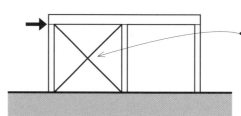

- 增加的对角支撑体系可提供框架所需的侧向稳定性。

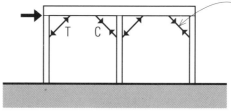

- 斜隅支撑通过在三角形的梁柱连接部位形成刚性连接提供侧向稳定性。斜隅支撑尺寸相对较小，必须成对使用，能承抵来自任意方向的侧向作用力。

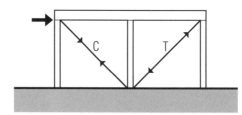

- 单独的对角支撑构件必须能控制拉力和压力。单独对角支撑构件的尺寸多由压力下的抗折断能力决定，反过来，也与它的未受力杆长有关。

斜撑框架可在建筑内部去支撑某个核心或主要承重平面，或设置在外墙面内。它们可隐藏在墙体或部件中，或暴露在视线内，这需要建立强烈的结构表达。

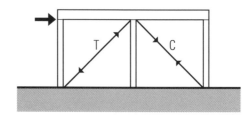

- 对角支撑构件中横向与竖向构件的相对大小是由支撑构件的斜度所导致的。对角支撑构件越偏于竖直，它就需要越结实，以抵抗同样的横向荷载。

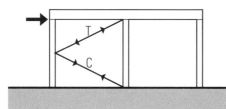

• K 形斜撑由一对在竖向框架构件中点相接的对角支撑构件构成。每个对角支撑构件可支撑拉力或压力，这由作用在框架上的侧向作用力的方向决定。

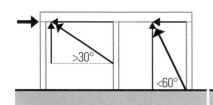

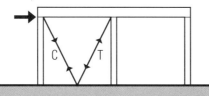

• 对角支撑构件中横向与竖向构件的相对大小是由支撑构件的斜度所导致的。对角支撑构件越偏于竖直，它就需要越结实，以抵抗同样的横向荷载。

• V 形斜撑由一对在水平框架构件中点相接的对角支撑构件构成。类似 K 形支撑构件，每个对角支撑构件可支撑拉力或压力，这由侧向作用力的方向决定。

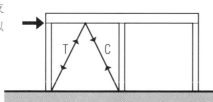

• 人字斜撑与 V 形斜撑构件相似，但它的连接允许通过倒立的 V 形空间的通道。

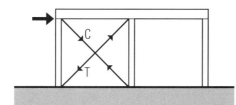

• X 形斜撑由一对对角支撑构件构成。与之前的例子相似，每个对角支撑能支撑拉力或压力，这取决于侧向作用力的方向。如果每个独立的支撑构件能固定框架，则需要一定角度的额外支撑。

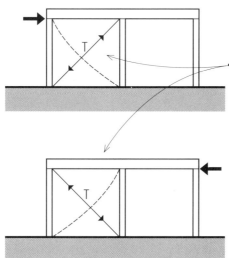

• 对角反拉体系由缆索或杆件构成，主要作用力是拉力。往往需要一对缆索或杆件，以固定框架，承抵各个方向的侧向应力。在每个应力方向上，将有一根缆索或杆件有效运作，承受着拉力，而另一条则假设不受力，变得松弛。

偏心斜撑　Eccentric Bracing

偏心斜撑构件结合了斜撑框架的强度和刚度以及排架的弹塑性特征和能量耗散特点。它们与对角斜撑合并，在横梁或纵梁构件的独立点上连接，在斜撑构件和柱构件之间，或两个方向相反的撑杆之间形成短连梁。连梁作为熔断器，来限制巨大应力作用或框架中其他构件受到过度应力作用。

地震荷载的预估大小和建筑规范的保守特性，使得有必要假定建筑结构在大地震中会产生某种弯曲变形。然而，在震级较高的区域，例如加利福尼亚，设计建筑使其在大型地震中保持完整的弹性，将会成本巨大。由于钢框架有足够的延展性消减大量的地震能，以及即使在较大非弹性形变下仍能维持稳定性，所以偏心斜撑钢框架在地震区广泛使用。它们还提供必要的刚度，以减少风荷载产生的偏移。

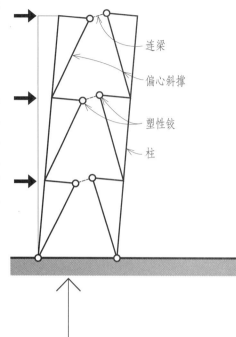

连梁

偏心斜撑

塑性铰

柱

- 短连梁通过在其他构件变形之前的塑性形变，吸收地震活动的能量。
- 偏心斜撑框架同样可用于控制框架变形，并将建筑构件在周期性地震荷载作用下的损坏降至最少。

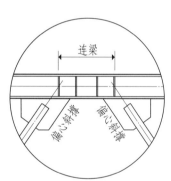

连梁

偏心斜撑

偏心斜撑

- 钢材是偏心斜撑框架的理想材料，因为它有延展性——不断裂情况下的变形能力，还有高强度。

- 偏心斜撑框架往往设置在结构的外墙面内，但有时也用于支撑钢架核心。

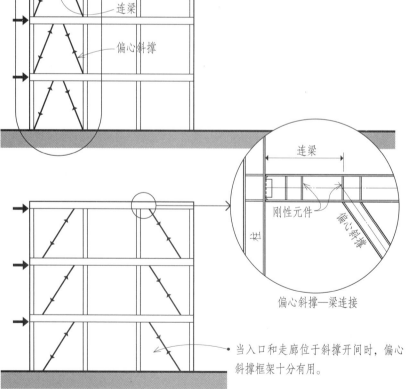

连梁

偏心斜撑

连梁

刚性元件

偏心斜撑

偏心斜撑—梁连接

- 当入口和走廊位于斜撑开间时，偏心斜撑框架十分有用。

多跨排列　**Multi-Bay Arrangements**

在多跨排列中的侧向斜撑的数量与现有的侧向作用力有关；并非多跨排列中的所有开间都需要必要的斜撑。

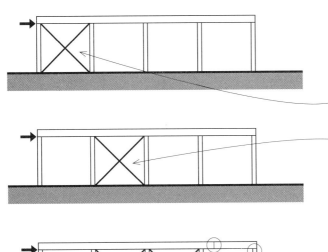

- 一般的"经验法则"是最少每三个或四个开间设置一个斜撑。
- 可在一个内部开间设置斜撑，为其他开间提供稳定性。

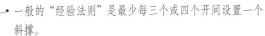

- 随着更多的开间使用斜撑，斜撑构件尺寸越来越小，而框架的侧向稳定性越来越好，使得侧向变形更小。

- 可在两个内部开间使用斜撑，为外部开间提供侧向稳定性。
- 多跨框架的梁不需要连续横跨。例如，这些销钉连接不会对框架的侧向稳定性有不好的影响。

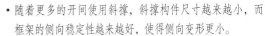

- 可在两个外部开间使用斜撑，为内部无柱开间提供侧向稳定性。两根悬挑的梁支撑-根简支梁。

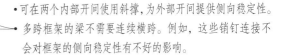

- 当开间比例使得一个独立的对角斜撑过于陡峭或过于平缓，可考虑其他形式的斜撑，保证有效的斜撑行为。

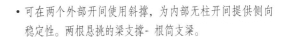

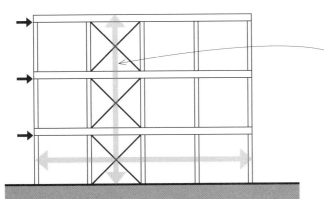

- 并不是每层的每个开间都需要斜撑，不过，多层建筑中的每层都需要斜撑，这至关重要。在这种情况下，对角斜撑开间相当于竖向桁架。

- 注意，在每个提到的例子中，排架或剪力墙同样可用于代替所示的斜撑框架。

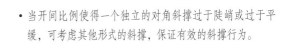

抗弯刚架　Moment Frames

抗弯刚架，也叫做"抗弯矩"，包括楼板或屋顶横跨构件，
面内带有或连接有刚性连接或半刚性连接的柱构件。框架
的强度和刚度与梁柱的尺寸成比例，与柱的未受力高度和
间距成反比例。抗弯刚架需要相对较大的梁和柱，特别在
高层结构的较低层。

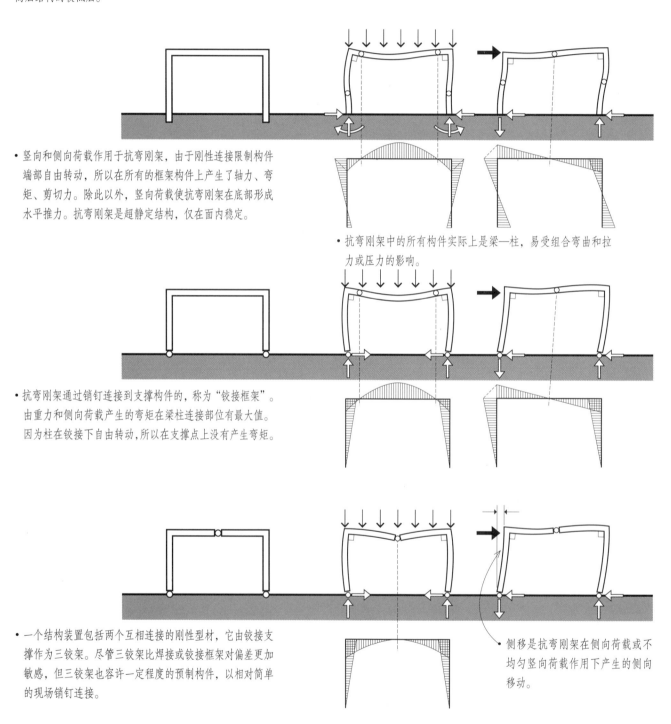

- 竖向和侧向荷载作用于抗弯刚架，由于刚性连接限制构件
端部自由转动，所以在所有的框架构件上产生了轴力、弯
矩、剪切力。除此以外，竖向荷载使抗弯刚架在底部形成
水平推力。抗弯刚架是超静定结构，仅在面内稳定。

- 抗弯刚架中的所有构件实际上是梁—柱，易受组合弯曲和拉
力或压力的影响。

- 抗弯刚架通过销钉连接到支撑构件的，称为"铰接框架"。
由重力和侧向荷载产生的弯矩在梁柱连接部位有最大值。
因为柱在铰接下自由转动，所以在支撑点上没有产生弯矩。

- 一个结构装置包括两个互相连接的刚性型材，它由铰接支
撑作为三铰架。尽管三铰架比焊接或铰接框架对偏差更加
敏感，但三铰架也容许一定程度的预制构件，以相对简单
的现场销钉连接。

- 侧移是抗弯刚架在侧向荷载或不
均匀竖向荷载作用下产生的侧向
移动。

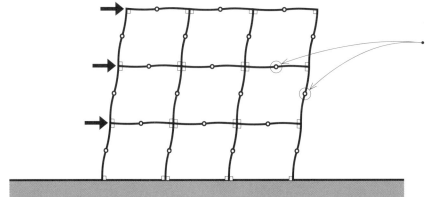

- 当受到侧向荷载时，多层抗弯刚架将产生拐点（内部铰点）。这些理论铰点，没有弯矩产生，有助于在钢结构中确定连接位置，及确定现浇混凝土的配筋策略。

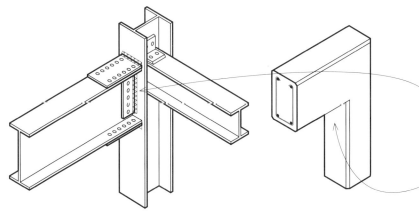

- 需要抗弯能力的抗弯刚架往往由结构钢或钢筋混凝土构成。梁柱连接点的细部对保证连接刚度十分重要。
- 结构钢梁和柱可通过焊接、高强度螺栓拼接、或两者结合连接产生抗弯能力。钢抗弯矩框架在超过系统弹性极限后，为承抵地震应力提供一个延性体系。

- 钢筋混凝土抗弯刚架包括梁柱、板柱或带有剪力墙板。可提供固有的抗弯连接，让整体现浇的混凝土形成固有连续性，其构件在钢筋细部十分简单的条件下也可形成悬挑。

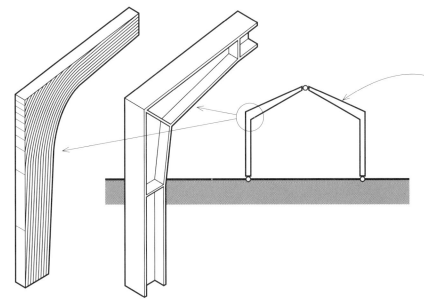

- 三铰架可由屋顶型的斜截面构成。它的基本结构响应与平屋顶相似。构件的形状往往暗示弯矩的大小。由于此处弯矩近似为零，构件横截面在铰接处减少。
- 除结构钢以外，胶合板可用于制造三铰架的截面。为承抵更大的弯矩，在梁柱节点处需要附加材料。

剪力墙　Shear Walls

剪力墙是刚性竖直面，相对较薄、较长。剪力墙可认为类似悬臂梁，位于竖直面末端，承抵来自上面楼板或屋顶隔板的集中剪切荷载。

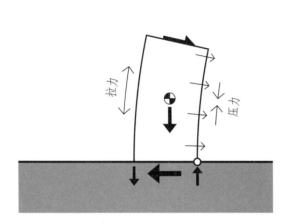

剪力墙设置在墙体自重恒载平衡的位置，承抵在墙边或拐角处产生的一对压力和拉力。

剪力墙可由以下几部分组成：

• 现浇钢筋混凝土
• 预制混凝土
• 配筋砌体
• 覆盖有结构木板，例如胶合板、定向刨花板、对角衬板等轻质框架壁柱构造。

在剪力墙中往往很少有开口或洞口。如果剪力墙上有规则洞口，它的结构效应在剪力墙和排架之间。

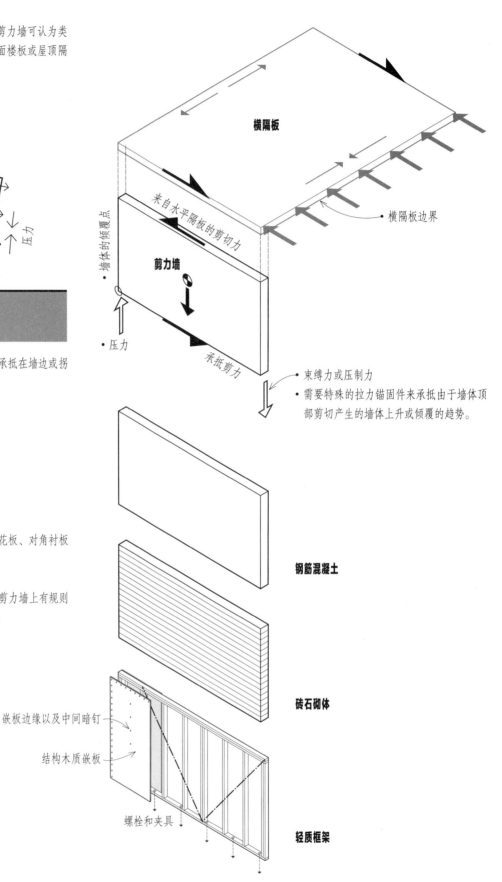

• 束缚力或压制力
• 需要特殊的拉力锚固件来承抵由于墙体顶部剪切产生的墙体上升或倾覆的趋势。

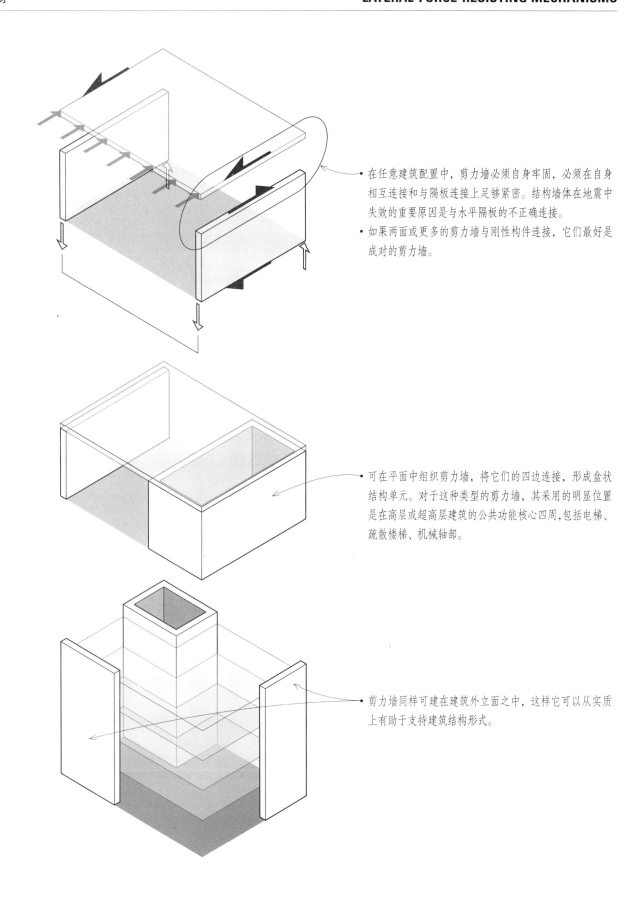

• 在任意建筑配置中，剪力墙必须自身牢固，必须在自身相互连接和与隔板连接上足够紧密。结构墙体在地震中失效的重要原因是与水平隔板的不正确连接。

• 如果两面或更多的剪力墙与刚性构件连接，它们最好是成对的剪力墙。

• 可在平面中组织剪力墙，将它们的四边连接，形成盒状结构单元。对于这种类型的剪力墙，其采用的明显位置是在高层或超高层建筑的公共功能核心四周,包括电梯、疏散楼梯、机械轴部。

• 剪力墙同样可建在建筑外立面之中，这样它可以从实质上有助于支持建筑结构形式。

横隔板　Diaphragms

为了承抵侧向应力，建筑必须结合竖向和水平抗侧构件。用于将侧向应力传递至地面的竖向构件是斜撑框架、抗弯刚架、剪力墙。用于将侧向应力分布在这些竖向抗侧构件上的是隔板和水平斜撑。

横隔板往往是楼板或屋顶构造，它们能够将侧向风力和地震力传递至竖向抗侧构件上。以钢梁作为类比，横隔板的作用就像扁平梁，其中横隔板自身作为梁的腹板，边缘作为翼缘。尽管横隔板通常是水平的，但是它们也能弯曲或倾斜，就像屋顶构造常用的情况一样。

结构横隔板一般在其面内具有巨大的强度和刚度。即使当楼板和屋顶稍微弯曲、可以上人，它们仍然在面内相当稳固。这种固有的刚度和强度使其在每一层连接至柱或墙体时，可为这些需斜撑的构件提供侧向承抵力。

横隔板可分为刚性板或柔性板。它们的区别十分重要，因为这显然影响侧向荷载如何由横隔板向竖向抗侧构件分布。从刚性横隔板到竖向抗侧构件的荷载分布与这些竖向构件的刚度有关。由于刚性横隔板连接在不对称布置的竖向抗侧构件上，所以会出现扭转效应。混凝土板、混凝土填充的钢板及一些重型钢板被考虑用于刚性横隔板。

如果横隔板是柔性的，面内挠度会很大，竖向抗侧构件的荷载分布由横隔板的荷载作用面积决定。木面板和没有混凝土填充的轻质钢板就是柔性横隔板的实例。

渗透可严重弱化屋顶和楼板横隔板功能，程度视尺寸和位置而定。沿着横隔板前沿和后沿产生的拉力和压力将随着横隔板厚度减少而增加。在内角出现的集中压应力需要认真的细部设计。

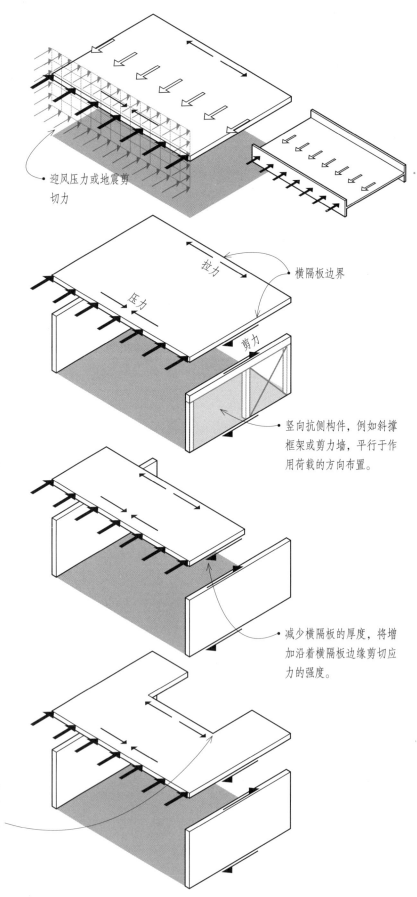

- 迎风压力或地震剪切力

- 横隔板边界

- 竖向抗侧构件，例如斜撑框架或剪力墙，平行于作用荷载的方向布置。

- 减少横隔板的厚度，将增加沿着横隔板边缘剪切应力的强度。

楼板和屋顶横隔板可由木材、金属、混凝土组件构成。

带有盖板的轻质框架　Light Framing with Sheathing

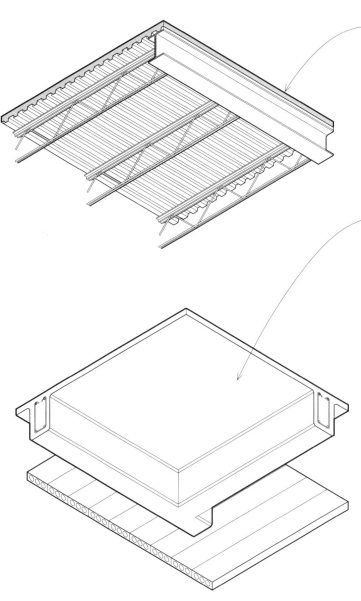

- 在轻质框架构造中，横隔板由结构木面板（例如胶合板）构成，作为面板铺设在木质或轻质钢框架上。盖板作为抗剪腹板、楼板或屋顶框架的边缘构件（如钢梁的翼缘）承抵拉力和压力。

• 横隔板的抗剪强度取决于面板的布局、侧边暗钉以及框架弦杆的强度。

金属板　Metal Decking

- 带有混凝土填充的金属板可有效用作横隔板。混凝土提供刚度，而金属板以及在混凝土中的所有钢筋提供抗拉强度。关键要求是所有构件间有正确的连接方式。
- 没有混凝土填充的金属屋面板可用作横隔板，但它更有柔性，比带有混凝土填充的金属板强度更低。

混凝土板　Concrete Slabs

- 现浇钢筋混凝土作为横隔板的抗剪腹板，通过在梁内或板内正确增加钢筋来调整弦杆和主梁。整体浇灌混凝土屋顶和楼板体系中，本身有着连续的配筋，这就提供了贯穿建筑物的有效结构纽带。
- 当混凝土板在钢框架建筑中作为横隔板时，钢框架板的有效黏结和附件必须用于稳固钢梁翼缘，并帮助横隔板作用力传递到钢框架。这些往往需要混凝土包裹钢梁，或在钢梁的上翼缘用焊接螺柱接插件。
- 预制混凝土楼板和屋顶体系在提供可靠的结构横隔板上存在更多的挑战。当横隔板压力巨大时，可在预制构件上放置现浇顶板。如果没有顶板，预制混凝土构件必须内接足够的加固件用于传递沿着预制构件边缘的剪力、拉力、压力。这些加固件通常包括嵌入相邻面板间的焊接钢板或钢筋。

建筑是三维结构，不是简单的二维平面的集合。它们的几何稳定性依赖于水平隔板及安排的三维组件——它们由互相联系竖向抗侧构件组成，用于承抵侧向作用力，不论这些力来自哪个水平方向。例如，随着建筑在地震中摇晃，所产生的内力必须通过三维抗侧构件体系将其从结构传递至基础。

理解抗侧体系是如何运作的，在建筑设计中十分重要，因为它们显著地影响建筑的形状和形式。确定所用抗侧构件的类型和位置，直接影响建筑的平面组织和最终的外形。

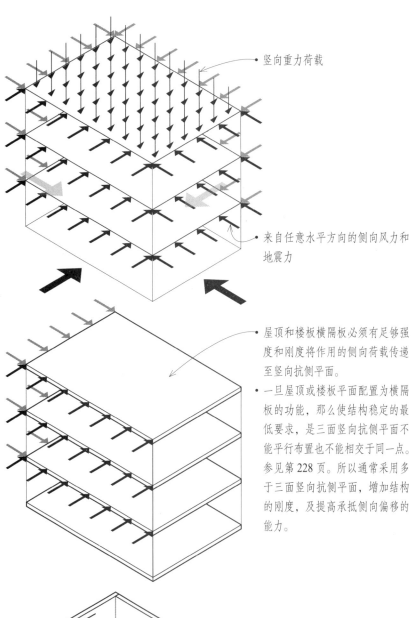

• 竖向重力荷载

• 来自任意水平方向的侧向风力和地震力

• 屋顶和楼板横隔板必须有足够强度和刚度将作用的侧向荷载传递至竖向抗侧平面。

• 一旦屋顶或楼板平面配置为横隔板的功能，那么使结构稳定的最低要求，是三面竖向抗侧平面不能平行布置也不能相交于同一点。参见第228页。所以通常采用多于三面竖向抗侧平面，增加结构的刚度，及提高承抵侧向偏移的能力。

• 抗侧平面可由斜撑框架、抗弯刚架、剪力墙来组合。例如，剪力墙可承抵单向侧向作用力，然而斜撑框架作为相似的功能承抵另外方向的侧向力。见下页三种竖向抗侧构件的比较。

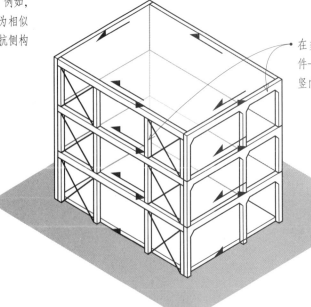

• 在多数情况下，竖向荷载支撑构件——柱和承重墙，同样可作为竖向抗侧构件的组成部分。

建筑竖向平面的抗侧能力可由斜撑框架、抗弯刚架、剪力墙来提供，它们或单独使用，或组合使用。然而这些竖向抗侧机理在刚度和效率上各不相同。在某些条件下，仅仅是结构框架中的有限的一部分组件需要被加强。左边图示的是：由不同种类的竖向抗侧方式支撑，五开间框架所需的各种相对长度。

斜撑框架　　Braced Frames

- 斜撑框架强度高，刚度高，比抗弯刚架更有效地承抵倾斜变形。
- 斜撑框架比抗弯刚架使用更少的材料，并使用更简单的连接方式。
- 层高较低的建筑相对于抗弯刚架更优先使用斜撑框架。
- 斜撑框架可作为建筑设计中重要的视觉构件。另一方面，斜撑框架会阻碍相邻空间的入口。

抗弯刚架　　Moment Frames

- 抗弯刚架提供视觉的灵活性以及相邻空间的出入口。
- 如果抗弯刚架的连接处细部设计得当，可以有良好的延展性。
- 抗弯刚架相对于斜撑框架和剪力墙效果较弱。
- 抗弯刚架相对于斜撑框架需要更多的材料以及更多劳动力来用于安装。
- 地震中巨大的偏移会对建筑的非结构构件产生损坏。

剪力墙　　Shear Walls

- 钢筋混凝土或砖石墙如果与楼板和屋顶横隔板紧密连接，能有效吸收能量。
- 剪力墙必须比例合适，避免过大的侧向位移和过高的剪切力。
- 避免过大的高宽比（纵横比）。

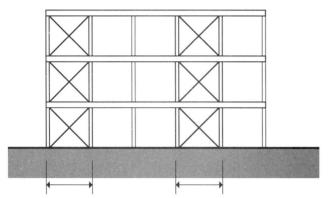

- 需要支撑的开间数量不小于开间总数的25%。

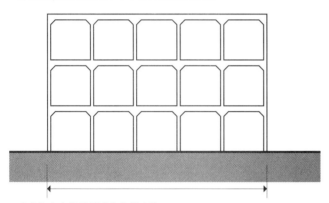

- 全部框架应该使用刚性抗弯连接。

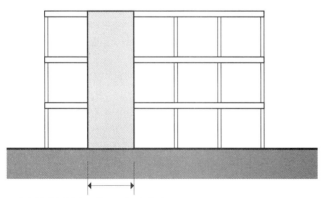

- 剪力墙的数量应不少于开间总数的20%~25%。

建筑布局　　Building Configuration

建筑布局指结构内抗侧装置的三维组合。确定关于这些组件的位置和排列——同样还有它们的尺寸和形状，尤其是当在地震中受到地震力作用时，会对结构的性能有明显影响。

- 应该记住竖向抗侧构件——斜撑框架、抗弯刚架、剪力墙，仅对与它们平行或同一面内的侧向作用力有效。

- 最少需要三个与屋顶和楼板横隔板结合的抗侧平面，承抵来自正交的两个方向的重力荷载和侧向力。

规则布局　　Regular Configurations

建筑规范是基于如下假设：地震力作用在抗侧体系的规则布局上，它对侧向作用力的相等平衡分布提供平衡的响应。除此以外，规则布局一般特点为对称的平面、短跨、冗余度、相同的层高、均匀的剖面和立面、平衡的阻力、最大的抗扭强度、直接的荷载路径。

不规则布局，例如不连续的横隔板或 L 形或 T 形建筑，会产生集中应力和难以承抵的扭转运动（挠率）。参见第 226 页。

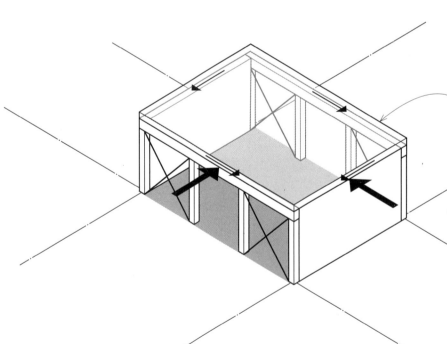

- 最好的解决方法是：两面竖向抗侧平面互相平行，合理的间距提供单向的抗侧力，另外一面与这对平面垂直，承抵另一方向的侧向力。这样的排列可形成较小较轻的抗侧构件。

- 在项目设计的早期，确定抗侧构件的三维模式相对于确定它们的具体类型更加重要——这将影响空间组织和形式组合。

竖向抗侧平面之间关系的排列，对建筑结构承抵来自多个方向的侧向荷载至关重要。抗侧构件布局平衡均匀，往往有利于避免当建筑质量中点和承抵力不足时出现的扭转作用。

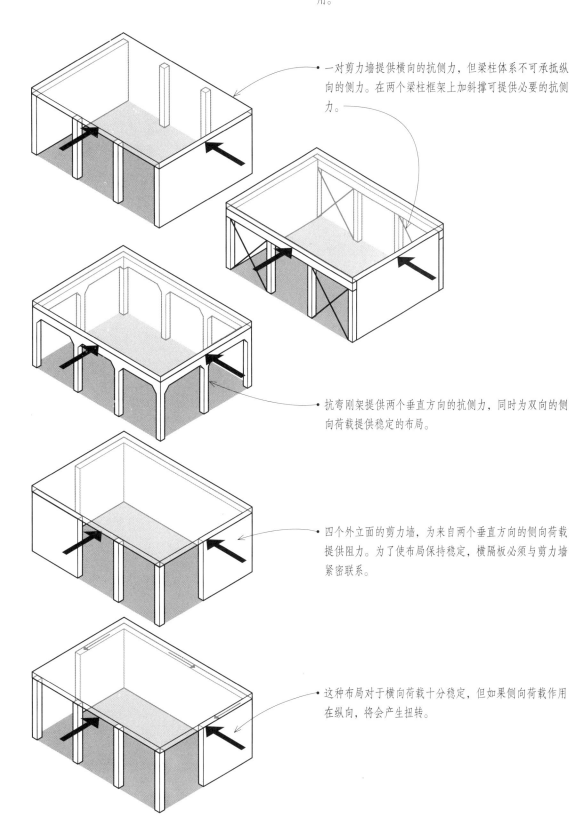

- 一对剪力墙提供横向的抗侧力，但梁柱体系不可承抵纵向的侧力。在两个梁柱框架上加斜撑可提供必要的抗侧力。

- 抗弯刚架提供两个垂直方向的抗侧力，同时为双向的侧向荷载提供稳定的布局。

- 四个外立面的剪力墙，为来自两个垂直方向的侧向荷载提供阻力。为了使布局保持稳定，横隔板必须与剪力墙紧密联系。

- 这种布局对于横向荷载十分稳定，但如果侧向荷载作用在纵向，将会产生扭转。

在前一页已经介绍了小体量结构的稳定布局。在大体量建筑中可能更为重要的是：有效设置抗侧构件；承抵各个水平方向的侧向荷载；将扭矩和偏移减至最少。对于方形或矩形网格的多层建筑，竖向抗侧构件通过结构放置在互相垂直的位置上，层层连续。

竖向抗侧构件的分布方式影响抗侧策略的有效性。建筑内抗侧构件分布得越集中，它们的刚度和强度越大。相反地，抗侧构件分布的越分散越均匀，每个构件的刚度越小。

抗侧构件与横隔板的联系程度是用于协同作用而不是独立使用，这对于抗侧设计策略的性能，包括抗侧构件的分布，同样重要。在抗侧构件（例如水平隔板）集中布置的情况下，必须要将外表面的侧向作用力传递至这些内部抗侧构件上。

在多层建筑中，服务核心（例如居住电梯、楼梯、机械管道井）可由剪力墙或斜撑框架构成。这些核心墙体可看作三维结构管道，用以承抵面内各方向的侧向作用力，或用于加固和加强建筑结构承抵侧向荷载。因为核心管道的横截面往往是矩形或圆形，所以它们的管式作用提供一种方式来承抵来自所有方向的弯矩和剪力。当合理布置时，通过与每层水平横隔板的互相连接，结构管井和抗侧平面相结合，可提供出色的抗侧能力。

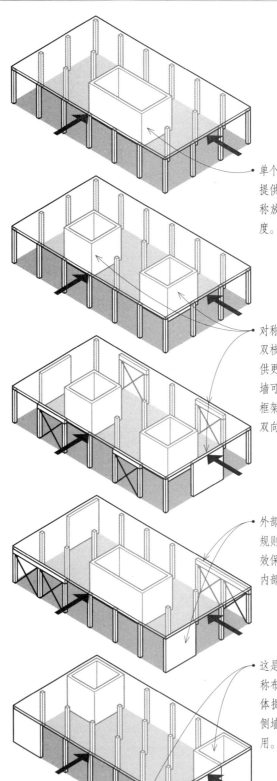

单个独立的、位于中心的、为结构提供所有抗侧力的核心，需要比对称放置的双核心更多的强度和刚度。

对称放置的外部抗侧构件，与内部双核心一样，为双向的侧向荷载提供更分散、更平衡的承抵力。剪力墙可用于承抵单向的侧力，而斜撑框架或抗弯刚架则用于互相垂直的双向侧力。

外部抗侧构件的不对称分布导致不规则的布局。然而，这样的布局有效保持承抵双向的侧向荷载，同时内部核心提供额外的抗侧能力。

这是另一个纵轴方向抗侧构件不对称布局导致的不规则布局。核心墙体提供横向的抗侧力，而外部抗侧墙体纵轴方向与核心墙体结合作用。

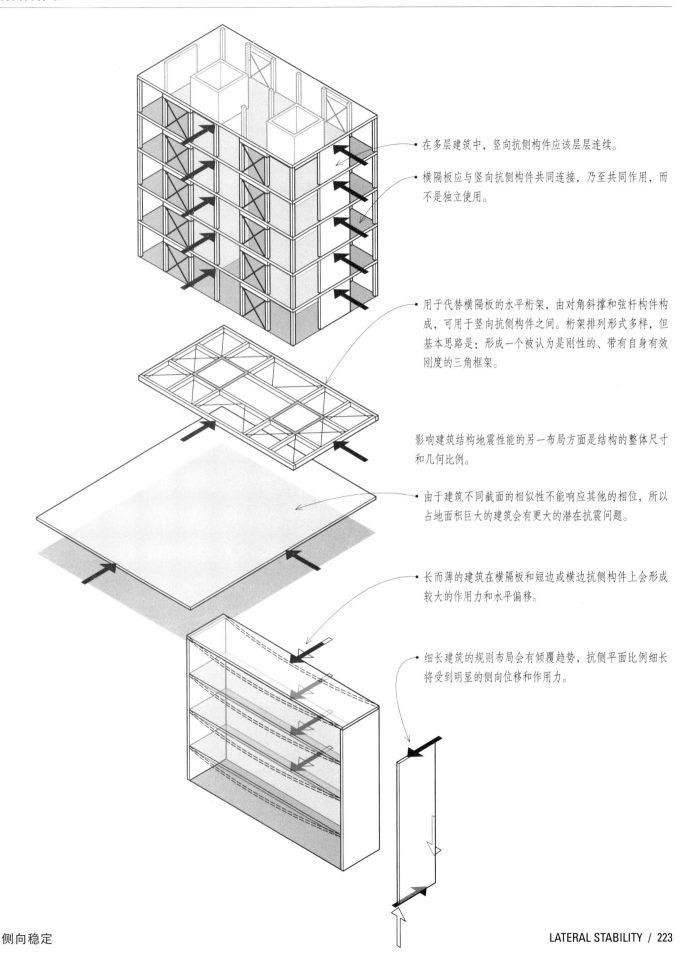

• 在多层建筑中，竖向抗侧构件应该层层连续。

• 横隔板应与竖向抗侧构件共同连接，乃至共同作用，而不是独立使用。

• 用于代替横隔板的水平桁架，由对角斜撑和弦杆构件构成，可用于竖向抗侧构件之间。桁架排列形式多样，但基本思路是：形成一个被认为是刚性的、带有自身有效刚度的三角框架。

影响建筑结构地震性能的另一布局方面是结构的整体尺寸和几何比例。

• 由于建筑不同截面的相似性不能响应其他的相位，所以占地面积巨大的建筑会有更大的潜在抗震问题。

• 长而薄的建筑在横隔板和短边或横边抗侧构件上会形成较大的作用力和水平偏移。

• 细长建筑的规则布局会有倾覆趋势，抗侧平面比例细长将受到明显的侧向位移和作用力。

不规则布局　Irregular Configurations

无法想象所有建筑都有规则的布局。平面和剖面上的不规则，通常是出自方案任务和周围环境的要求及相关问题。然而，不平衡的建筑布局会影响侧向荷载作用下的结构稳定性，尤其是在地震中更容易受损。抗震设计的背景下，不规则布局对于具体某个不规则体有着程度不等的重要性，其分布范围也不尽相同。当不规则体不可避免时，设计师应该意识到万一发生地震将有什么结果，并用某种方式仔细设计建筑结构细部，保证它合适的性能。

水平不规则　Horizontal Irregularities

水平不规则包括那些出现在平面布局上的做法，诸如不规则扭转、凹角、不平行，以及不连续的横隔板与面外偏移。

不规则扭转　Torsional Irregularities

结构周长强度和刚度若不相同，会在质量中心（侧向作用力中点）和刚度或阻力中心（体系中抗侧力构件刚度中心）之间产生一个偏心和分离。结果是建筑的水平旋转或扭转，这导致结构构件应力超限，并在中心位置（最常在凹角处）出现应力集中。为了避免毁灭性的扭转作用，结构应该均匀布置及支撑，同时质点和刚度尽量一致。

当建筑平面不对称时，抗侧体系必须调节，以使刚度和硬度的中心接近质量中心。如果这不可行，结构必须经过特殊设计，用于控制不规则布置的扭转作用。例如可将刚性斜撑构件结合质量分布布置。

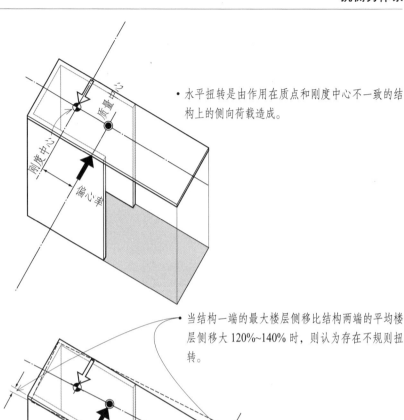

• 水平扭转是由作用在质点和刚度中心不一致的结构上的侧向荷载造成。

• 当结构一端的最大楼层侧移比结构两端的平均楼层侧移大 120%~140% 时，则认为存在不规则扭转。

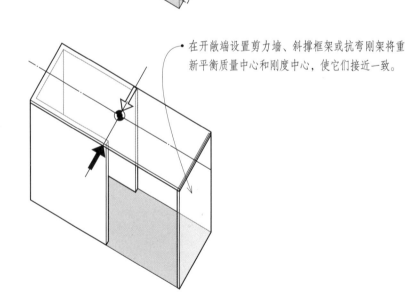

• 在开敞端设置剪力墙、斜撑框架或抗弯刚架将重新平衡质量中心和刚度中心，使它们接近一致。

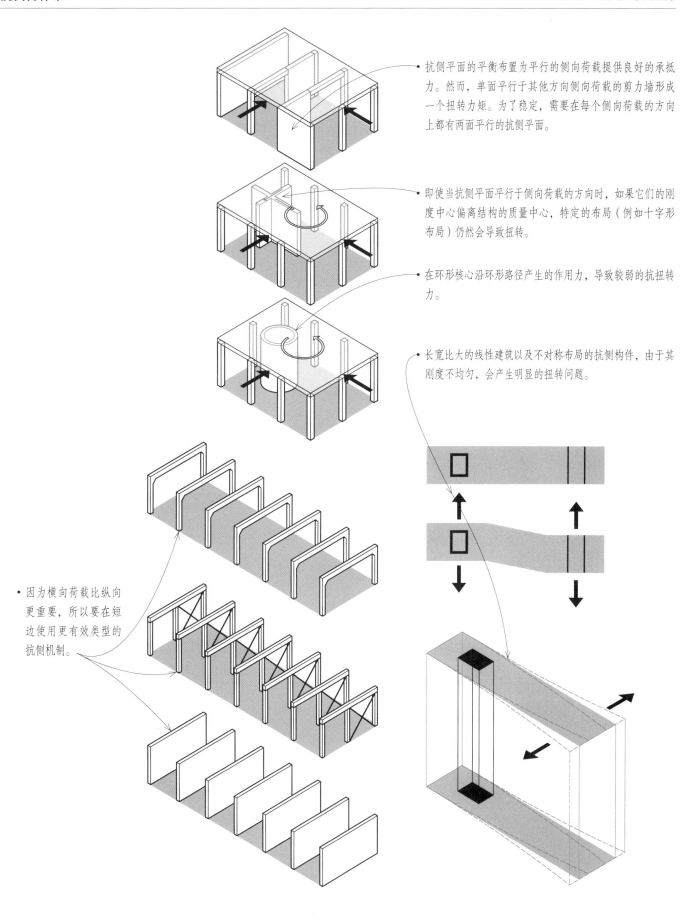

• 抗侧平面的平衡布置为平行的侧向荷载提供良好的承抵力。然而，单面平行于其他方向侧向荷载的剪力墙形成一个扭转力矩。为了稳定，需要在每个侧向荷载的方向上都有两面平行的抗侧平面。

• 即使当抗侧平面平行于侧向荷载的方向时，如果它们的刚度中心偏离结构的质量中心，特定的布局（例如十字形布局）仍然会导致扭转。

• 在环形核心沿环形路径产生的作用力，导致较弱的抗扭转力。

• 长宽比大的线性建筑以及不对称布局的抗侧构件，由于其刚度不均匀，会产生明显的扭转问题。

• 因为横向荷载比纵向更重要，所以要在短边使用更有效类型的抗侧机制。

凹角　Reentrant Corners

L形、T形、U形、H形建筑以及十字形平面布局，都容易出纰漏，因为大面积的应力集中会产生在凹角处——这指的是在内角处，某特定方向的建筑物投影比平面尺寸大15%以上。

这些建筑形式各部分之间刚度不相同，易在不同结构部件间产生不同的位移，同时在凹角处形成局部应力集中。

凹角处的应力集中和扭转作用是相互作用的。由于地震作用力是各个方向的，质量中心和这些布局的刚度中心不重合，导致扭转。

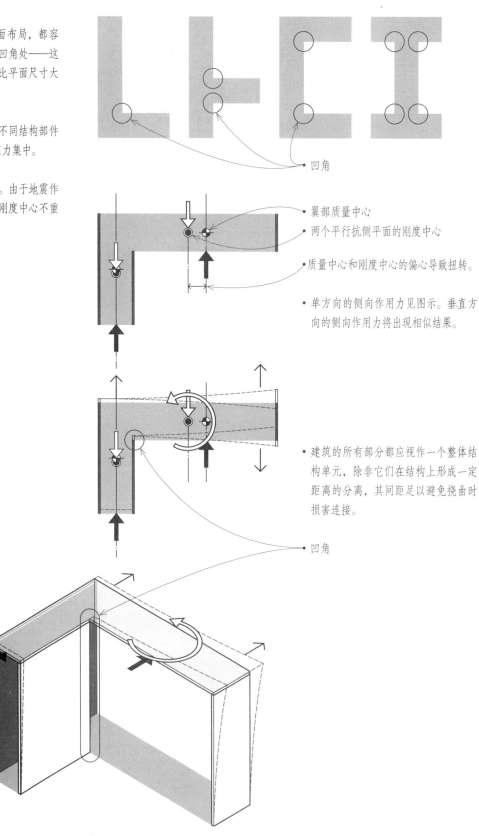

凹角

• 翼部质量中心
• 两个平行抗侧平面的刚度中心

• 质量中心和刚度中心的偏心导致扭转。

• 单方向的侧向作用力见图示。垂直方向的侧向作用力将出现相似结果。

• 建筑的所有部分都应视作一个整体结构单元，除非它们在结构上形成一定距离的分离，其间距足以避免挠曲时损害连接。

凹角

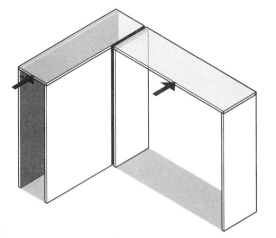

- 单向侧力显示。垂直的侧力将出现相似的结果。

有两种基本方式解决凹角问题：

第一种方式是将建筑布局分割为简单的形式，同时使用抗震连接联系彼此。抗震连接设计用于负责联系各分离部分的最大偏移，同时调节分离两部分互相挨近的最坏情况。结构分离部分自身必须足以独立承抵竖向和水平作用力。

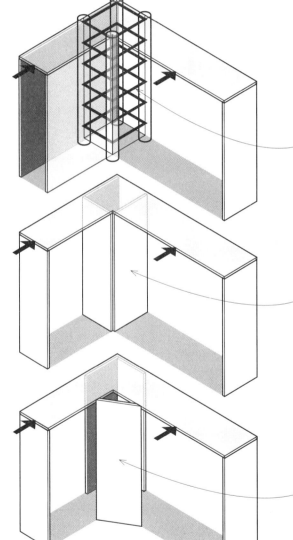

第二种方式是为了更高的应力等级，将建筑更加整体地联系起来。

- 一种可行的方法是将两座建筑紧密联系，使翼部作为单元能在地震中更好地发挥作用。在交点处使用集中梁，通过交点核心传递作用力。

- 假设翼部互相连接，另外一种方式是在自由端引入全高刚性构件——剪力墙、斜撑框架、抗弯刚架，用以减少它们的偏移和减缓建筑的扭转趋势。

- 应力集中在凹角，同样可通过采用斜板替代尖锐拐角来减少应力，同时舒缓压力。

非平行体系　Nonparallel Systems

非平行体系指结构布局中的竖向抗侧构件既不平行，也不对称于结构的主要正交轴线。非平行抗侧平面将不能承抵由侧向荷载产生的扭转，也不能承抵平行荷载墙面内的剪切应力。

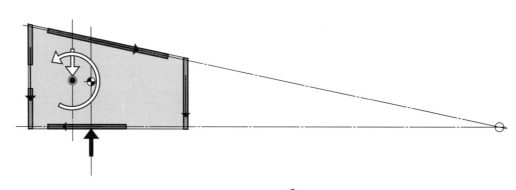

横隔板不连续　Diaphragm Discontinuities

不同层的横隔板的刚度明显不同——还有那些连接起大型剪切体或洞口区域的横隔板，它们代表另一种类型的不规则平面。当横隔板将侧向作用力分布到抗侧体系中的竖向构件时，这些不连续会影响效果。

面外偏移　Out-of-Plane Offsets

面外偏移是抗侧体系竖向构件路径的不连续。作用在结构上的荷载应该尽量直接地沿着连续的路径，从一个结构构件传递到另一个，最后通过基础体系到地基处消减。当抗侧体系的竖向构件不连续时，水平横隔板必须要能把水平剪切力重新分布到竖向抗侧构件的同一个或另一个面内。

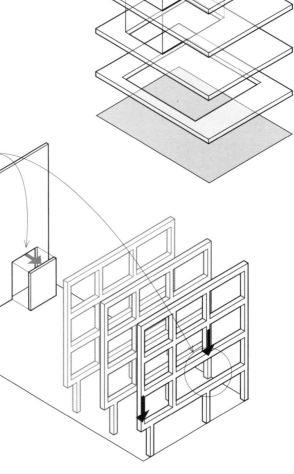

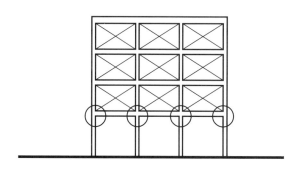

竖向不规则　Vertical Irregularities

竖向不规则出现在剖面布局上，例如柔性楼层、薄弱楼层、不规则形体、面内不连续、质量或重量不规则。

柔性楼层　Soft Stories

柔性楼层的侧向刚度明显小于上面楼层。柔性楼层可在任意楼层出现，但由于地震作用力向基础累积，所以刚度上的不连续在建筑的第一层和第二层之间最严重。逐渐减少的刚度产生柔性楼层柱子的偏移，并逐渐导致梁柱连接抗剪失效。

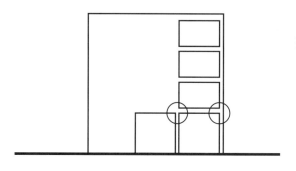

薄弱楼层　Weak Stories

薄弱楼层是由于某一楼层的抗侧强度明显弱于上面楼层造成的。当上下楼层剪力墙不能对齐排列时，侧向荷载不能直接通过墙体从屋顶向下传递至基础。更改的荷载传递路径将指导侧向荷载试图绕过不连续部位，同时在不连续的位置形成严重的超限应力。不连续的剪力墙条件代表了柔性首层问题的一种特殊情况。

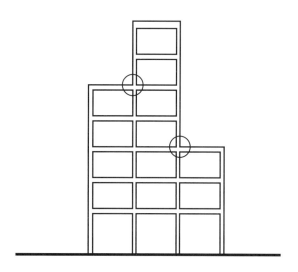

不规则几何形体　Geometric Irregularities

不规则几何形体是由于抗侧体系的水平方向明显大于相邻楼层造成的。这种竖向不规则可导致建筑的不同部分有不同而异常复杂的响应。立面发生变化的节点需要特别注意。

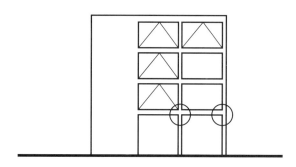

面内不连续　In-Plane Discontinuities

面内不连续使竖向抗侧构件刚度变化。刚度变化往往应该从屋顶向下至建筑基础逐渐增加。地震作用力在每个连续的低层横隔板累积，同时在第二层变得严重。在这层，任何侧向斜撑的减少都会导致第一层柱子的巨大偏移，同时在剪力墙和柱上形成极大的剪切作用力。

重量或体块不规则　　**Weight or Mass Irregularity**

重量或体块不规则是由于某层的体块明显重于相邻楼层的体块造成的。与柔性层不规则相似，变化的刚度将导致荷载的重新分布，这会造成梁柱连接应力集中和下层柱子的巨大偏移。

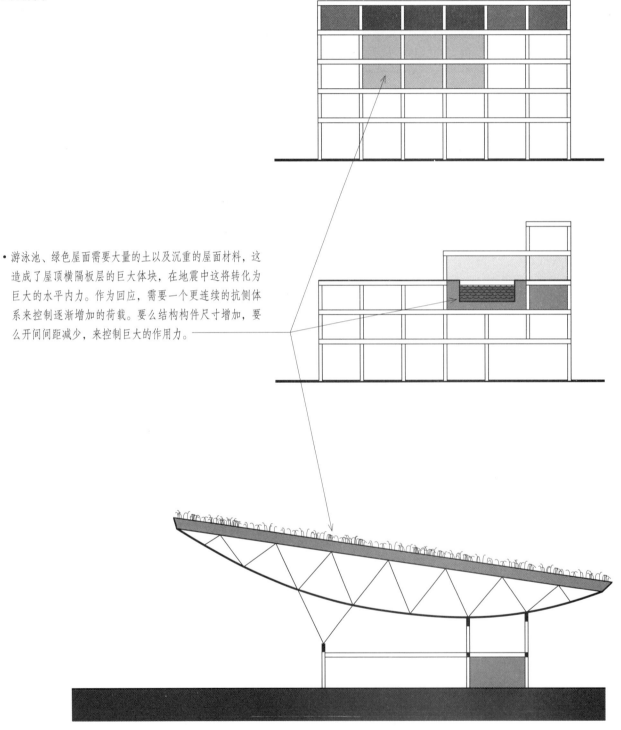

• 游泳池、绿色屋面需要大量的土以及沉重的屋面材料，这造成了屋顶横隔板层的巨大体块，在地震中这将转化为巨大的水平内力。作为回应，需要一个更连续的抗侧体系来控制逐渐增加的荷载。要么结构构件尺寸增加，要么开间间距减少，来控制巨大的作用力。

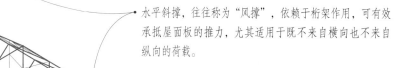

水平斜撑框架   *Horizontal Braced Framing*

有时候，当屋顶或楼板盖板过于轻或柔软，以至于不能支持横隔板作用力时，水平框架必须采用和支护墙框架类似的支撑构件。在钢框架建筑中，尤其是带有大跨桁架的工业或仓库框架建筑，屋顶横隔板需要对角钢质斜撑和支杆。最重要的考虑因素是提供完整的从侧向作用力到竖向抗侧构件的荷载传递路径。

- 水平斜撑，往往称为"风撑"，依赖于桁架作用，可有效承抵屋面板的推力，尤其适用于既不来自横向也不来自纵向的荷载。

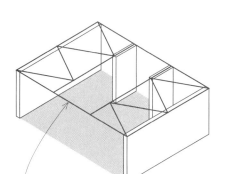

- 斜撑在建造阶段同样有用，有助于使平面尺寸一致，同时在屋顶横隔板未完成前为结构提供刚度。通常不必在屋顶平面的所有开间提供抗风斜撑。仅仅一定数量的开间需要斜撑，保证水平框架有效地将侧向荷载传递至竖向抗侧体系。

- 侧向荷载沿着作为扁平梁的屋面板传递，它横跨在竖向抗侧体系之间。

- 桁架斜撑不仅有助于提高整体结构刚度，还有助于支撑独立构件，避免其断裂。

- 横向抗侧力必须以反拉力、刚性面板、桁架的形式提供。

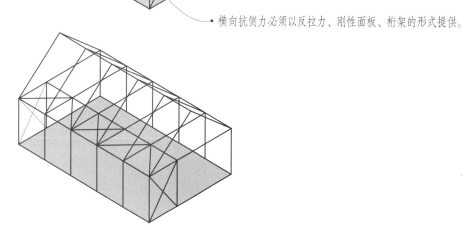

基础隔震   Base Isolation

基础隔震是指建筑从基础开始分离或隔离的策略，以这种方式吸收地震中的冲击。随着地面摇动，建筑以较低频率晃动，因为隔离器将吸收大部分的冲击。以这种方式，建筑结构通过在结构和基础间插入低水平刚度层，使其与地震运动的水平分力脱钩，由此减少本来会有的惯性力——这种惯性力是建筑结构必须要承抵的。

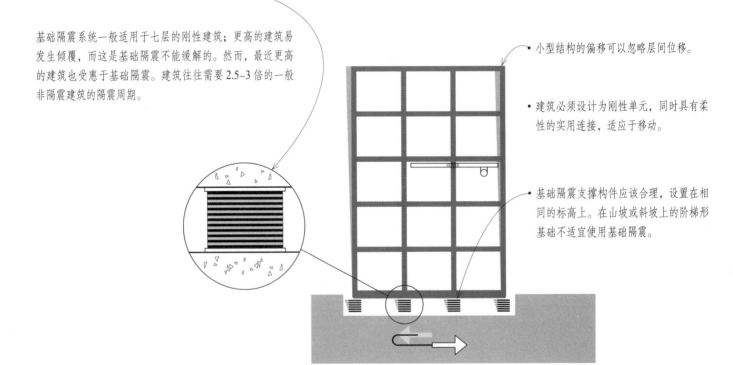

- 层间位移指建筑相邻楼层间的水平偏移。

- 传统结构在地震地面加速度的影响下，会发生大幅的位移和变形。

现在，最常用的基础隔震器由天然橡胶或合成橡胶替换层与钢搭接而成，有一个纯铅圆柱紧紧插入中心。橡胶层允许隔震器轻易地水平移动，减少建筑和住户所承受的地震荷载。它们还用作弹簧，一旦振动停止，建筑将复原到原始位置。橡胶板和钢筋板间的硫化黏结使得水平方向具有柔韧性，而在竖向保持刚度。竖向荷载能保持不变地传递到结构中。

基础隔震系统一般适用于七层的刚性建筑；更高的建筑易发生倾覆，而这是基础隔震不能缓解的。然而，最近更高的建筑也受惠于基础隔震。建筑往往需要 2.5~3 倍的一般非隔震建筑的隔震周期。

- 小型结构的偏移可以忽略层间位移。

- 建筑必须设计为刚性单元，同时具有柔性的实用连接，适应于移动。

- 基础隔震支撑构件应该合理，设置在相同的标高上。在山坡或斜坡上的阶梯形基础不适宜使用基础隔震。

建筑部件的细部   Detailing of Building Components

建筑规范一般包含：关于组成建筑抗震体系的构件（例如横隔板、剪力墙）的设计要求和细部要求以及解决与不规则建筑布局相关的问题。需要考虑的细部有：

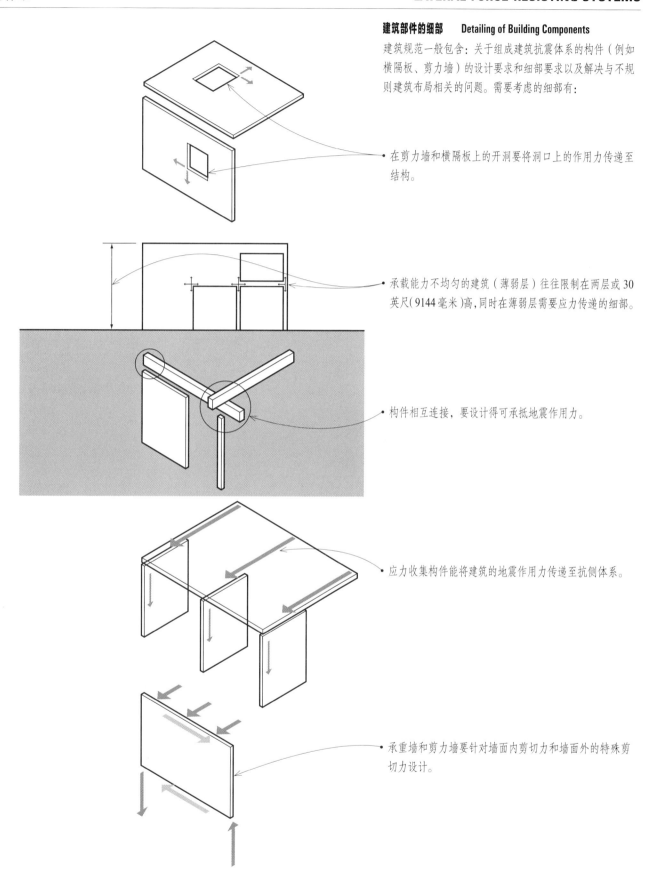

• 在剪力墙和横隔板上的开洞要将洞口上的作用力传递至结构。

• 承载能力不均匀的建筑（薄弱层）往往限制在两层或 30 英尺(9144 毫米)高,同时在薄弱层需要应力传递的细部。

• 构件相互连接，要设计得可承抵地震作用力。

• 应力收集构件能将建筑的地震作用力传递至抗侧体系。

• 承重墙和剪力墙要针对墙面内剪切力和墙面外的特殊剪切力设计。

不管理想的结构分布形式和形状是什么，重力荷载和侧向荷载的作用将施加于所有结构。即使建筑展现为不规则外观的自由形式，往往在它们的表面下有相对规则的框架体系，或者它们与本身稳定的非直线性结构几何体结合。构建非线性的、不规则的、有机的形式有很多种方式。最重要的是，这些自由形式的表面应该有一个隐藏的几何或结构基础，即使看着不明显，但这个基础必须结合必要的抗侧体系。

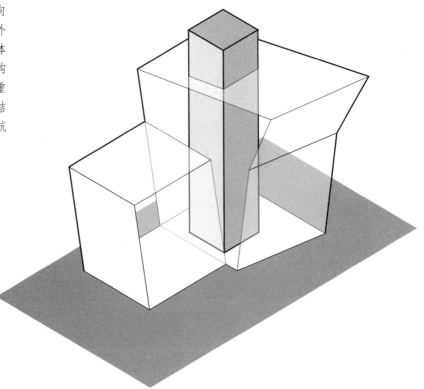

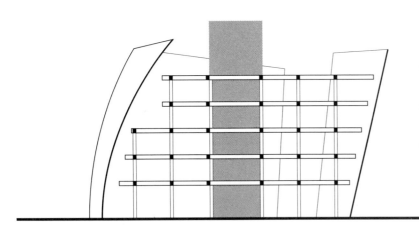

- 三级支撑构件，诸如竖向桁架，用以支撑规则、线性的结构框架中的自由立面。
- 某一平面方向上的支撑间距很整齐，同时有一系列自由形态的抗弯刚架来界定建筑外部形式。
- 双曲线表面的构图，实际上是规则几何面的一部分。

6 大跨结构
Long-Span Structures

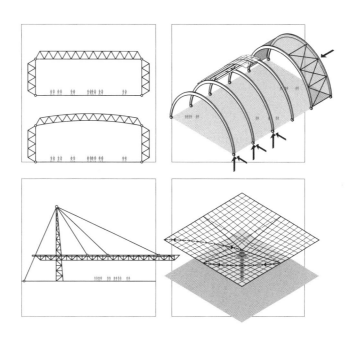

跨度在多数大型建筑是一个主要问题，而在观众厅、展厅及需要巨大宽阔无柱空间的类似建筑中，跨度对设计有决定性作用。对于有这种需求的建筑，设计师和工程师面临着这样的任务：选择合适的结构体系，并且不需要牺牲安全性，采用尽可能高效的方式承抵大跨中的巨大弯矩和挠度。

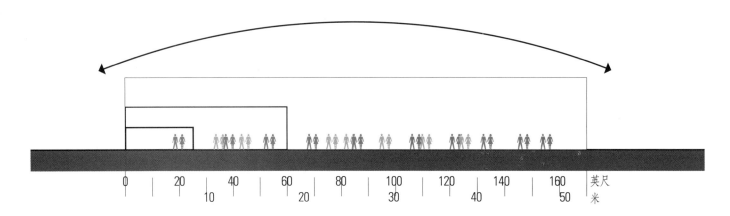

对大跨结构的组成没有明确定义。在本文中，我们将跨度超过 60 英尺（18 米）的定义为大跨结构。大跨结构最常用于塑造与支撑屋顶，用在各种建筑类型的大型开放式楼板空间，例如体育竞技场、剧场、游泳中心、机场飞机库。如果建筑结构内嵌入大型空间，它们同样用于支撑建筑的楼板。

- 用于橄榄球、棒球、足球的运动场，可露天亦可室内。一些室内运动场的屋顶体系可容纳 5~8 万名观众，跨度超过 800 英尺（244 米）。

- 体育竞技场的尺寸和形式与中心楼层空间和配置以及观众坐席区域的容纳能力有关。屋顶形状可为圆形、椭圆形、方形或矩形，临界跨度一般在 150~300 英尺（46~91 米）或更大的范围内。几乎所有现代演出场所都为了一览无余而不设柱子。

- 剧场和表演厅一般比体育竞技场小，但依然需要大跨屋顶体系实现无柱空间。

- 展厅和会议厅一般包含大型空间用作展览和会议，需要楼层面积达 25000~300000 平方英尺（2323~27870 平方米）或更多。柱子布置尽可能相距较大以提供灵活的空间布局。尽管 20~35 英尺（6.1~10.7 米）的柱间距在标准类型的建筑中使用频率最高，但展厅会的柱间距可能需要超过 100 英尺（30 米）或更多。

- 经常使用大跨体系的其他建筑类型包括仓库、工厂厂房、制造厂房、机场候机楼和飞机库、大型零售商店。

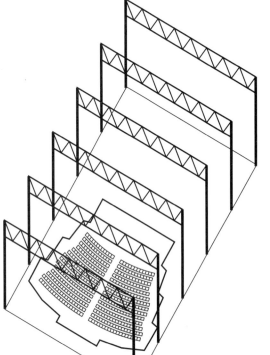

结构问题　Structural Issues

规模大小在决定结构形式上起主要作用。对于相对较小的结构，例如独栋住宅或公共建筑，能通过简单的结构体系使用不同的材料来满足结构需求。然而，对于大型结构，竖向重力荷载和侧向风荷载以及地震经常限制所用的结构材料，同时构造方式的限制将开始主导结构体系的概念。

• 挠度是设计大跨结构的主要设计决定因素。大跨构件的高度和尺寸往往以控制挠度而不是弯曲应力为基础。

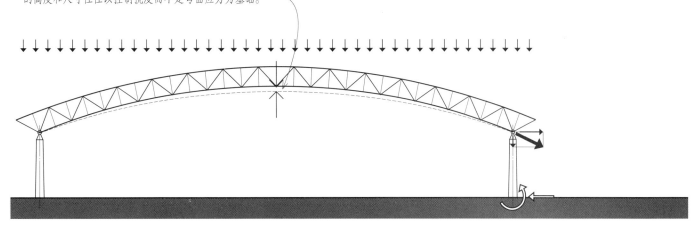

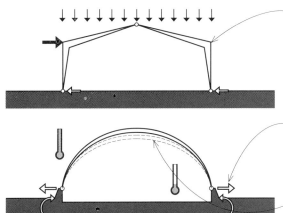

• 大跨结构的截面应该最厚，此处的弯矩最大。

• 一些大跨结构，例如穹顶和拉索体系，能有效支撑分布荷载，但对来自重型设备的集中荷载十分敏感。

• 一些大跨结构的性质，例如拱、拱顶和穹顶，在它们的支撑点上形成推力，必须通过拉索和拱座抵消。

• 较长的结构构件易受热膨胀和收缩的影响而产生明显的长度变化，尤其是表皮未被包裹或处于露天环境的结构。

• 将大跨结构固定以对抗侧向荷载，这点特别重要，因为它们往往容纳大量用房。

• 大跨结构几乎没有冗余，如果关键构件失效，易于产生灾难性的损坏。柱、框架和墙体支撑大跨构件，有十分巨大的附加荷载，如果出现局部失效，将这些荷载重新分布到其他构件的机会微乎其微。

• 积水是在设计大跨屋面时需考虑的一个严重情况。如果屋面受到弯曲，阻挡正常雨水流量，另外的雨水将在跨中聚集，同时导致更大的弯曲，这甚至会使更多荷载累积。这个持续进行的循环会持续到结构失效为止。屋顶应该设计得足够倾斜和翘曲，以保证合适的排水，或设计得可支撑包括积水在内的最大荷载。

设计问题 Design Issues

为了经济有效，大跨结构应该按正确合适的结构几何体成型。例如，它们的截面应该在弯矩最大处最厚，而在弯矩最小或无弯矩的铰接点最薄。所形成的轮廓对建筑外墙，尤其是它的屋顶轮廓以及它们所容纳的内部空间形式有重要的影响。

选择合适的大跨结构体系实际上就是所需跨度问题，它取决于所容纳的活动、建筑设计上的形式和空间暗示以及与材料、制造、运输、建造有关的经济因素的考虑。这些因素中的任何一个都会限制大跨结构的选择。

设计师面临的另外一个选择是，大跨结构应该展示甚至彰显到哪种程度。由于大跨结构的体量巨大，隐藏它们的存在是十分困难的。然而，某些大跨结构较清楚地展示了它们如何飞架空中，而另一些大跨结构的结构角色却较为隐晦。所以建筑设计可以作出选择：是充分利用大跨体系的结构机理，还是缓和它的影响，将注意交点放在某一空间内的活动上。

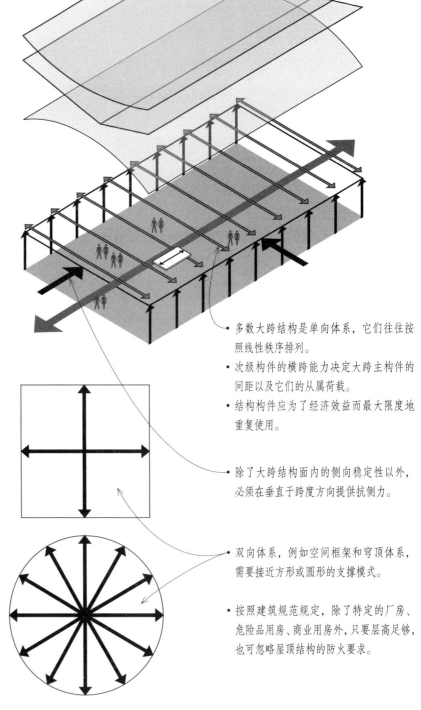

- 多数大跨结构是单向体系，它们往往按照线性秩序排列。
- 次级构件的横跨能力决定大跨主构件的间距以及它们的从属荷载。
- 结构构件应为了经济效益而最大限度地重复使用。

- 除了大跨结构面内的侧向稳定性以外，必须在垂直于跨度方向提供抗侧力。

- 双向体系，例如空间框架和穹顶体系，需要接近方形或圆形的支撑模式。

- 按照建筑规范规定，除了特定的厂房、危险品用房、商业用房外，只要层高足够，也可忽略屋顶结构的防火要求。

• 大跨结构的节点细部可建立视觉趣味和尺度感。

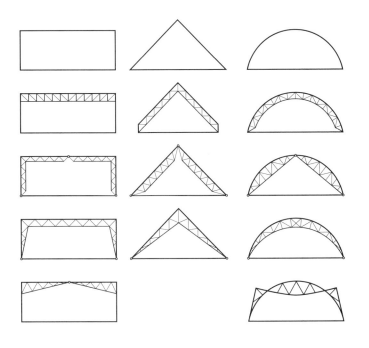

- 因为多数大跨结构都是单向体系，所以它们的轮廓是一项重要考虑因素。
- 扁平梁和桁架结构以几何直线形式渗入外部形式和内部空间。
- 拱和穹顶结构形成了凸圆的外部形式和凹陷的内部空间。
- 桁架、拱体系、拉索体系提供不同的外轮廓。例如这里所举例的就是大跨桁架或桁架拱的可能形式。

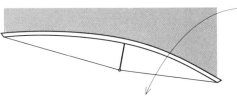

- 对于平衡的荷载条件，对称的大跨结构往往是可取的，但不对称的外轮廓则可用于将建筑物与其基地和周边环境产生关联，或容纳某项特殊项目活动。例如，在建筑组群中，不对称可以帮助使用者在沿着某条路径游览时确定方向，并有助于他们区分左右。

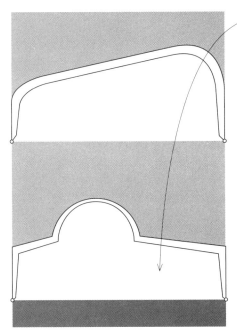

- 大跨结构中做出不同的高度，有助于建立和区分大空间中的小尺度区域。

施工问题   Construction Issues

- 大跨构件难以运输，在施工基地上需要巨大的空间用于储藏。卡车运输的最大长度往往在 60 英尺（18.3 米）左右，火车运输的最大长度在 80 英尺（24.4 米）左右。大跨梁和桁架的截面厚度同样造成运输困难。高速路运输的最大宽度在 14 英尺（4.3 米）左右。
- 由于运输限制，大跨构件通常需要现场装配。在大跨装置被吊车吊到安装的位置之前，它们一般放置在地上。所以当确定场地吊车吊载能力时，每个大跨构件的总重量是主要的考虑因素。

单向体系　One-Way Systems

本页和下页所列举的是大跨结构各基本类型的跨度范围。

梁
- 木材　　　胶合板叠梁
- 钢质　　　宽翼工字梁
　　　　　　板梁
- 混凝土　　预制 T 形梁

桁架
- 木材　　　平屋架
　　　　　　成型桁架
- 钢质　　　平屋架
　　　　　　成型桁架
　　　　　　空间桁架

拱
- 木材　　　叠层拱
- 钢质　　　组合拱
- 混凝土　　成型拱

拉索结构
- 钢质　　　拉索体系

板式结构
- 木材　　　折板
- 混凝土　　折板

薄壳结构
- 木质　　　薄板拱
- 混凝土　　筒壳

双向体系　Two-Way Systems

板式结构
- 钢质　　　空间框架
- 混凝土　　井字楼盖

薄壳结构
- 钢质　　　肋架穹顶
- 混凝土　　穹顶

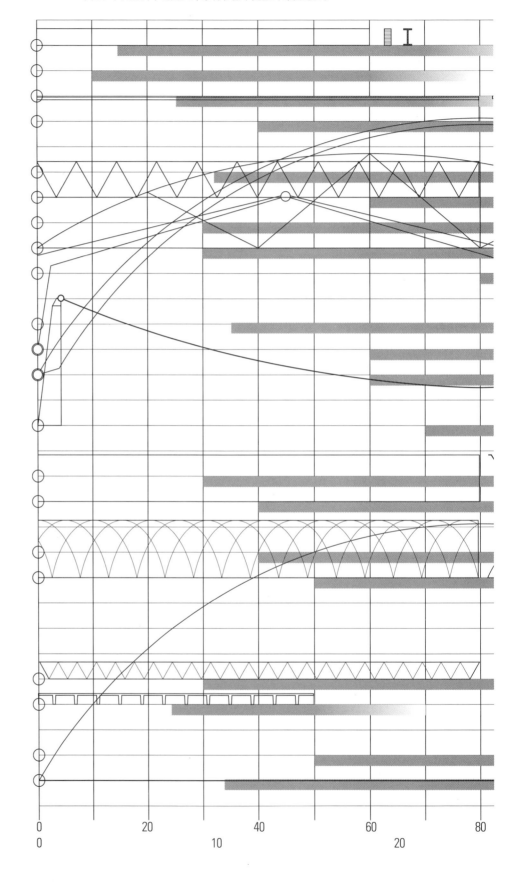

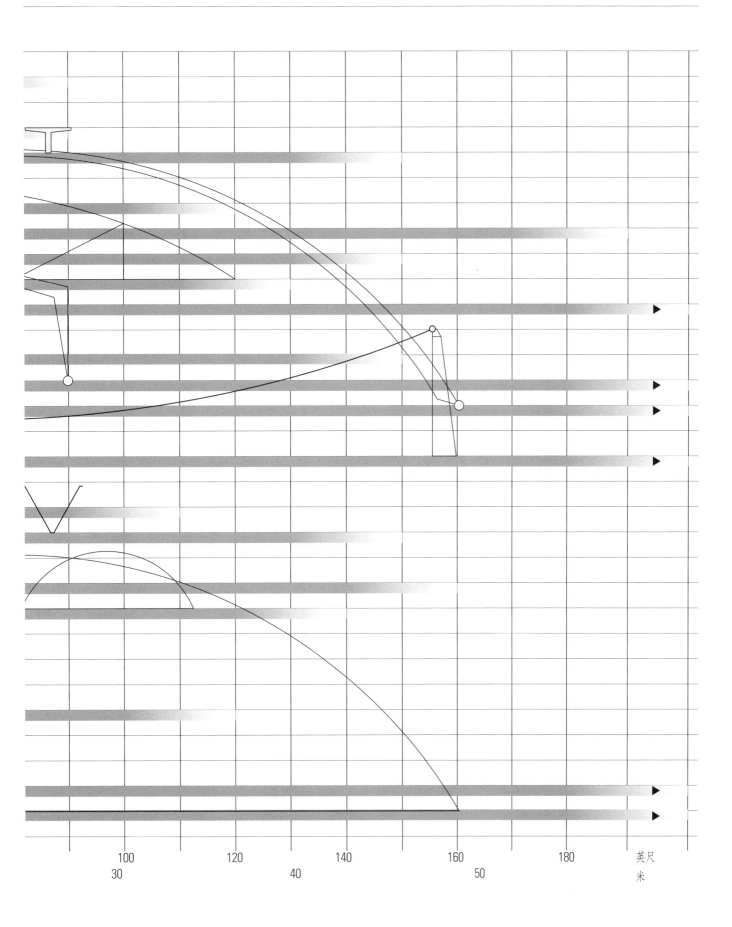

当在理想净高范围内需要最小体积时,扁平梁结构最合适。可达到的跨度与梁截面厚度有直接关系,对于普通荷载,胶合板叠梁和钢梁截面厚—跨长比需要接近 1:20。尽管实腹梁结构具有截面厚—跨长比优势,但它们自重较大,并且不像空腹桁架梁结构一样易于适应机械设备的安装。

胶合板叠梁　Glue-Laminated Beams

实木锯材木梁不适用于大跨度,但胶合板(多层胶合板)叠梁横跨能力可达 80 英尺(24.4 米)。多层胶合板梁具有极好的强度,可制作成大截面,并具有抹圆或收分的轮廓线。

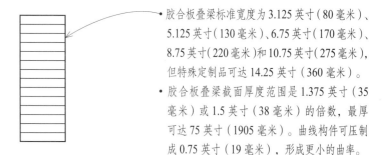

- 胶合板叠梁标准宽度为 3.125 英寸(80 毫米)、5.125 英寸(130 毫米)、6.75 英寸(170 毫米)、8.75 英寸(220 毫米)和 10.75 英寸(275 毫米),但特殊定制品可达 14.25 英寸(360 毫米)。
- 胶合板叠梁截面厚度范围是 1.375 英寸(35 毫米)或 1.5 英寸(38 毫米)的倍数,最厚可达 75 英寸(1905 毫米)。曲线构件可压制成 0.75 英寸(19 毫米),形成更小的曲率。

- 受长度影响,大跨胶合板叠梁需要特殊的运输,将它们从制造车间运至施工现场。
- 有多种外轮廓可用于屋顶排水。
- 大跨胶合板叠梁的截面尺寸足够大,以满足第四类或"大木"构造的使用要求,大致等于一小时耐火构造。

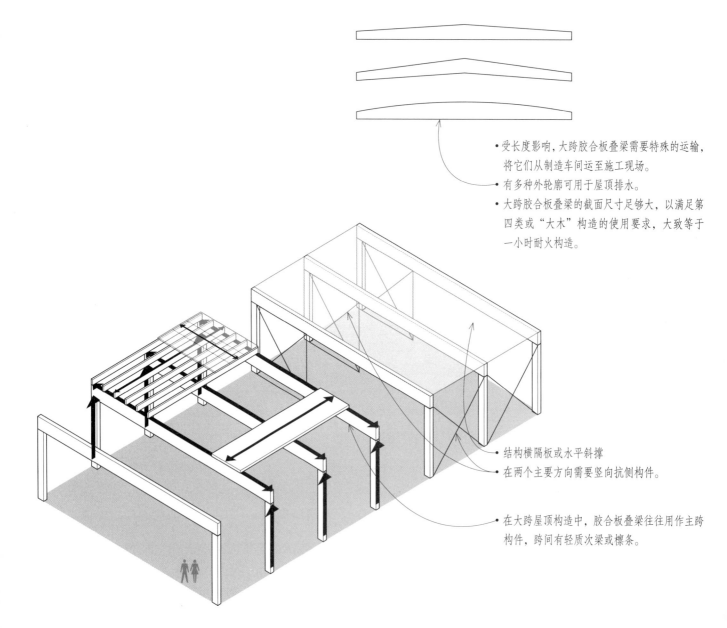

- 结构横隔板或水平斜撑
- 在两个主要方向需要竖向抗侧构件。

- 在大跨屋顶构造中,胶合板叠梁往往用作主跨构件,跨间有轻质次梁或檩条。

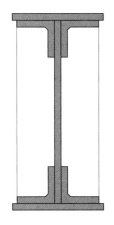

钢梁　Steel Beams

梁截面厚 44 英寸（1120 毫米）的宽翼工字钢跨度能达 70 英尺（21 米）。跨度更大、梁截面更厚也可以，做法是将钢板与型钢焊接组成板梁。

板梁和轧制宽翼工字梁对大跨设备不是十分有效，因为满足弯矩和挠度需要的必要材料数量过剩。通常为了更经济，可使板梁外轮廓有变化，在最大弯矩的位置提供最大截面，在弯矩最小的位置减少截面，从而通过去除不必要的材料减少梁的恒载。这样带收分的轮廓线尤其适用于屋顶结构排水。

混凝土梁　Concrete Beams

常见的钢筋混凝土构件可用于较大跨度，但是如果这样做，它们会变得十分巨大而笨重。预应力混凝土效果较好，截面更小、更轻质，比标准钢筋混凝土更少出现开裂。

对混凝土构件施加预应力，既可通过在工厂预拉伸，也可在施工场地后拉张。预制的预应力构件需要细致规划如何搬运和运输。现浇预应力混凝土梁的一个优点在于消除较长预制构件到施工现场的运输过程。

预制的预应力混凝土构件有标准的形状和尺寸。两种最常用的形状是单 T 形和双 T 形。双 T 形广泛用于跨度达 70 英尺（21 米）的情况，而单 T 形在用于跨度达 100 英尺（30 米）或更多的情况。特殊形状也同样可行，但未必经济，除非表明铸造成这种特殊形式是必需的，而构件有足够多的重复可以弥补成本。

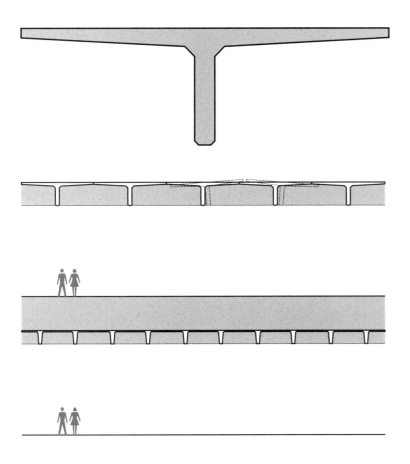

桁架梁　Trussed Beams

桁架梁是一种加强的连续梁，结合了抗压构件和对角斜拉杆。竖向撑杆为横梁构件提供中间支撑点，减少了它的弯矩，而形成的桁架作用增加了横梁的荷载支撑能力。

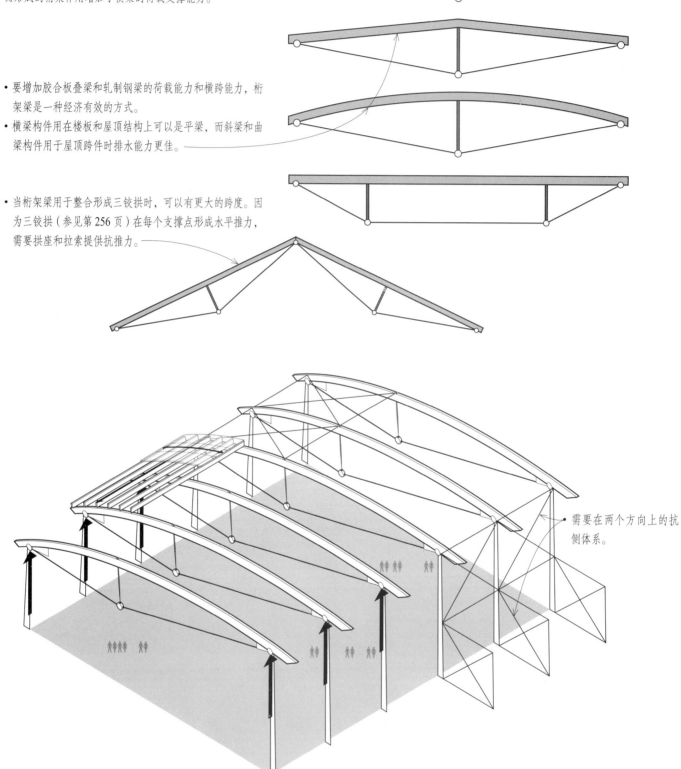

- 要增加胶合板叠梁和轧制钢梁的荷载能力和横跨能力，桁架梁是一种经济有效的方式。
- 横梁构件用在楼板和屋顶结构上可以是平梁，而斜梁和曲梁构件用于屋顶跨件时排水能力更佳。

- 当桁架梁用于整合形成三铰拱时，可以有更大的跨度。因为三铰拱（参见第256页）在每个支撑点形成水平推力，需要拱座和拉索提供抗推力。

需要在两个方向上的抗侧体系。

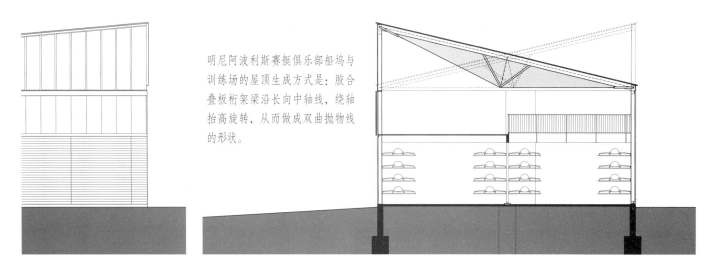

明尼阿波利斯赛艇俱乐部船坞与训练场的屋顶生成方式是：胶合叠板桁架梁沿长向中轴线，绕轴抬高旋转，从而做成双曲抛物线的形状。

局部立面图和剖面图：美国明尼苏达州明尼阿波利斯（Minneapolis）的明尼阿波利斯赛艇俱乐部（Minneapolis Rowing Club），1999—2001 年，文森特·詹姆斯（Vincent James）建筑设计事务所设计

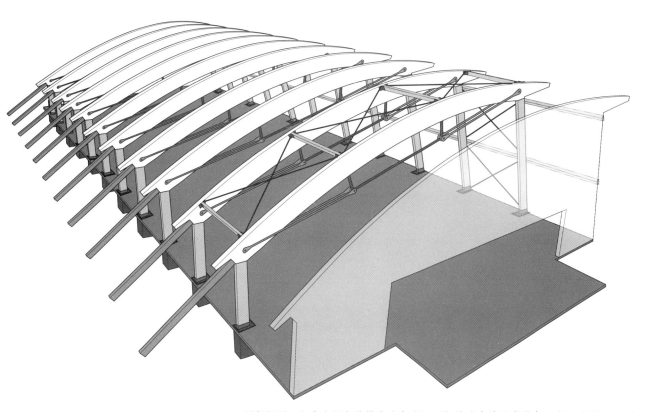

图解视图：加拿大阿尔伯塔省班夫（Banff）的班夫社区康乐中心（Banff Community Recreation Center），2011 年，GEC 建筑师事务所设计

班夫社区康乐中心的屋顶由胶合叠板桁架拱支撑，它是从旧的冰壶球场保留下来的。保留的胶合叠板部件还被用于建筑综合楼各处的柱子。所有保留部件都经过清点、检验，并按现代标准进行测试，以确定部件是否适合再利用。在某些情况下，部件被切成了两个小构件。

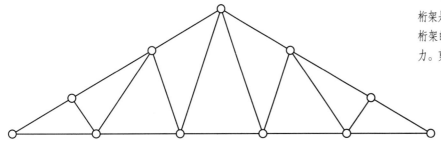

桁架是铰接的三角装置，由受到拉力或压力的简单支杆组成。桁架的弯矩被分解为底部弦杆和顶部弦杆的拉应力和压应力。剪切力被分解为对角或竖向弦杆的拉应力和压应力。

- 平屋架（Flat truss）的底部弦杆和顶部弦杆平行。平屋架一般不像斜桁架和弓弦桁架一样有效。

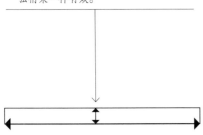

- 平屋架的跨度范围：120 英尺（37 米）
- 平屋架的截面厚度范围：跨度的 1/15~1/10

- 剪式桁架（Scissors truss）的受拉构件从每个上弦杆的基部延伸到相对上弦杆的中点。

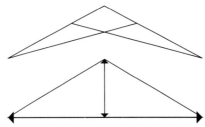

- 拱形桁架的跨度范围：150 英尺（46 米）
- 拱形桁架截面厚度范围：跨度的 1/10~1/6

- 月牙式桁架（Crescent truss）的上弦杆和下弦杆向上弯曲，在每一侧有交点。

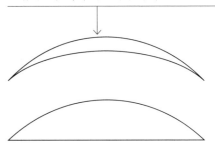

- 弓弦式桁架（Bowstring truss）弯曲的上弦杆与直线下弦杆相交于每一侧端点。

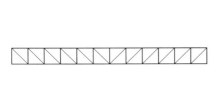

- 华伦式桁架（Warren truss）具有倾斜腹杆，组成一系列相同的三角形。竖向腹杆有时用于减少受压上弦杆的面长。

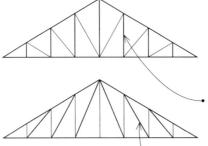

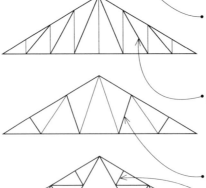

- 普拉特桁架（Pratt truss）有受压的竖向腹杆和受拉斜腹杆。当长腹杆受拉时，一般使用这种桁架类型效果较好。

- 豪威式桁架（Howe truss）有受拉竖向腹杆和受压斜腹杆。

- 比利时式桁架（Belgian truss）仅有倾斜的腹杆。
- 芬克式桁架（Fink truss）是有副斜杆的比利时式桁架，用于减少面向跨度中线的受压腹杆长度。

桁架使用材料更加经济，而且比实心梁在大跨上效果更佳，
但由于大量的连接以及连接的复杂性，制造费用相对昂贵。
当跨度为 100 英尺（30 米）或更大，且作为支撑次级桁架
或横梁的结构主构件时，桁架会更加经济。

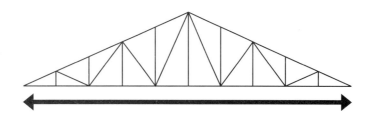

• 大跨桁架最常用于屋顶结构和形成多种外轮廓。
当偶尔用于楼板结构时，桁架有平行的弦杆。

• 桁架效果最佳的地方是荷载作用的节点处——
即腹板与弦杆相交的位置，以便将独立构件上
的弯矩减至最少。

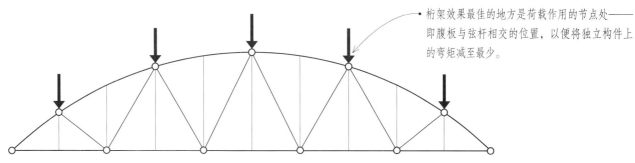

• 大跨主桁架的间距以垂直于桁架跨度的次级框架构件的横
跨能力为参数。通常使用的桁架中心间距范围是 6~30 英
尺（1.8~9 米）。

• 次级构件的间距由主桁架的嵌板间距决定，以使荷载传递
到嵌板连接部位。

• 在相邻桁架的上弦杆和下弦杆之间需要竖向防
摇斜撑，提供针对侧向风荷载和地震荷载的承
抵力。

• 桁架的上弦杆应由次级框架支撑及横向斜撑承
抵翘曲。

• 如果屋顶框架的横隔板作用不足以承抵后壁张
力时，在上弦杆或下弦杆的平面内可能需要水
平对角斜撑。

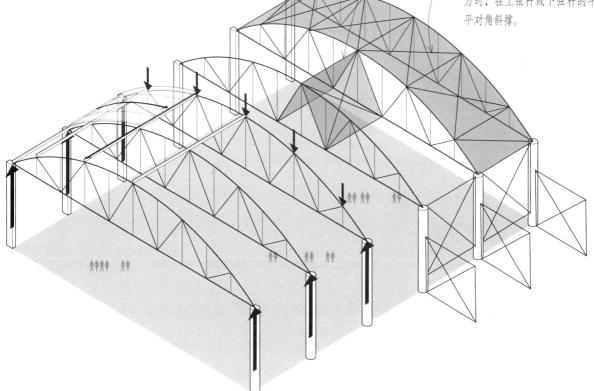

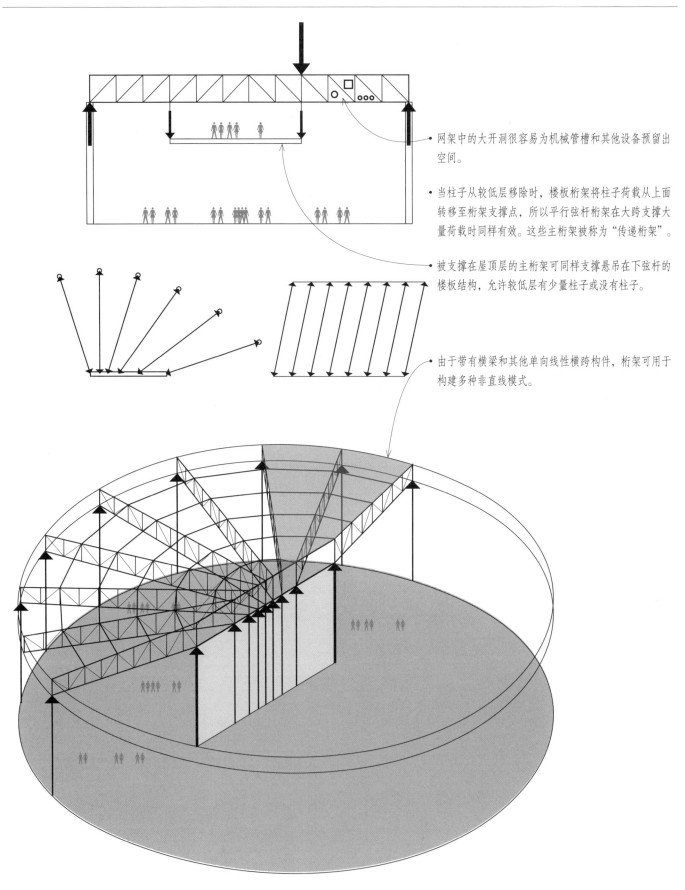

• 网架中的大开洞很容易为机械管槽和其他设备预留出空间。

• 当柱子从较低层移除时，楼板桁架将柱子荷载从上面转移至桁架支撑点，所以平行弦杆桁架在大跨支撑大量荷载时同样有效。这些主桁架被称为"传递桁架"。

• 被支撑在屋顶层的主桁架可同样支撑悬吊在下弦杆的楼板结构，允许较低层有少量柱子或没有柱子。

• 由于带有横梁和其他单向线性横跨构件，桁架可用于构建多种非直线模式。

桁架一般由木材或钢、有时由两者结合制成。由于重量关系，混凝土几乎不用于制造桁架。由所希望的外形、屋顶框架和屋顶材料的兼容性、所需构造形式，决定使用木材还是钢材。

钢桁架   Steel Trusses

钢桁架一般由焊接或螺栓连接的结构角钢和T形钢，共同组成三角框架。由于这些桁架构件的细长比影响，连接部位通常使用钢角板。较重的钢桁架可利用宽翼T形钢和结构管。

木质桁架   Wood Trusses

与单面桁架拱相反，重型木桁架的组装方式是将多个构件分层，并将它们在节点处用裂环连接件连接。这些木质桁架比桁架拱能支撑更多的荷载，所以它们的间隔更远。

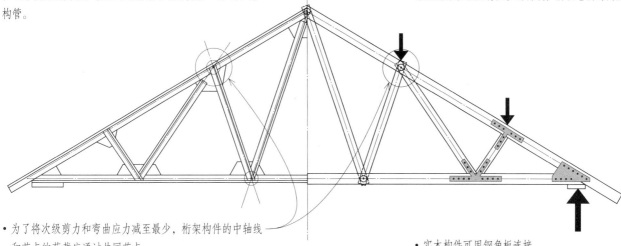

- 为了将次级剪力和弯曲应力减至最少，桁架构件的中轴线和节点的荷载应通过共同节点。
- 构件与角板连接通过焊接或螺栓连接。
- 任意斜撑拉条同样应该在节点处与上弦杆或下弦杆连接。
- 受翘曲影响的受压构件的横截面尺寸大于受拉应力影响的受拉构件。最好将较短的桁架构件放置到受压处，而较长的放置到受拉处。

- 实木构件可用钢角板连接。
- 复合桁架有木质受压构件和钢质受拉构件。
- 决定构件尺寸和连接细部的，是基于桁架类型、荷载模式、跨度、所用锯木的等级和种类的工程计算。

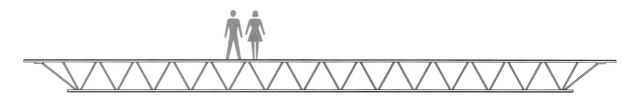

空腹搁栅   Open-Web Joists

- 商业生产的空腹木质或钢质搁栅比一般桁架轻，跨度能达120英尺（37米）。
- 复合空腹搁栅有木质上弦杆和下弦杆以及对角钢管网。适用于跨度超过60英尺（18.3米）的复合搁栅截面厚度为32~46英寸（810~1170毫米）。重型复合搁栅截面厚度范围在36~60英寸（915~1525毫米）。

- 大跨度系列和厚截面大跨度系列的空腹钢搁栅适用于大跨装置。大跨度系列适用于楼板和屋顶板的直接支撑，而厚截面大跨度系列则仅适用于屋顶板的直接支撑。
- 大跨度系列搁栅截面厚度为32~48英寸（810~1220毫米），跨度范围是60~100英尺（18~30米）。厚截面大跨度系列截面厚度范围是52~72英寸（1320~1830毫米），跨度范围能达60~140英尺（18.3~42.7米）。

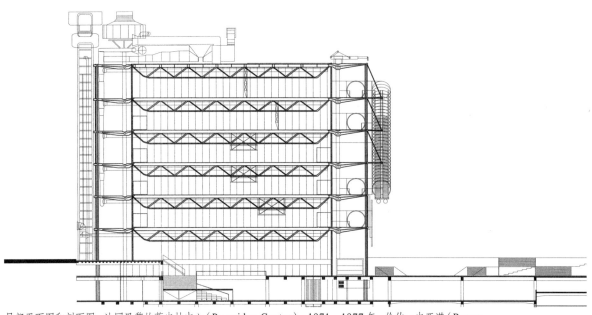

局部平面图和剖面图：法国巴黎的蓬皮杜中心（Pompidou Center），1971—1977 年，伦佐·皮亚诺（Renzo Piano，1937—，意大利建筑师）和理查德·罗杰斯（Richard Rogers，1933—，英国建筑师）设计

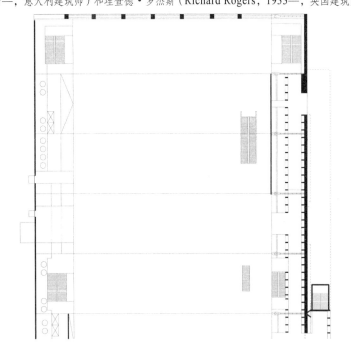

蓬皮杜中心钢构主桁架两两的排布间隔是 42 英尺（12 米），其跨度约为 157 英尺（48 米）。在每一楼层的支撑柱顶端，是定制成型的钢吊架，每一个有 26 英尺（8 米）长，20000 磅（9.07 吨）重。复合混凝土和宽翼钢梁横跨了主桁架。

菲诺科学中心（图见对页）中央空间的屋顶由大跨空间框架———➤支撑。通过采用亚当斯·卡拉·泰勒（Adams Kara Taylor）结构工程咨询公司开发的高级有限元分析建模软件，才使得中心的复杂形式变成可能。整个建筑结构内部的复杂受力被作为一单个构件来计算和处理，由此优化了结构的完整性与材料效能。假如是按几年前的传统方式来设计，那么不同结构体系都会单独设计，从而明显导致建筑结构被过度设计。

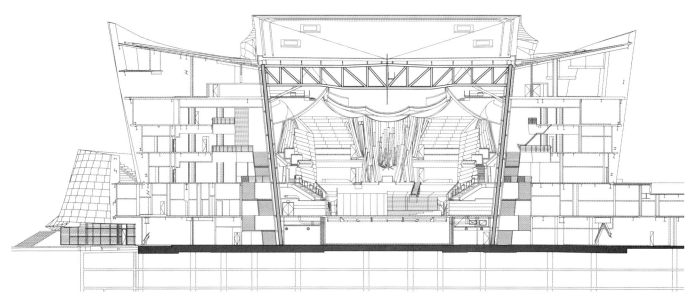

剖面图：美国加利福尼亚州洛杉矶的迪斯尼音乐厅（Walt Disney Concert Hall），1991—2003 年，弗兰克•盖里（Frank Gehry，1929—，美国建筑师）/ 盖里合伙人事务所（Gehry Partners）设计

迪斯尼音乐厅是一个复杂的钢构架，不但充满曲线，而且其外形需要用到一个复杂的软件程序，这个程序原本是为法国航天工业而开发的。建筑的中心是观众大厅，它是洛杉矶爱乐交响乐团（Los Angeles Phiharmonic）和洛杉矶大师合唱团（Los Angeles Master Chorale）的主场。大跨钢桁架横跨了巨大的无柱空间。

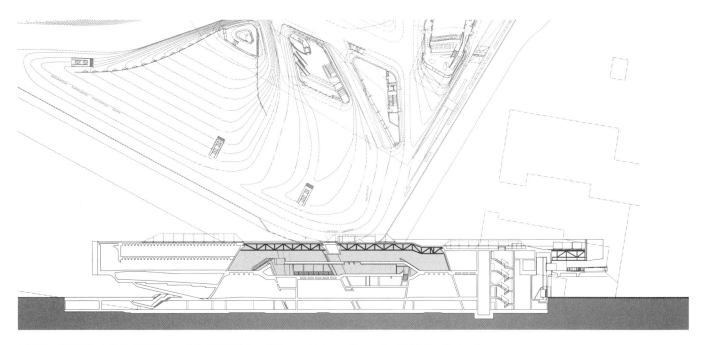

剖面图：德国沃尔夫斯堡（Wolfsburg）的菲诺科学中心（Phaeno Science Center），2005 年，扎哈•哈迪德建筑师事务所设计

空间桁架　Space Trusses

空间桁架是单向结构，视觉上是由两个平面桁架在上弦杆相交的同时，和顶部两根弦杆组成第三个桁架。这种三维桁架现在能承抵竖向、水平、扭转的作用力。

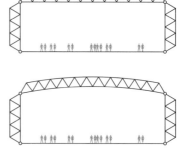

- 空间桁架能用于多种不同屋顶轮廓的大跨结构。通过控制关键点的桁架厚度，可有效承抵弯矩和挠度。

- 空间桁架的厚度下降至跨度的1/15~1/5，它取决于支撑的从属荷载和大跨所允许的挠度大小。

- 空间桁架的间距由次级构件的横跨能力决定。来自于次级构件的荷载应该在节点处出现，以避免在独立构件上引起局部弯矩。

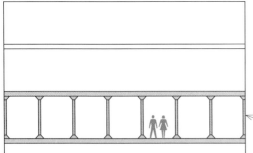

- 空腹桁架的效果比常见的桁架差，当与之厚度相似时，易于产生更大挠曲。
- 多数空腹桁架有完整层高的高度，而当建筑结构中需要有贯穿的交通流线时，在某些开间中正好允许缺省斜杆。

空腹桁架　Vierendeel Trusses

空腹桁架有若干竖直腹杆，与平行的上弦杆和下弦杆刚性连接。因为它没有斜杆，所以它不是真正的桁架，结构上作为刚性框架结构。上弦杆承抵压力，而下弦杆受拉，与真正的桁架相似。然而，由于没有斜撑，弦杆必须同时承抵在弦杆和竖直腹杆间连接产生的剪力和弯矩。

塞菲科棒球场的矩形屋顶由三块活动面板组成,当闭合时,可遮蔽面积达 9 英亩。屋顶面板由四个空间桁架支撑,这些桁架在 128 个钢轮上滑动,由 96 个 10 马力电动机来驱动;按下按钮,可以在 10~20 分钟内关上或打开屋顶。关上时,跨度达 631 英尺(192 米)的屋顶面板 1 和面板 3,会折进跨度达 655 英尺(200 米)面板 2 的内部。

屋顶设计为可支撑 80~90 磅 / 平方英尺(36.3~40.9 千克 / 平方米)的荷载,或者说最大 7 英尺(2.1 米)厚的积雪,并在最大 70 英里 / 小时(112.7 千米 / 小时)的持续风速下良好运作。活动桁架支撑着三个屋顶面板,一侧有固定的刚性连接,另一侧为用插栓或阻尼的连接节点。这使得屋顶在疾风下可折曲,在地震发生时桁架构件不至于承受过度的应力,而水平力也不至于传递到轨道梁。

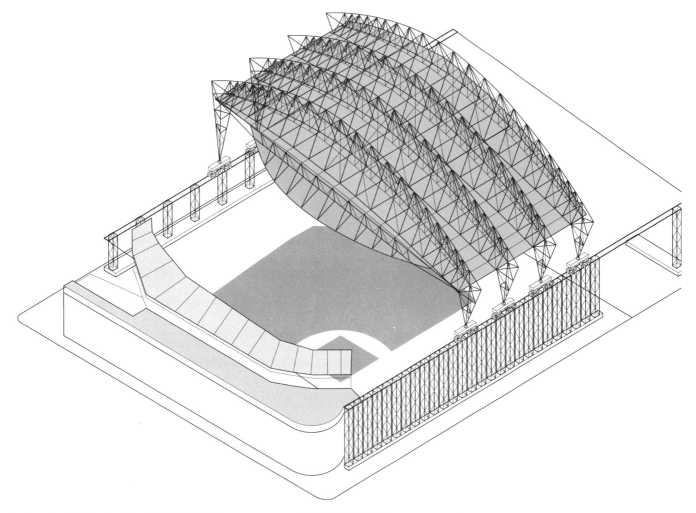

鸟瞰图:美国华盛顿州西雅图的塞菲科棒球场(Safeco Field,西雅图水手队的主场),1997—1999 年,NBBJ 建筑设计公司设计

拱主要通过轴向压力支撑竖向荷载。它们利用它们的曲线形式将所支撑荷载的竖向作用力转变为倾斜分力，并将它们传递至拱两边的拱座上。

固定拱　Fixed Arches

固定拱是刚性连接至两边基础支撑构件的连续构件。弯曲应力既贯穿在拱的长度中，也分布在两边的支撑构件中，拱必须设计为对此作出承抵。固定拱的形式一般在支撑点上的截面较厚，在拱顶截面逐渐减薄。固定拱一般由钢筋预应力混凝土或型钢制成。

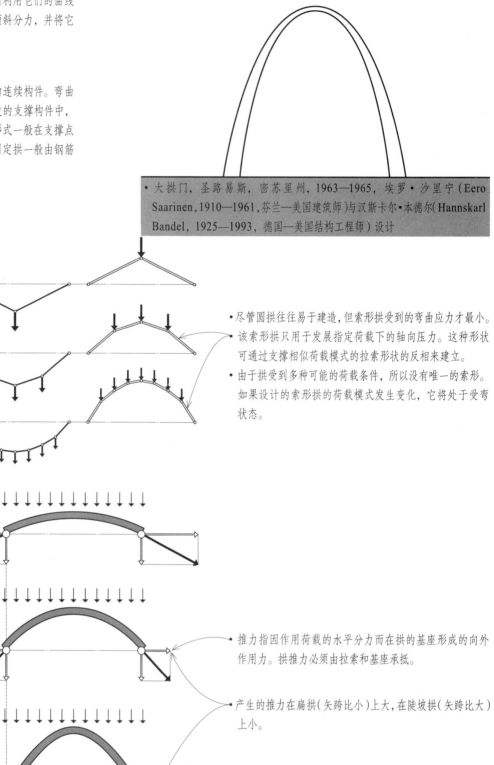

• 大拱门，圣路易斯，密苏里州，1963—1965，埃罗·沙里宁（Eero Saarinen，1910—1961，芬兰—美国建筑师）与汉斯卡尔·本德尔（Hannskarl Bandel，1925—1993，德国—美国结构工程师）设计

• 尽管圆拱往往易于建造，但索形拱受到的弯曲应力才最小。该索形拱只用于发展指定荷载下的轴向压力。这种形状可通过支撑相似荷载模式的拉索形状的反相来建立。

• 由于拱受到多种可能的荷载条件，所以没有唯一的索形。如果设计的索形拱的荷载模式发生变化，它将处于受弯状态。

• 推力指因作用荷载的水平分力而在拱的基座形成的向外作用力。拱推力必须由拉索和基座承抵。

• 产生的推力在扁拱（矢跨比小）上大，在陡坡拱（矢跨比大）上小。

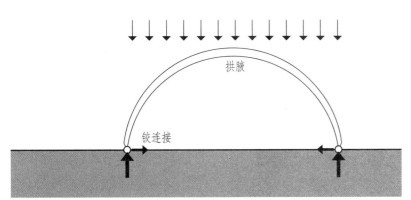

刚性拱　Rigid Arches

当代的拱包括能支撑部分弯曲应力的木质、钢质、钢筋混凝土曲线钢质结构。它们的结构作用相当于刚性框架或抗弯框架。代替门式刚性框架的直线段的曲线的几何特性不仅仅影响造价，还影响框架构件上所产生的应力，因为没有一个单独的索形拱形状适合于所有可能的荷载条件。

双铰拱　Two-Hinged Arches

双铰拱是在两边基座支撑带有销钉连接的连续结构。销钉连接避免当支座沉降被挤压时，框架作为单元旋转，或当温度改变受压而轻微收缩所产生的巨大弯曲应力。它们一般在拱顶较薄，允许荷载传递路径变化，而限制弯曲应力的大小，同时维持拱的形状。胶合板、型钢、木质和钢质桁架、混凝土都被用作制造双铰拱。

- 由于销钉连接不产生弯矩，它们的横截面通常较小，在弯矩较大或需要较大截面的拱肩或拱腋，它们通常是带收分的。
- 竖向荷载通过结合受压和受弯，被传递至刚性框架的构件上，但由于框架形成了一定程度的拱作用，所以在每个基座支撑上产生了水平推力。故而需要特制的拱座和拉索承抵推力。

- 刚性拱稳定性不能确定，仅在面内表现刚性。在垂直方向需要结构横隔板或对角斜撑承抵侧向作用力。

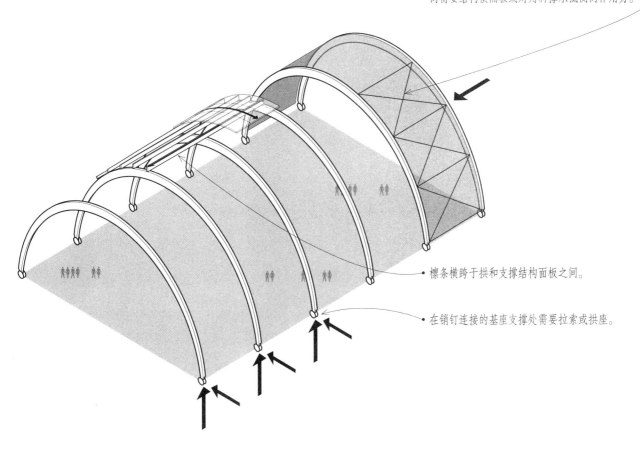

- 檩条横跨于拱和支撑结构面板之间。

- 在销钉连接的基座支撑处需要拉索或拱座。

三铰拱　Three-Hinged Arches

三铰拱是两个刚性段在拱顶互相连接、基座支撑用销钉连接的结构装置。虽然它对弯矩的敏感程度比刚性拱或双铰拱框架高，但三铰拱受支座沉降和热应力的影响较小。三铰拱优于双铰拱的一个特点是，它们易于作为两个或更多的刚性部件加工制作，这样可运输至场地连接和安装。

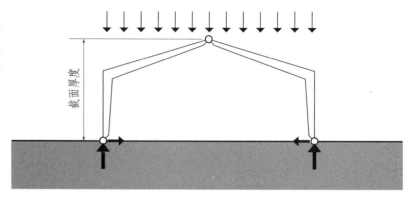

- 胶合板拱跨度能达 100~250 英尺（30~76 米），截面厚—跨度之比大约是跨度的 1/40。
- 尤其当使用桁架拱体系时，钢拱横跨能力超过 500 英尺（152 米）。它们厚度范围是跨度的 1/100~1/50。
- 混凝土拱跨度可达 300 英尺（91 米），厚度范围在跨度的 1/50 左右。

- 大跨拱作用类似刚性框架，有拱形或山形的外轮廓。
- 因为使用刚性连接阻止构件的端部自由转动，所以作用荷载在刚性框架的所有构件上产生了轴力、弯矩、剪切力。
- 竖向荷载通过结合受压和受弯，被传递至刚性框架的竖向构件上，但由于框架形成了一定程度的拱作用，所以在每个基座支撑上产生了水平推力。故而需要特制的拱座和拉索承抵推力。

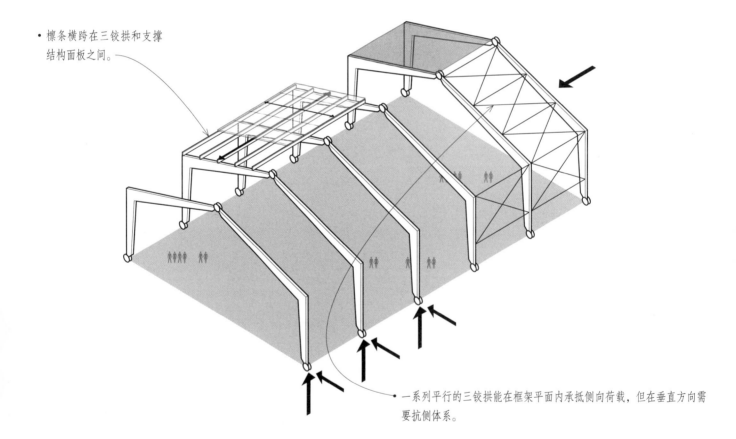

- 檩条横跨在三铰拱和支撑结构面板之间。

- 一系列平行的三铰拱能在框架平面内承抵侧向荷载，但在垂直方向需要抗侧体系。

桁架拱和拱框架往往是整体式刚性拱的经济替代品。它们可以分段制造，便于运输以及在工地现场组装。跨度一般在 150 英尺（46 米）以下，但也可使其更长。

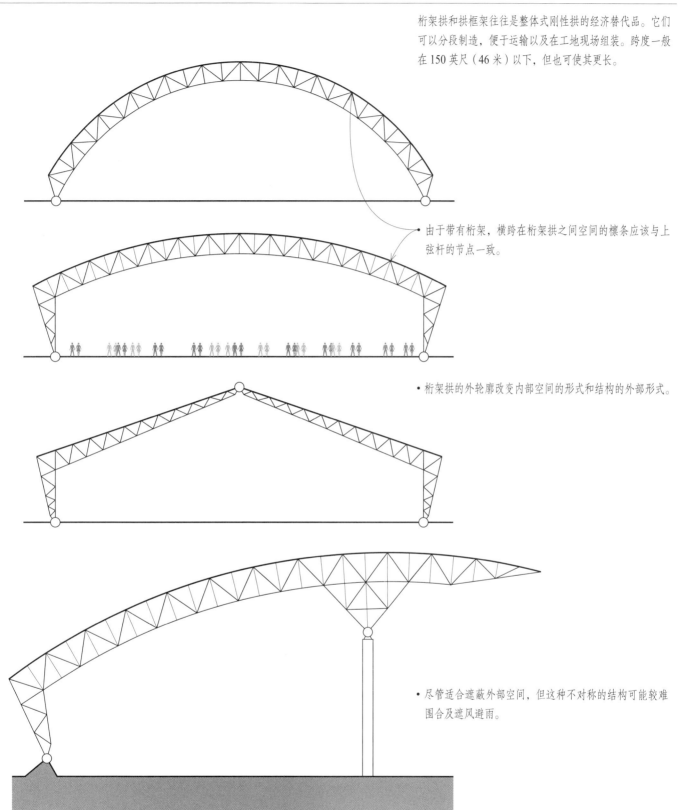

由于带有桁架，横跨在桁架拱之间空间的檩条应该与上弦杆的节点一致。

桁架拱的外轮廓改变内部空间的形式和结构的外部形式。

尽管适合遮蔽外部空间，但这种不对称的结构可能较难围合及遮风避雨。

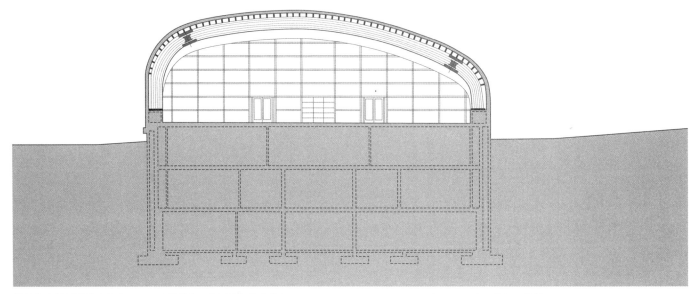

美国华盛顿州塔科马市（Tacoma）的勒梅—美国汽车博物馆（LeMay-America's Car Museum），2012 年，结构工程师：
美国西部木结构公司（Western Wood Structures）

拱状的胶合叠板部件构成了美国汽车博物馆升腾的屋顶，它表现了
世界上最大的木构刚接框架（moment-frame）体系之一。木拱材
的尺寸各异，以适应非对称屋顶在建筑前部与后部的收分。因为屋
顶是在两个方向上弯曲，所以 757 根檩条每一根都切割加工为单
独的尺寸。

还设计了专门的钢结点，从而使拱的体系具有延展性，由此允许钢
材在发生地震时会塑性屈服。目的是防止胶合叠板部件以脆弱的方
式塌陷。

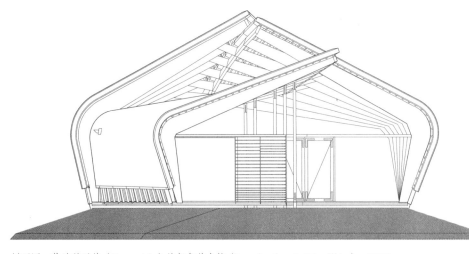

因为预算有限，使得建筑师采用了三铰拱形桁
架，借鉴的是本地谷仓建筑中经常使用的样式。
所有的排架都是相同的，只是相对于地板面倾
斜了一个稍有不同的角度。由此产生了移位的
屋顶面和扭弯的屋顶面，它们几乎沿着一条断
裂的屋脊线相交，屋脊线光滑明净，以容纳间
接采光。

剖面图：荷兰茨沃德（Zeewolde）的想象艺术馆（Imagination Art Pavilion），2000
年，勒内·范·祖克（René van Zuuk, 1962—，荷兰建筑师）设计

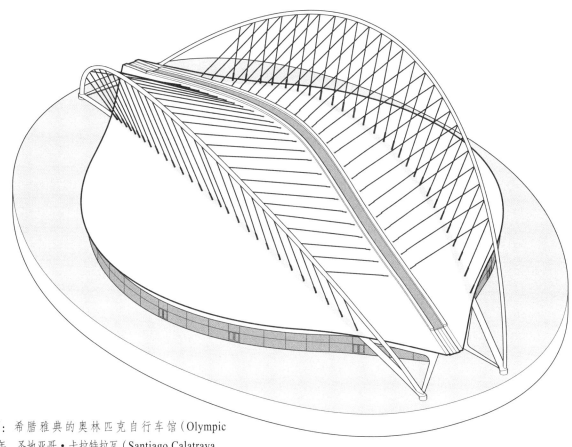

鸟瞰图和横切面图：希腊雅典的奥林匹克自行车馆（Olympic Velodrome），2004 年，圣地亚哥·卡拉特拉瓦（Santiago Calatrava, 1951—，西班牙建筑师）设计（由 1991 年原结构改造）

奥林匹克自行车馆的屋顶结构由两道巨大的钢管拱构成，每一个重 4000 吨，从拱上有 40 组横肋悬吊下来。有 23 组独特的肋，每一个都在这个对称的建筑结构里用到两次。在拱的尽端，每一端各有最后三组肋，由环管支撑。上层拱的双索不止承担了部分屋顶荷载，还能以其三角几何形来帮助加强建筑结构的侧向稳定性。

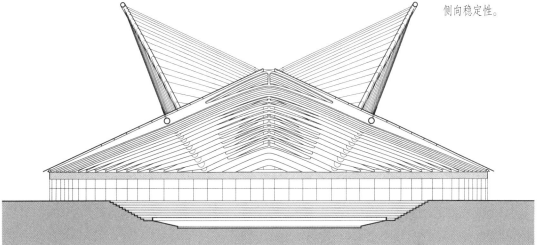

CABLE STRUCTURES

拉索结构

拉索结构利用拉索为主要支撑方式。由于拉索受拉强度高，但不能承抵压力和弯矩，所以它们用于纯受拉的构件。当受到集中荷载时，拉索的形状将由多个直线线段组成。在均布荷载作用下，它将会形成倒置的拱形。

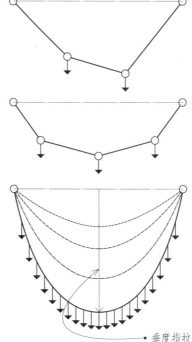

- 该索形被假设为自由变形的拉索，直接回应外部荷载的大小和位置。拉索总是调整它的形状，以至于它在作用荷载下单纯受拉。

- 悬链是假设韧性良好的均匀拉索从不在同一铅垂线的两点自由悬吊。对于水平投影的均匀分布的荷载，曲线接近抛物线。

- 垂度指拉索结构支撑点到最低点的竖直距离。随着拉索的垂度增加，拉索内产生的内力减少。拉索结构往往垂跨比在 1:10 和 1:8 之间。

- 单层拉索结构必须针对由阵风和紊流引起的上升力而仔细设计。摆动或振动在轻质受拉结构中即是严重关注的问题。

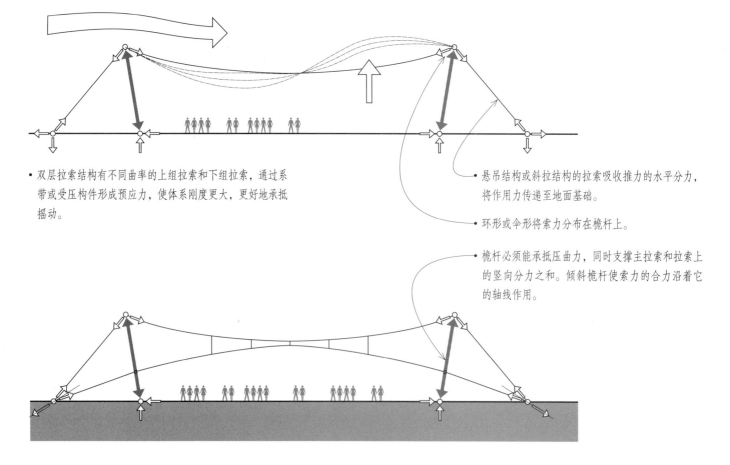

- 双层拉索结构有不同曲率的上组拉索和下组拉索，通过系带或受压构件形成预应力，使体系刚度更大，更好地承抵摇动。

- 悬吊结构或斜拉结构的拉索吸收推力的水平分力，将作用力传递至地面基础。

- 环形或伞形将索力分布在桅杆上。

- 桅杆必须能承抵压曲力，同时支撑主拉索和拉索上的竖向分力之和。倾斜桅杆使索力的合力沿着它的轴线作用。

单曲面结构　Singly-Curved Structures

单曲面结构利用一系列平行的拉索来支撑那些形成面层的梁或板。它们易受风的空气动力学效益所引起的振动的影响。通过增加结构的恒载，并用横向拉索把主拉索锚固在地面上，可以减少这种倾向。

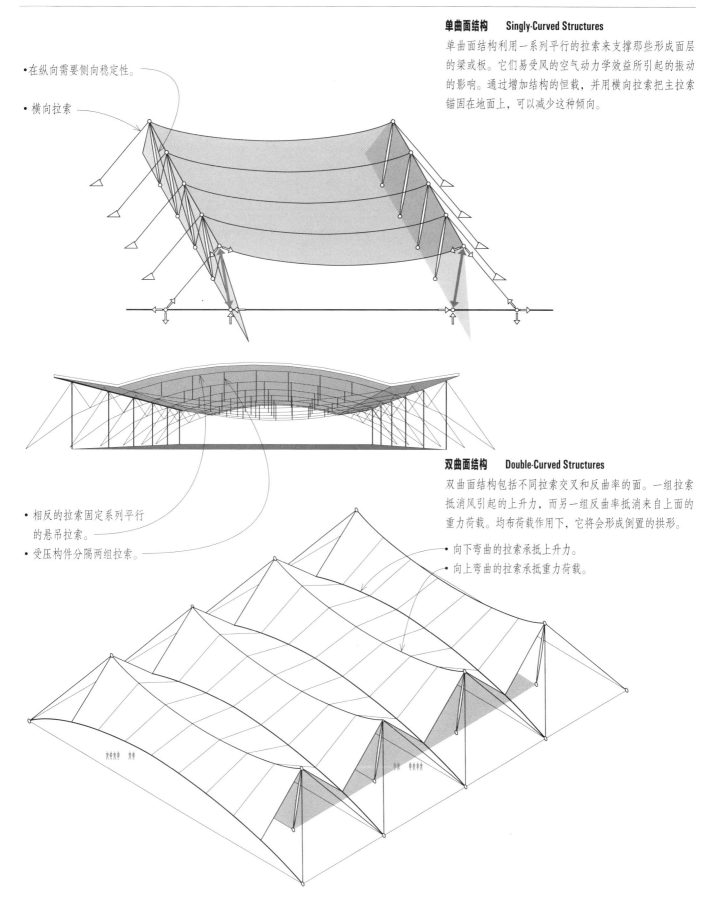

- 在纵向需要侧向稳定性。

- 横向拉索

- 相反的拉索固定系列平行的悬吊拉索。
- 受压构件分隔两组拉索。

双曲面结构　Double-Curved Structures

双曲面结构包括不同拉索交叉和反曲率的面。一组拉索抵消风引起的上升力，而另一组反曲率抵消来自上面的重力荷载。均布荷载作用下，它将会形成倒置的拱形。

- 向下弯曲的拉索承抵上升力。
- 向上弯曲的拉索承抵重力荷载。

高强度钢质结构拉索可十字形拉伸，结合表面材料实现相对轻质、大跨的屋顶结构。本页介绍的就是多种可行的拉索结构布局当中的三种。

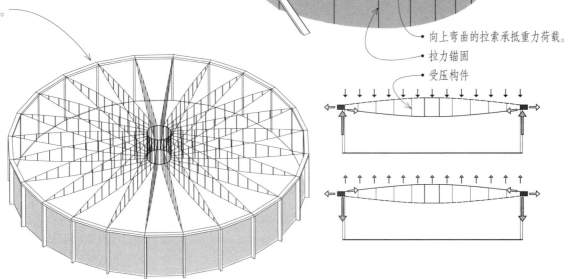

- 受压拱
- 向下弯曲的拉索承抵上升力。

- 表面包括编织的高强度纤维的面料，涂上防紫外线和防水涂料。

- 向上弯曲的拉索承抵重力荷载。
- 拉力锚固
- 受压构件

- 垂直于表面的作用力会造成巨大的索力和变形，这必须通过相反曲率的拉索抵消。

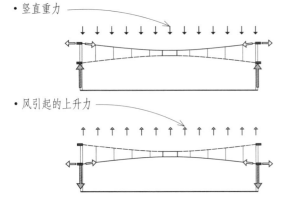

- 竖直重力

- 风引起的上升力

- 积水和积雪会对屋顶结构造成集中荷载。

- 受压环
- 受拉环

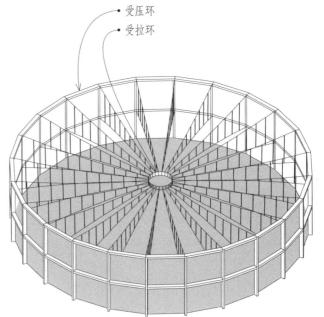

斜拉结构　**Cable-Stayed Structures**

斜拉结构包括塔架或桅杆，拉索从此处延伸至支撑水平横跨构件。拉索必须不仅有支撑结构恒载的有效能力，还要有足够支撑活载的预留能力。支撑结构的表面必须有足够刚度来传递或承抵风产生的侧力和扭转力、不平衡的活载及拉索向上拉产生的一般应力。

斜拉索一般对称连接在塔架或桅杆上，两边有同样数量的拉索，以至于斜拉索的水平分力互相抵消，将塔架或桅杆顶部的力矩减至最少。

两条主拉索构造：放射状模式或扇形模式以及平行线体系或竖琴形体系。放射状模式将斜拉索顶部与塔架顶点连接，而平行线体系将斜拉索的顶部固定在桅杆不同高度上。放射状体系往往优先选用，因为连接在同一点能将塔架的弯矩减至最少。

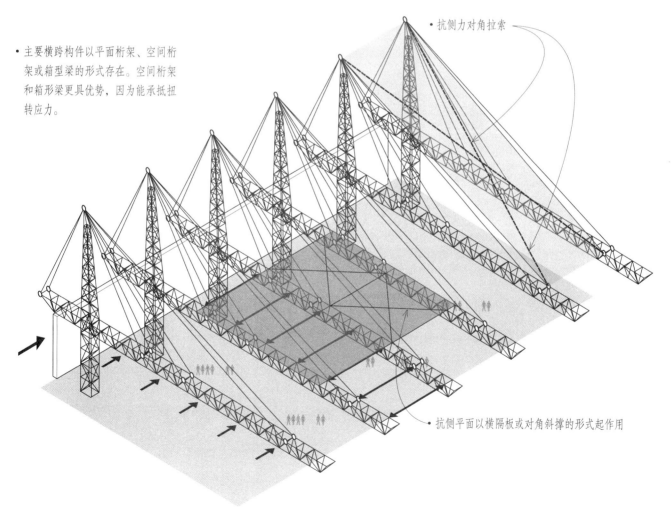

- 放射状或扇形拉索
- 塔架可由钢筋混凝土或钢材制成。
- 塔架高度一般是跨度的 1/6~1/5。

- 斜拉索是高强度钢。

- 平行拉索的竖琴形体系

- 主要横跨构件以平面桁架、空间桁架或箱型梁的形式存在。空间桁架和箱形梁更具优势，因为能承抵扭转应力。

- 抗侧力对角拉索

- 抗侧平面以横隔板或对角斜撑的形式起作用

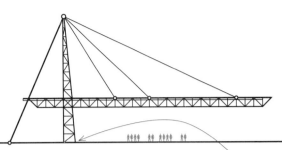

这种斜拉结构支撑构件在地面层用最少的支撑结构支撑巨大的屋顶面积。然而,对于巨大的上升风力,可能需要沿着屋盖边缘设置约束系统。

因重力荷载较大,并可能产生倾覆力矩,所以需要有一个实质存在的基础。

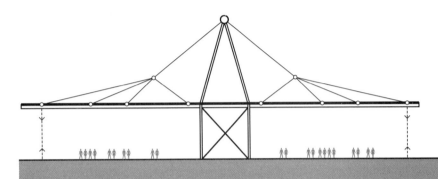

斜拉体系在中心支撑体系的两侧界定出大型的无柱空间。需要受拉构件和压制构件承抵上升风力。

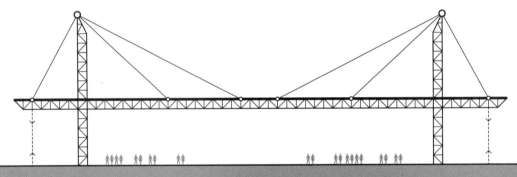

这种斜拉体系利用上述两个例子的结构增加覆盖面,提供十分巨大的无柱空间。

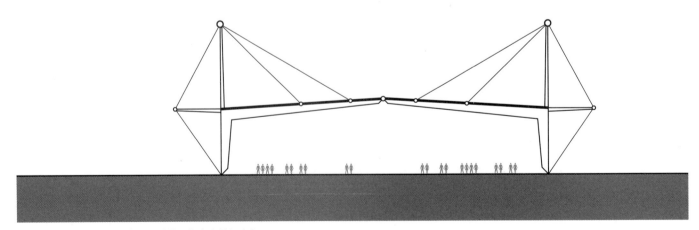

这一构思用到一个三铰框架,通过使用拉索来增加跨度。

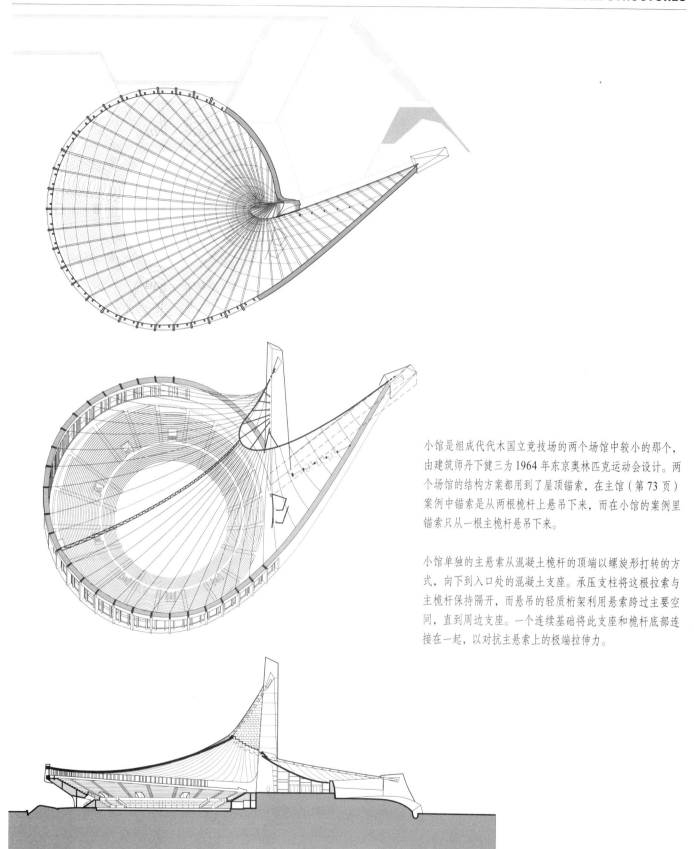

小馆是组成代代木国立竞技场的两个场馆中较小的那个，由建筑师丹下健三为1964年东京奥林匹克运动会设计。两个场馆的结构方案都用到了屋顶锚索，在主馆（第73页）案例中锚索是从两根桅杆上悬吊下来，而在小馆的案例里锚索只从一根主桅杆悬吊下来。

小馆单独的主悬索从混凝土桅杆的顶端以螺旋形打转的方式，向下到入口处的混凝土支座。承压支柱将这根拉索与主桅杆保持隔开，而悬吊的轻质桁架利用悬索跨过主要空间，直到周边支座。一个连续基础将此支座和桅杆底部连接在一起，以对抗主悬索上的极端拉伸力。

日本东京的代代木国立竞技场小馆，1964 年，丹下健三（1913—2015，日本建筑师）+ URTEC 设计

膜结构   Membrane Structures

膜结构由轻薄而灵活的表面构成，它们主要通过开发拉应力来承担荷载。

帐篷结构：这种膜结构由外部作用力施加了预应力，因此它们在各种预期荷载情况下都完全保持拉紧。为了避免极端高强张力，膜结构应该在相反方向上有较大弯度的曲率。

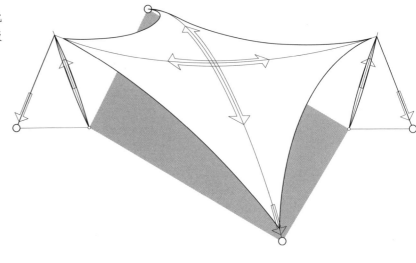

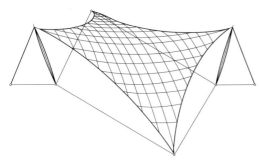

网状结构：这种膜结构的表面是间隔很密的拉索，以此作为骨架材料。

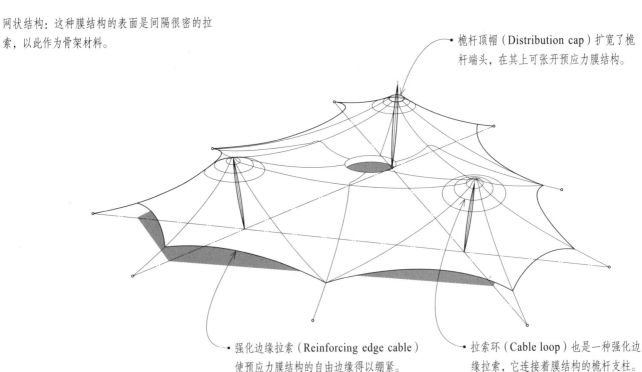

• 桅杆顶帽（Distribution cap）扩宽了桅杆端头，在其上可张开预应力膜结构。

• 强化边缘拉索（Reinforcing edge cable）使预应力膜结构的自由边缘得以绷紧。

• 拉索环（Cable loop）也是一种强化边缘拉索，它连接着膜结构的桅杆支柱。

充气膜结构：这种膜结构紧拉着放置，并由压缩空气的压力来保持稳定。

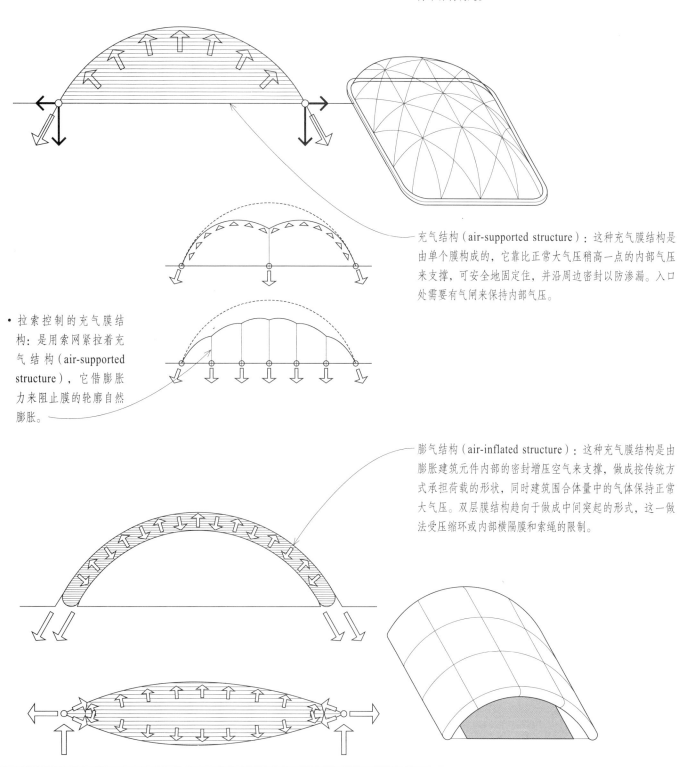

充气结构（air-supported structure）：这种充气膜结构是由单个膜构成的，它靠比正常大气压稍高一点的内部气压来支撑，可安全地固定住，并沿周边密封以防渗漏。入口处需要有气闸来保持内部气压。

• 拉索控制的充气膜结构：是用索网紧拉着充气结构（air-supported structure），它借膨胀力来阻止膜的轮廓自然膨胀。

膨气结构（air-inflated structure）：这种充气膜结构是由膨胀建筑元件内部的密封增压空气来支撑，做成按传统方式承担荷载的形状，同时建筑围合体量中的气体保持正常大气压。双层膜结构趋向于做成中间突起的形式，这一做法受压缩环或内部横隔膜和索绳的限制。

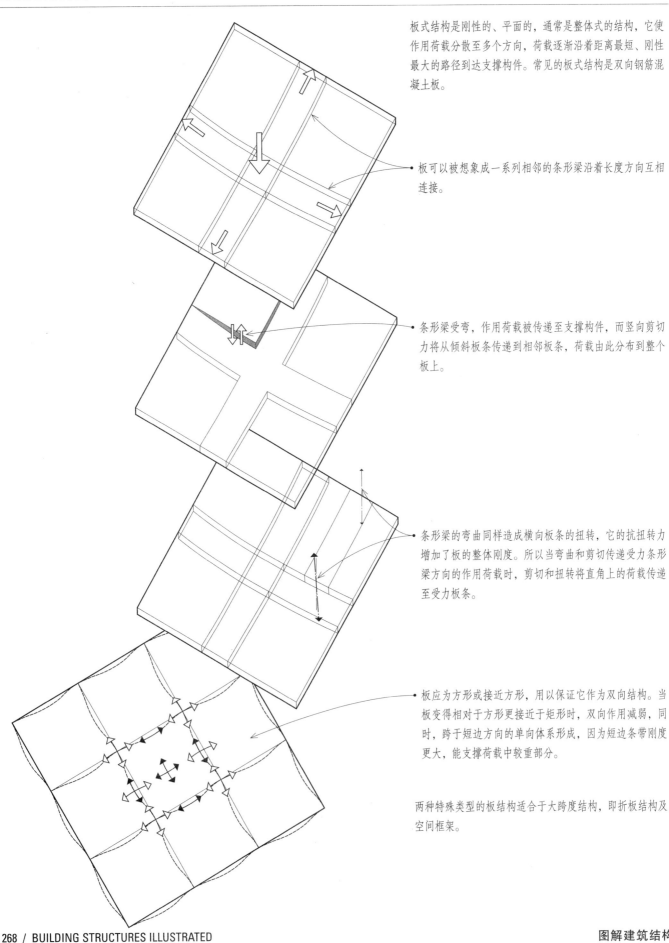

板式结构是刚性的、平面的，通常是整体式的结构，它使作用荷载分散至多个方向，荷载逐渐沿着距离最短、刚性最大的路径到达支撑构件。常见的板式结构是双向钢筋混凝土板。

• 板可以被想象成一系列相邻的条形梁沿着长度方向互相连接。

• 条形梁受弯，作用荷载被传递至支撑构件，而竖向剪切力将从倾斜板条传递到相邻板条，荷载由此分布到整个板上。

• 条形梁的弯曲同样造成横向板条的扭转，它的抗扭转力增加了板的整体刚度。所以当弯曲和剪切传递受力条形梁方向的作用荷载时，剪切和扭转将直角上的荷载传递至受力板条。

• 板应为方形或接近方形，用以保证它作为双向结构。当板变得相对于方形更接近于矩形时，双向作用减弱，同时，跨于短边方向的单向体系形成，因为短边条带刚度更大，能支撑荷载中较重部分。

两种特殊类型的板结构适合于大跨度结构，即折板结构及空间框架。

折板结构　Folded Plate Structures

折板结构包括沿着边界刚性连接的又薄又深的构件，同时形成锐角互相支撑，承抵侧向压曲。

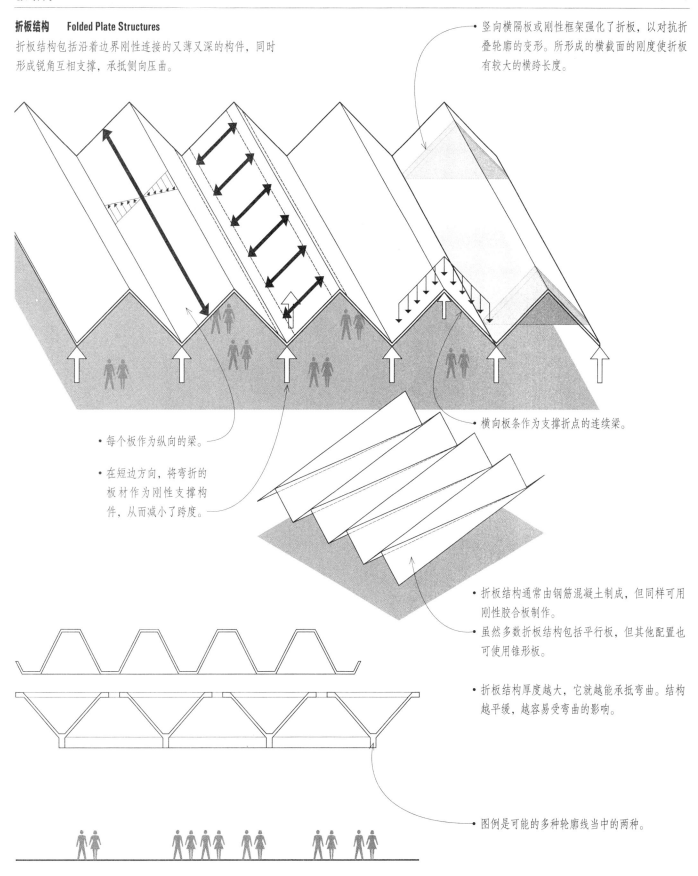

- 竖向横隔板或刚性框架强化了折板，以对抗折叠轮廓的变形。所形成的横截面的刚度使折板有较大的横跨长度。

- 每个板作为纵向的梁。

- 在短边方向，将弯折的板材作为刚性支撑构件，从而减小了跨度。

- 横向板条作为支撑折点的连续梁。

- 折板结构通常由钢筋混凝土制成，但同样可用刚性胶合板制作。

- 虽然多数折板结构包括平行板，但其他配置也可使用锥形板。

- 折板结构厚度越大，它就越能承抵弯曲。结构越平缓，越容易受弯曲的影响。

- 图例是可能的多种轮廓线当中的两种。

空间框架　Space Frames

空间框架是基于三角形刚度的三维结构框架,包括仅受轴向拉力或压力的线性构件。相对较轻的大跨结构主要用于屋顶构造,通常还部分镶嵌玻璃用于自然采光。组成构件可在地面层现场组装,抬至或顶至相应位置;不需要用以组装的大型设备。由于带有板式结构,空间框架的支撑开间应为方形或接近方形,用以保证它的双向结构。

- 空间框架中单个最简单的空间单元是具有五个侧面和五个顶点的方底四棱锥。
- 空间框架可由结构钢管、槽钢、T形钢、W形钢组成。

- 构件可通过焊接、销钉连接、螺纹连接。

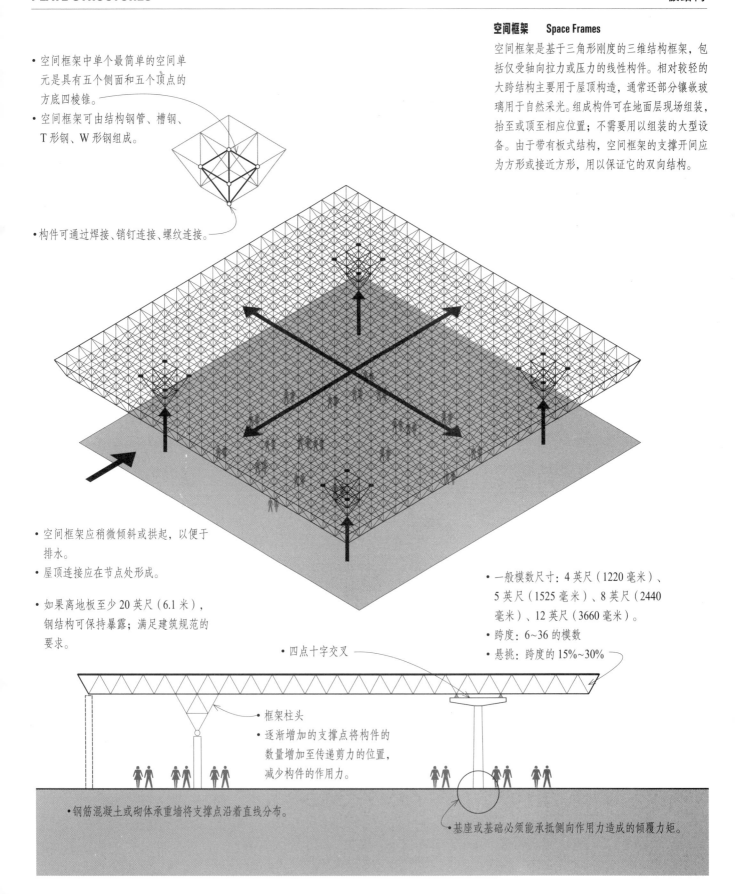

- 空间框架应稍微倾斜或拱起,以便于排水。
- 屋顶连接应在节点处形成。

- 如果离地板至少20英尺(6.1米),钢结构可保持暴露;满足建筑规范的要求。

- 一般模数尺寸:4英尺(1220毫米)、5英尺(1525毫米)、8英尺(2440毫米)、12英尺(3660毫米)。
- 跨度:6~36的模数
- 悬挑:跨度的15%~30%

- 四点十字交叉

- 框架柱头
- 逐渐增加的支撑点将构件的数量增加至传递剪力的位置,减少构件的作用力。

- 钢筋混凝土或砌体承重墙将支撑点沿着直线分布。

- 基座或基础必须能承抵侧向作用力造成的倾覆力矩。

壳是薄而弯曲的结构，往往由钢筋混凝土组成，用于建筑的屋顶。它们通过薄膜应力——作用在表面的压力、拉力和剪切力，使形状与传递作用力适应。如果均匀作用，薄壳可承受相当大的作用力。然而，由于它很薄，壳体几乎没有抗弯力，也不适用于集中荷载。

薄壳表面类型   Types of Shell Surfaces

• 平移表面由沿着直线或在另一个平面曲线上移动平面曲线形成。

• 筒壳是圆柱形薄壳结构。如果筒壳的长度是它横向跨度的三倍或更多时，它将作为纵向横跨的弯曲截面的深梁。

• 如果它相对较短，则展现为类似拱作用。需要横拉杆或横向刚性框架抵消拱作用的向外推力。

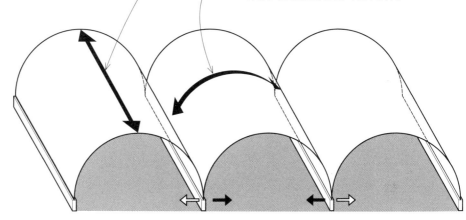

• 双曲抛物线或双曲线曲面的生成是通过沿着向上弯曲的抛物线，平移向下弯曲的抛物线，或通过平移端点在两个交叉点上的直线。它被看作平移曲面或直纹曲面。

• 直纹曲面由直线的运动形成。由于它的直线的几何特性，直纹曲面往往比平移曲面和旋转曲面更易于成型。

• 鞍形面有单向的曲率向上和与之垂直的曲率向下的曲线。在鞍形薄壳结构，向下弯曲的部位展示类似拱的特性，而向上弯曲的部分则展现为拉索结构。如果表面的边角没有被支撑，也将展现梁的特性。

• 旋转曲面由围绕一条轴旋转平面曲线形成。旋转曲面的实例有球形、椭圆形、抛物线形圆顶表面。

任意数量的形式组合和空间组合可通过整合几何表面形成。为了可构造性,两个薄壳的交点必须重合和连续。

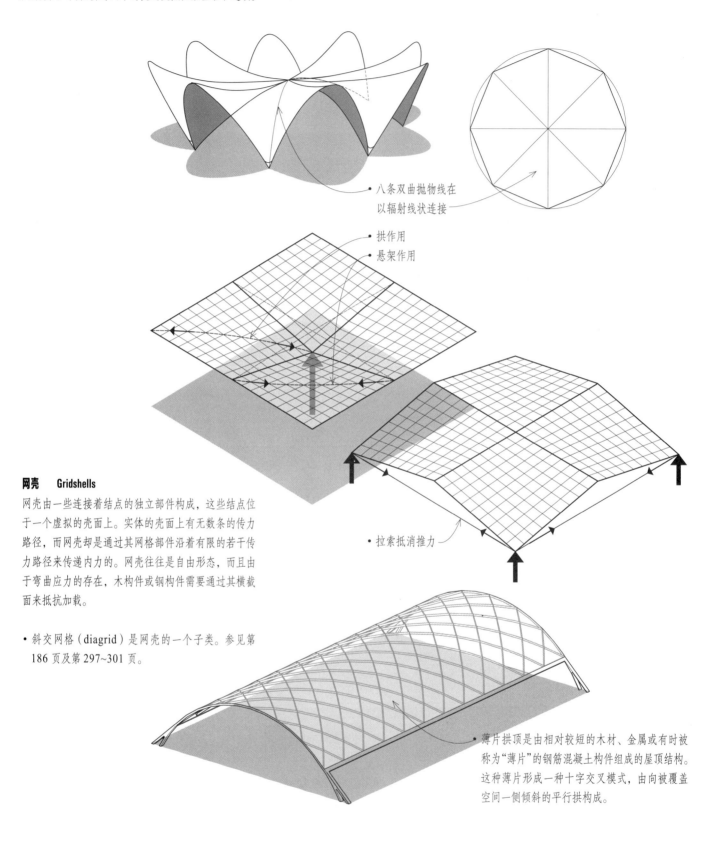

八条双曲抛物线在以辐射线状连接

拱作用

悬架作用

拉索抵消推力

网壳 Gridshells

网壳由一些连接着结点的独立部件构成,这些结点位于一个虚拟的壳面上。实体的壳面上有无数条的传力路径,而网壳却是通过其网格部件沿着有限的若干传力路径来传递内力的。网壳往往是自由形态,而且由于弯曲应力的存在,木构件或钢构件需要通过其横截面来抵抗加载。

- 斜交网格(diagrid)是网壳的一个子类。参见第186 页及第 297~301 页。

薄片拱顶是由相对较短的木材、金属或有时被称为"薄片"的钢筋混凝土构件组成的屋顶结构。这种薄片形成一种十字交叉模式,由向被覆盖空间一侧倾斜的平行拱构成。

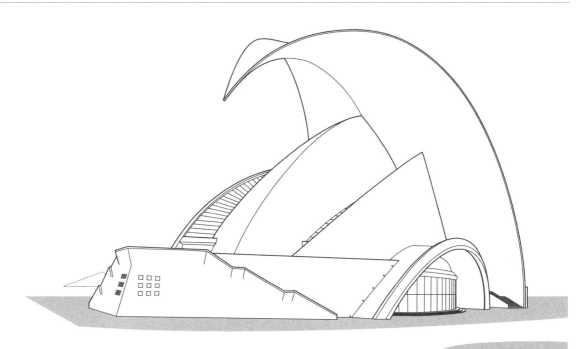

特内里费音乐厅是钢筋混凝土结构，它容纳了一个 1600 席的主会堂和一个稍小的 400 席室内音乐厅。悬挑的拱壳屋顶是由两片交叉的锥形片建成，并将其设计为只在五个点受到支撑，屋顶在主会堂上方拔升到 190 英尺（58 米）的高度，然后向下弯曲到某一点。音乐厅有一个高 165 英尺（50 米）的对称内壳，它是一个旋转体，通过描绘一道椭圆曲线，再旋转曲线生成之。从这一旋转体的中间，拿掉了角度大约 15° 的楔形，从而使其两个分块形成一个就像折板似的明显的脊。两侧各有一道跨度 165 英尺（50 米）的宽拱作为艺术家的进出入口。

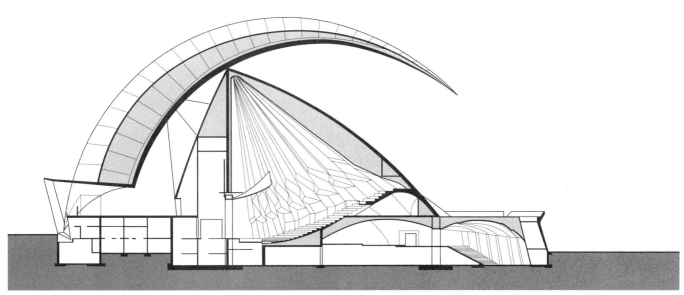

室外视点和剖面图：西班牙加那利群岛圣克鲁斯德特内里费（Santa Cruz de Tenerife）的特内里费音乐厅（Tenerife Concert Hall），1997—2003 年，圣地亚哥·卡拉特拉瓦设计

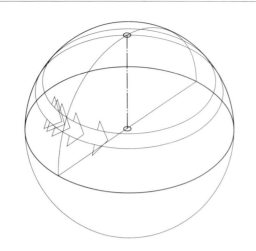

穹顶　Domes

穹顶是具有圆形平面的球形表面，由连续的刚性材料（诸如钢筋混凝土，或由较短的线性构件比如网格状球体）组成。穹顶与旋转的拱相似，除了产生圆周力以外，同时在顶部附近受压，在较低部位受拉。

• 子午线应力往往在完全竖向荷载作用下压缩。

• 过渡带

• 圆环力抑制穹顶薄壳上子午线带上的离面运动，它在顶部区域受压，在底部区域受拉。

• 从受压圆环力到受拉圆环力的过渡出现在竖轴的 45°~60° 内。

• 受拉环环绕穹顶的基座承抵子午线应力的向外分力。在混凝土穹顶中，这个圆环逐渐增厚加固，从而控制住由圆环和薄壳的不同弹性形变产生的弯曲应力。

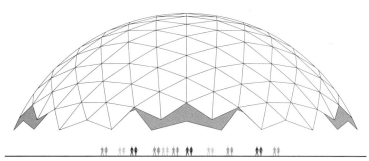

网格状穹顶

- 网格状穹顶是构件沿着三个主要的大圆弧，相交于60°，并将球面分割成一系列等边球面三角形的钢穹顶结构。
- 与方格形或施威德勒穹顶（Schwedler dome）不同，网格状穹顶有不规则底部轮廓，它增加了支撑难度。

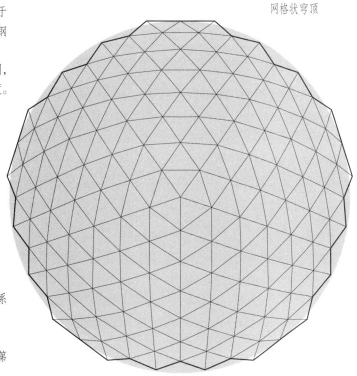

- 方格形穹顶是构件沿着纬度圈、两组对角形成一系列等腰三角形的钢穹顶结构。

- 施威德勒穹顶是构件沿着纬度线和经度线、同时第三组对角完成三角划分的钢穹顶结构。

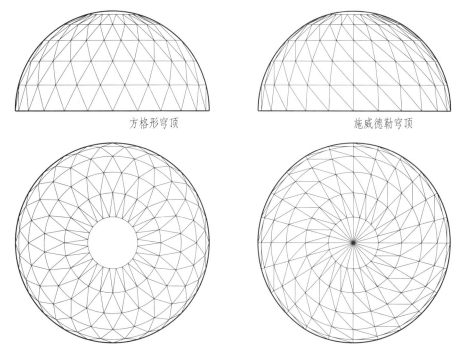

方格形穹顶　　　　　　　　　　　　　　　　　　施威德勒穹顶

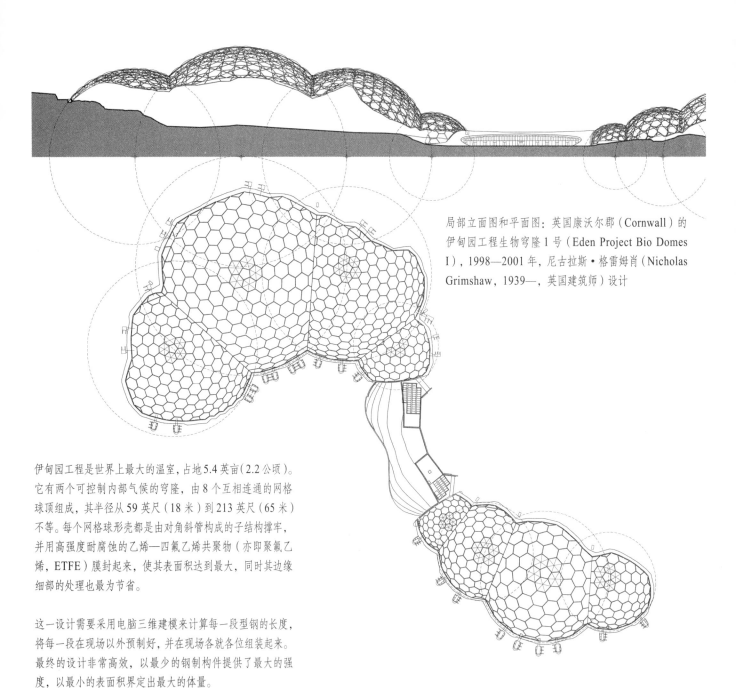

局部立面图和平面图：英国康沃尔郡（Cornwall）的伊甸园工程生物穹隆 1 号（Eden Project Bio Domes I），1998—2001 年，尼古拉斯·格雷姆肖（Nicholas Grimshaw, 1939—，英国建筑师）设计

伊甸园工程是世界上最大的温室，占地 5.4 英亩（2.2 公顷）。它有两个可控制内部气候的穹隆，由 8 个互相连通的网格球顶组成，其半径从 59 英尺（18 米）到 213 英尺（65 米）不等。每个网格球形壳都是由对角斜管构成的子结构撑牢，并用高强度耐腐蚀的乙烯—四氟乙烯共聚物（亦即聚氟乙烯，ETFE）膜封起来，使其表面积达到最大，同时其边缘细部的处理也最为节省。

这一设计需要采用电脑三维建模来计算每一段型钢的长度，将每一段在现场以外预制好，并在现场各就各位组装起来。最终的设计非常高效，以最少的钢制构件提供了最大的强度，以最小的表面积界定出最大的体量。

7 高层结构
High-Rise Structures

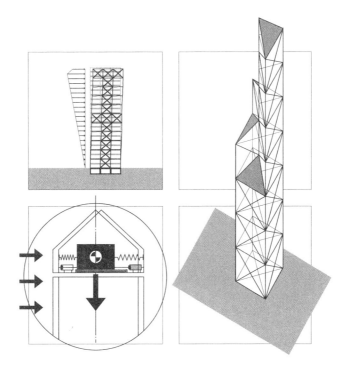

建筑工程师、建筑师、承建商、建筑验收员以及相关的专业人员将高层建筑定义为 10 层或 10 层以上的建筑，或是离地高度达到 100 英尺（30 米）或更高的建筑。《建筑规范》中将高层建筑定义为在消防车辆可达楼层之上的某个高度。然而，高层建筑委员会对高层建筑定义为：

> 高层建筑不是根据它的高度或层数定义的。最重要的标准是：建筑设计是否受到"高"的某方面影响。高层建筑，是一种"高"强烈影响到平面布局、设计、使用的建筑。这种建筑因其高度，在设计、建造、运行上造成了与特定区域和时期存在的"普通"建筑不同的情况。

从这种定义，我们可看出高层建筑不仅仅由其高度定义，还有它的比例关系。

结构设计当中同样的基本原则也应用在高层建筑上，正和其他类型的构造一样。独立构件和整体结构必须设计为在重力荷载和侧向荷载下有足够的强度，同时必须在结构中注入足够的刚度，以使挠曲限制在可接受程度。然而，高层建筑的结构体系倾向于由侧向荷载的需求主导。对于抗侧强度、偏移控制、动态特征、抗倾覆等等的规定，掩盖了对重力荷载支撑能力的规定。

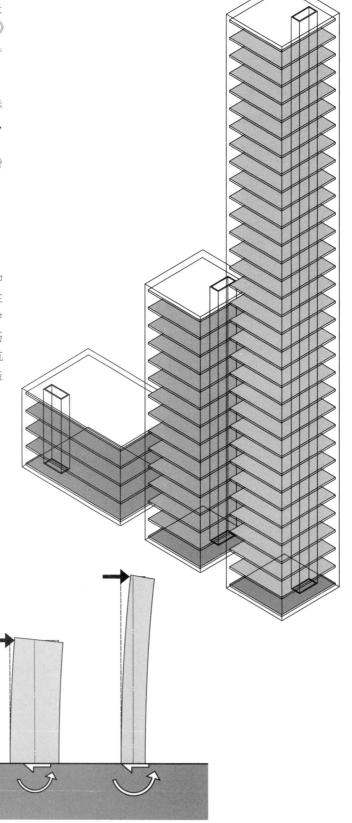

• 侧向荷载在结构上的影响随着它的高度和细长比增加而明显增加。

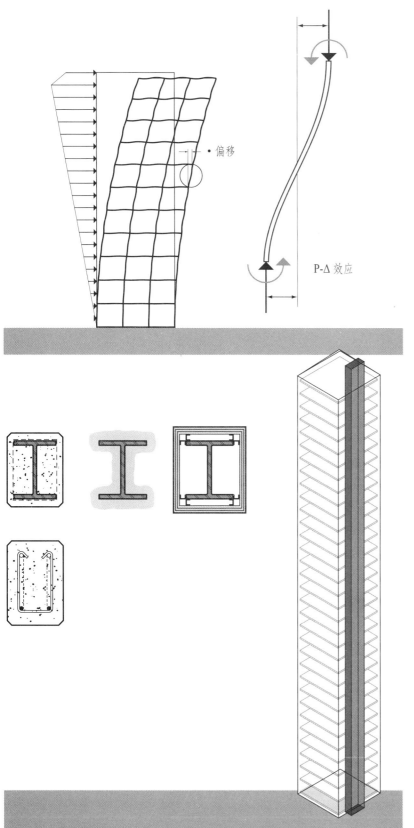

· 偏移

P-Δ 效应

侧向挠曲或偏移随着建筑高度的增加变得十分巨大。过大的挠曲可造成电梯偏移以及居住者对移动的不良反应。侧向挠曲和振动的两个主要原因是风荷载和地震作用。另一个不可忽略的因素是室内外之间以及朝阳面和背阳面之间的温度差异。

由于高层结构偏离真正的铅垂位置，所以结构的重量也偏离中性中心的位置，形成附加的倾覆力矩。这个附加力矩的大小通常大约为所形成原始位移的力矩的 10%。这种潜在的严重现象被称为"P-Δ 效应"。

高层建筑的建造材料多种多样，通常结合使用：结构钢、钢筋混凝土、预应力混凝土、预制混凝土。

高层建筑每层单位面积需要的结构材料总量超过低层和多层建筑的要求。竖向荷载支撑构件（柱、墙、竖井）必须在建筑的整个高度上加强，而更为重要的是，需要更多的材料总量来承抵侧向荷载。

由于高层建筑的楼板体系往往本身重复较多，楼板体系的结构厚度对建筑设计造成重要的影响。每层节约几英寸厚度，积少成多就是建筑物的若干英尺。这会影响电梯、墙体覆盖层和其他次要体系的造价。在楼板体系中任何的重量增加都将增加基础体系的尺寸和造价。

这些附加的造价必须追加到建筑设备的造价中，主要花费在竖向运输系统上。净使用面积的造价随着竖向运输系统所需的空间而增加，而它又随着建筑高度而增加。不过，竖向运输核心尺寸的增加，也可以用作竖向和侧向荷载支撑策略的重要部分。

重力荷载　Gravity Loads

高层结构中支撑竖向重力荷载的竖向构件，例如柱、核心轴、承重墙，由于从屋顶层向下至基础的积累特性，需要通过建筑的整个高度上加强。所以，结构材料的总量需要随着高层建筑层数的增加而增加。

重力荷载的重量增加在混凝土高层结构中比在钢框架高层结构中大得多。由于混凝土结构的恒定重量有助于承抵风力的倾覆作用，所以这种增加成为优势。另一方面，混凝土建筑的巨大体块在地震中是一种负担，在地震中产生巨大整体侧向作用力。

与需要加强的竖向重力支撑构件相反，高层结构的横跨楼板和屋顶体系与低层和多层建筑相似。楼板和屋顶体系的横跨构件有助于连接竖向结构，并用作水平横隔板。最常见的钢框架高层建筑的楼板体系是填充轻质混凝土的波形金属面板。它为穿过楼板的电力和通信线路以及小型设备管槽提供空间。

在钢筋混凝土高层结构中，使用梁式框架支撑轻质混凝土结构板是十分经济的。

桁架搁栅在大跨设计中十分经济，即使楼板体系比普通的更厚。机械系统可通过搁栅的空腹区域，而不需要在桁架下弦杆下增加任何附属楼板厚度。

在高层居住建筑中，后张托板楼盖设计一般使用于跨度不超过25~30英尺（7.6~9.1米）的条件下，板厚6~7英寸（150~180毫米），最大不超过8英寸（203毫米）。托板楼盖直接由柱支撑，不需要梁，从而形成最小的结构楼板厚度。然而，所有机械或电气设备就只能悬吊于楼板下面了。

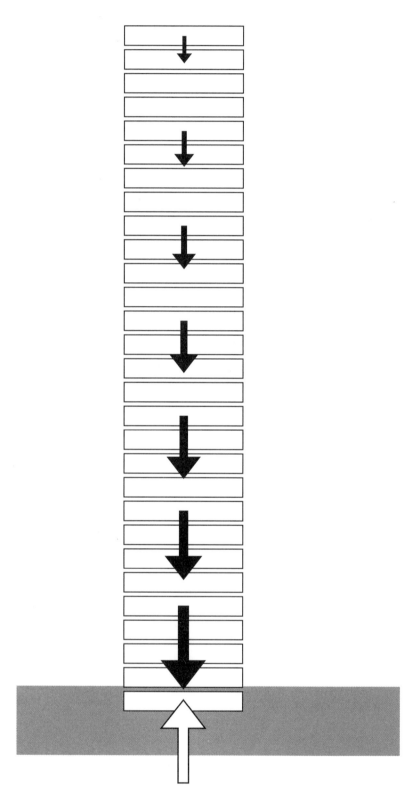

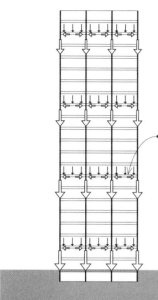

横梁收集重力荷载，同时将它们重新定向至柱上，直到分布在基础上。存在直接的传递路径用以传递重力荷载，同时内部柱比一般外柱支撑更少的荷载。

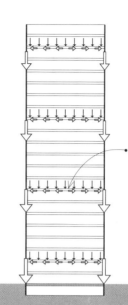

大跨度梁收集重力荷载，同时将它们直接传递至大型外柱上。梁柱构件的尺寸较大，但数量较少。

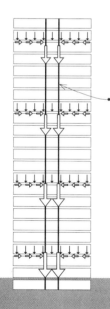

核心筒用于收集来自悬臂式楼板体系的荷载。由于核心筒负责支撑所有的重力荷载和侧向荷载，所以核心筒平面面积和墙体厚度将会更加重要。

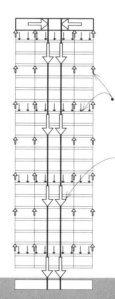

楼板荷载最初由连接在悬索上的梁支撑，悬索将荷载重新定向，向上传递至屋顶层的主桁架或空间框架。然后荷载被传递至核心筒，直接向下至基础。如此重复，这代表了一个通过核心筒承抵所有重力和侧向荷载的系统。

在安全性设计中，目标是减少风和地震作用下建筑倾覆的可能性。其次，必须考虑表面材料、建筑构件、公共设备和设施失效的可能性。

除了高危地震带以外，风是影响高层建筑设计最大的作用力。作用在整体结构的风荷载一般随着风压而阶梯式增加，同时风荷载大小随着离地高度增加而增加。这些风荷载假设通常作用在建筑竖直表面上，同样需要考虑侧风的作用。

在匀速风作用下，高层结构表现为固定在地面层的悬臂梁。然而，风会使建筑产生振动，同时较小的模态挠曲同样会造成建筑的摇晃。较小的振动会导致一些居住者感觉不适或不安。多数高层建筑固有的高度和阻尼特性可预防风可能产生的共振和动力学不稳定性。

在建筑中的地震运动不同于风产生的运动。在灾难性地震作用下，建筑的偏移会大得多，并随意往各方向偏移，它面临着的任务是要避免移动太大以致造成倾塌。地震晃动的关键周期一般是零点几秒的范围内，而弹性高层建筑的周期是几秒。当地震周期与建筑周期不相同时，谐波共振的可能性将减少。谐波共振将增加偏移的振幅，会造成灾难性的移动。高层建筑被设计为在风荷载下有足够刚度，但结构中特定部分在地震荷载下允许局部的屈服或挤压，以延长建筑晃动的周期，增加它的阻尼作用。这用于承抵强震下的灾难性失效。抗震中的塑性设计要求建筑具有备用强度——通过在弹性极限下的塑性屈服，使建筑在不失去建筑整体性的前提下摇晃。

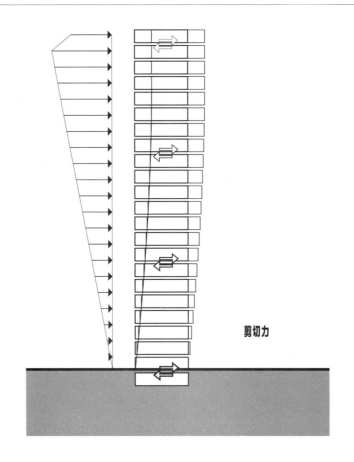

剪切力

在多层结构中，来自风和地震的侧向荷载分布在每个楼层或横隔板层。在任意给定的楼层或屋顶层，需要一定数量的斜撑或剪力墙来传递来自横隔板上的累积侧向剪切力。

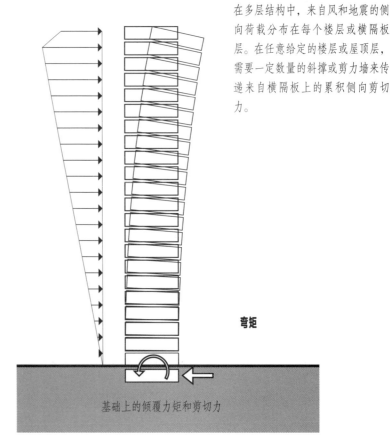

弯矩

基础上的倾覆力矩和剪切力

在高层建筑中，侧向荷载形成的倾覆力矩十分明显：楼板体系将大部分建筑的重力荷载分布在外部抗侧构件上，通过预加压力加强构件承抵倾覆作用需要的拉力，这十分有用。可通过尽量减少内部柱子及使用能横跨在核心筒和外墙间的大跨楼板体系实现。这种高强楼板同样可有助于承抵侧向剪切力。

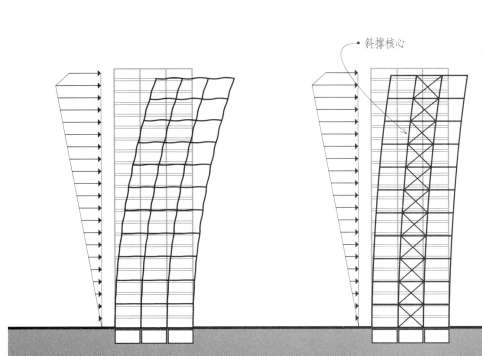

斜撑核心

屋顶层的加盖式桁架或悬臂梁，绑在核心筒上，同时与外部支撑柱结合，用以减少建筑的倾覆力矩和侧向偏移。捆绑固定装置连接每个楼层，支撑重力荷载，另外还承抵框架的侧向移动。

加盖式桁架和"捆绑"概念的另一种变体，是建筑高度上不同楼层悬臂梁的使用。核心筒一般处于中心，悬臂梁两边延伸。当抗剪核心尽力弯曲时，悬臂梁作为杠杆，直接将轴向荷载，一边是拉力，另一边是压力，放置在外围柱上。这些柱，反过来，作为框架，承抵核心筒的弯曲。悬臂梁一般在钢框架中以桁架形式，或在钢筋混凝土结构中以墙体形式，或两者结合的装置形式存在。

- 加盖式桁架结构

- 受压柱

- 受拉柱

斜撑核心

受拉柱

受压柱

受拉柱

悬臂梁

所有作用在离地面一段距离的侧向荷载都将在结构的基础处产生倾覆力矩。为了平衡，倾覆力矩必须通过外部复原力矩和由剪力墙和柱产生的作用力提供的内部阻力力矩抵消。高宽比（高度与基础宽度）大的、高而细的建筑在顶部受到较大的水平挠曲，尤其易受倾覆力矩的影响。

虽然扭转会出现在任意高度的建筑，但在高层建筑中尤为严重。由于高层建筑的高度因素，在中低层建筑视为可接受的扭转通过逐层累积，最后造成高层建筑不可接受的整体旋转。有关扭转的运动会沿着建筑轴线增加摇曳运动，形成不可接受的平移和累积。

多层结构一般由每层四个抗侧平面支撑，放置的每一面墙体将扭转力矩和偏移减至最少。尽管应将抗侧平面放置在每一层的相同位置，但这不总是必要的。剪切力通过每层的转换可视为孤立的问题。通过设置抗侧体系和与之平衡、对称的核心筒，将抗扭转力最大化。这就最大程度降低了建筑质点偏离刚度或抗力中心点的可能性。

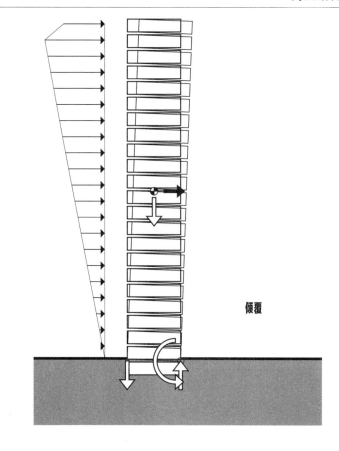

倾覆

• 由配置的斜撑框架、刚性框架、剪力墙构成一个完整的管筒，由此强化了抗扭转力。钢筋混凝土或钢框架的环形核心闭合时，效果更佳。

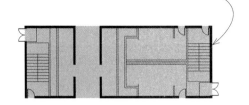

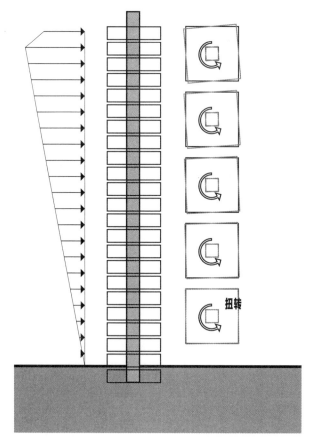

扭转

本页图解的是适用于高层结构的具有固有稳定性的平面模式。开放式斜撑在扭转刚度上天生较薄弱，应该尽量避免使用。L形、T形和X形平面布局在抗扭转上效果最差，而C形和Z形布局稍微好一点。

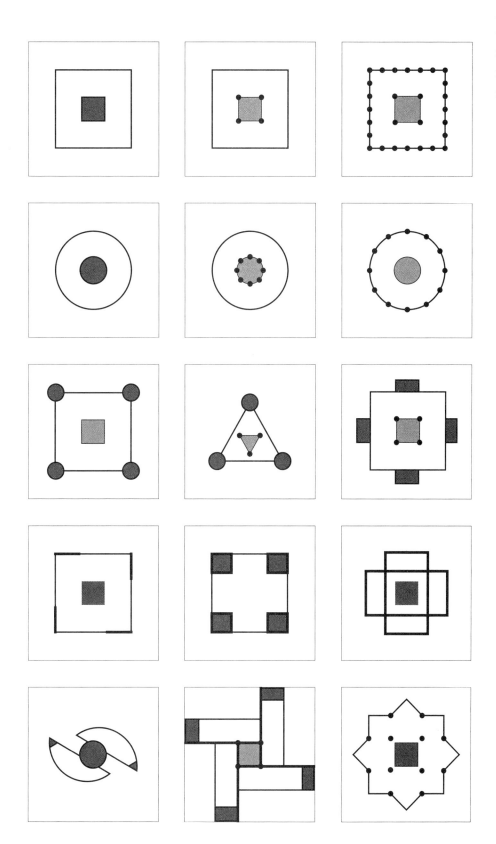

对抗侧力体系的选择会决定一个高层建筑项目在构造性、实用性、经济性上的成败。

我们可根据竖向抗侧体系所在位置将高层结构分为两种：内部结构和外部结构。

内部结构　Interior Structures

内部结构是主要通过在结构内部的抗侧构件承抵侧向荷载的高层结构，例如钢质或混凝土的刚性框架结构，或由包含斜撑框架、刚性框架的核心筒支撑的结构，或剪力墙建造成闭合系统作为结构管。

外部结构　Exterior Structures

外部结构是主要通过沿结构周边的抗侧构件承抵侧向荷载的高层结构。

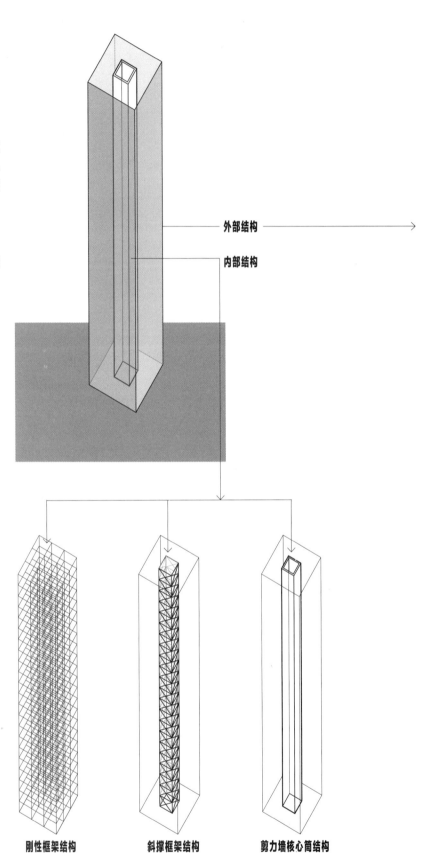

外部结构

内部结构

刚性框架结构　　　　斜撑框架结构　　　　剪力墙核心筒结构

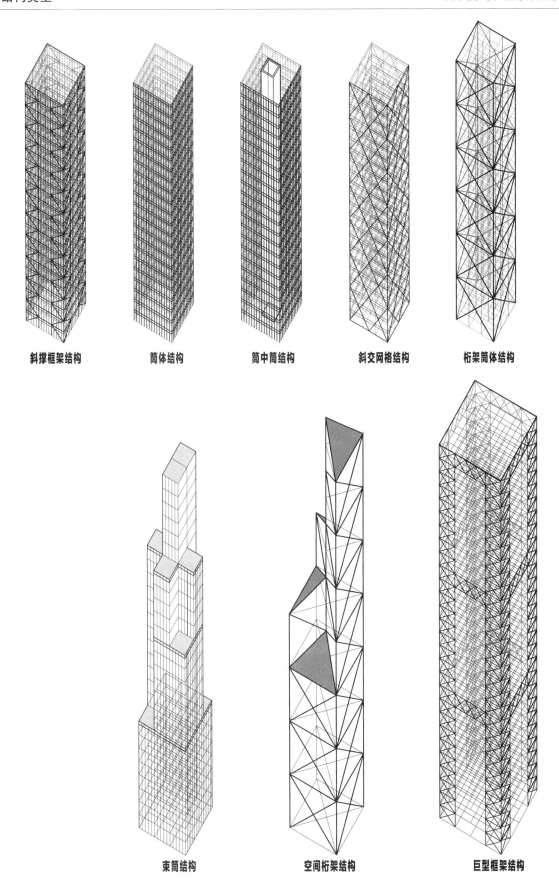

斜撑框架结构　　　　简体结构　　　　简中筒结构　　　　斜交网格结构　　　　桁架筒体结构

束筒结构　　　　　　　空间桁架结构　　　　　　　巨型框架结构

本页和下页的图片展示了高层结构的基本类型以及每种类型的理想层数。

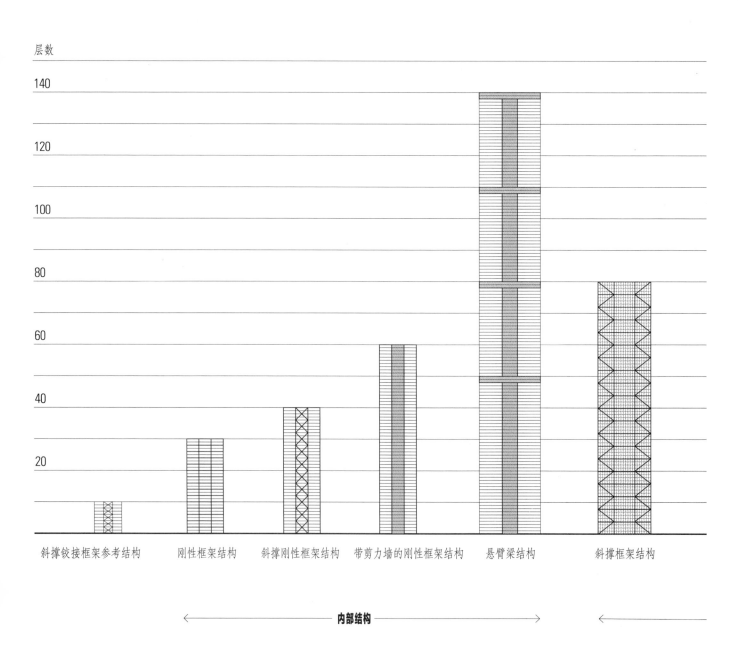

层数

斜撑铰接框架参考结构	刚性框架结构	斜撑刚性框架结构	带剪力墙的刚性框架结构	悬臂梁结构	斜撑框架结构

← 内部结构 →

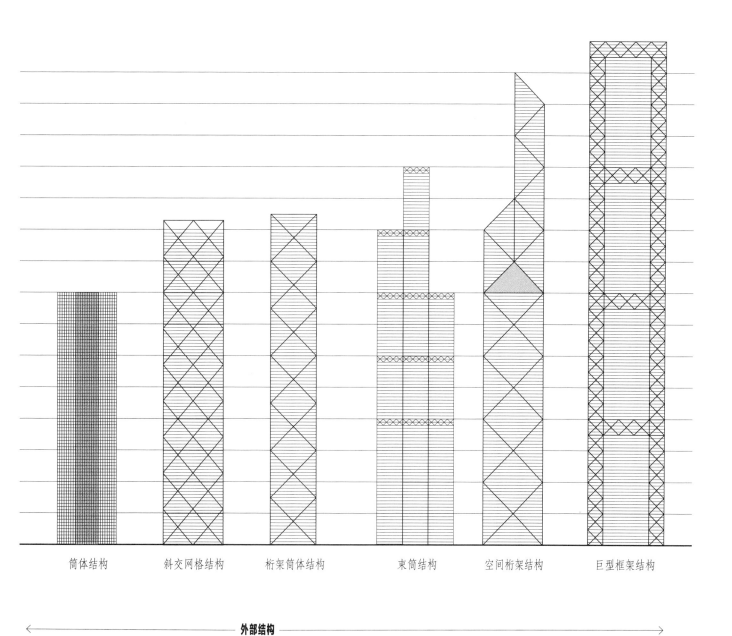

筒体结构　　　　斜交网格结构　　　　桁架筒体结构　　　　束筒结构　　　　空间桁架结构　　　　巨型框架结构

外部结构

刚性框架结构 Rigid Frame Structures

最主要的结构体系之一，曾在 20 世纪 60 年代用于钢或混凝土高层建筑，即常见的刚性框架结构。这种结构框架相当于固定端在地面的竖向悬臂梁。

风荷载和地震荷载被假定为侧向作用，产生了剪切力和弯矩，此外尚有竖向荷载作用。楼板体系通常支撑每层几乎相同的重力荷载，但沿着柱轴线的纵梁需要向基础方向组件增加重量，以承抵逐渐增加的侧向荷载，同时增加建筑的刚度。

由于上部楼板传递的重力荷载逐渐累积增加，所以柱的尺寸向建筑基础方向逐渐增加。除此以外，面向基础的柱需要进一步增加，以承抵侧向荷载。最终结果是：随着建筑的高度增加，侧向荷载引起的晃动变得严重，所以对柱和纵梁有更大的要求，以形成刚性框架体系来支撑侧向荷载。

在刚性框架构造中，横跨于两个方向的横梁和纵梁必须有足够刚度，使较高层数的剪切倾斜或晃动最小化。这往往需要为纵梁和横梁增加材料，除非楼板的偏移能通过其他竖向构件控制，例如剪力墙或结构核心筒。承抵侧向荷载所需的材料总量会增加，当建筑高度超过 30 层时，使用刚性框架体系的造价会变得过于昂贵。

对于高度在 10~35 层的建筑来说，单独使用竖向钢质抗剪桁架或混凝土剪力墙来提供抗侧力都很有效。不过，当剪力墙和抗剪桁架结合刚性抗弯矩框架使用时，两个抗侧体系的连接部位会在建筑上产生巨大的侧向刚度，使建筑可做到高达 60 层。

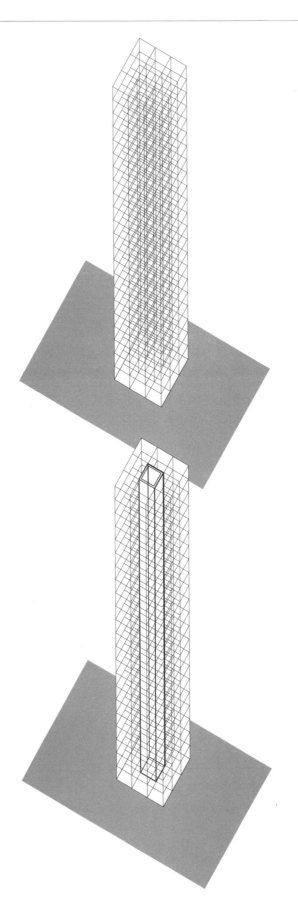

用作电梯或紧急疏散楼梯的竖向交通核心筒通常由钢筋混凝土或钢质斜撑框架建造，它们也可以作为多层建筑承重和抗侧策略的主要构件。抗剪核心筒的布置位置很关键，它可使侧向荷载尽可能不产生扭转。结构核心筒、斜撑框架或剪力墙若较为对称地布置，可减轻隔板层的质点中心与刚性中心或阻力中心之间的偏心度。

不考虑核心筒的位置，优先选用的抗侧体系应是闭合型的，采用斜撑或框架来支撑，组成完整的管体。这种类型的例子有带有连续的抗剪过梁和建筑四周柱的管状框架塔楼；带有对角斜撑或角拉条刚性支撑核心筒四边的斜撑核心筒；带有高强加筋门梁在洞口上作为墙段间联系构件的混凝土结构核心筒。由于其固有的扭转刚度，所以优先选用这些闭合形式。

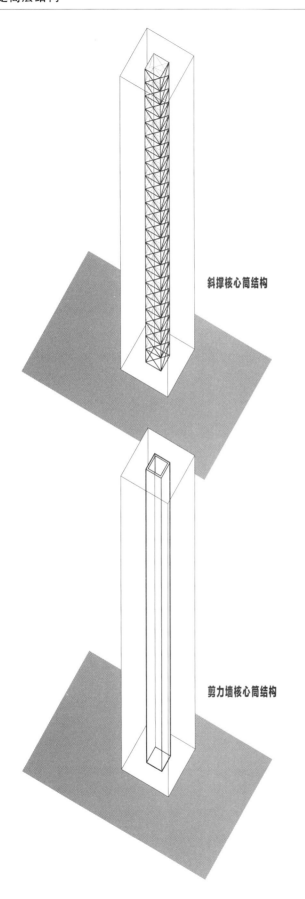

斜撑核心筒结构

剪力墙核心筒结构

高层结构可能包含单个或多个核心筒。单个大型核心筒结构可支撑悬挑楼板结构，或与顶帽结构或中间悬臂梁结合，在每一楼层提供无柱空间。

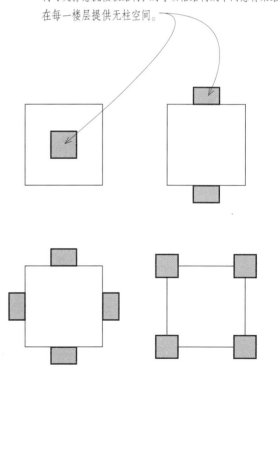

斜撑框架　Braced Frames

斜撑框架结构采用竖向桁架承抵高层建筑的侧向荷载。这些竖向桁架利用周边柱体作为弦杆构件，K形、V形或X形斜撑作为腹杆构件，有效地消除了在侧向荷载作用下柱上的弯矩。柱、纵梁、对角斜撑用销钉简单连接，使得它们的加工和建造比刚性框架结构所需的刚性连接更经济。对角斜撑增加了结构的刚度，减轻了偏移，使得通高可以做得更高。斜撑框架一般与其他抗侧体系共同用于较高的建筑。

偏心斜撑框架用到了对角斜撑，它与楼板纵梁相连，以楼板纵梁作为桁架的水平构件。轴线的偏心偏移将弯矩和剪切力引入框架，降低了框架的刚性，但是增加了它的延展性，这在地震区很有好处，因为延展性是地震区结构设计的重要要求。偏心斜撑框架同样能适应于面内大型门窗开洞。

如果对角斜撑构件增加体量，穿过多个楼层，系统将趋近于巨型框架结构类别。

剪力墙　Shear Walls

剪力墙体系一般用于高层结构，以提供必要强度和刚度来承抵由风和地震造成的侧向荷载。剪力墙一般由钢筋混凝土建造，相对较薄，有较大的高宽比（高比宽）。

剪力墙被看作底部固定的竖向悬臂梁。当同一平面内有两面或更多的剪力墙由横梁或楼板连接时，例如在有门窗洞口的情况下，系统的整体刚度会超过独立墙体刚度的总和。这种情况的出现是由于连梁通过约束单独的悬臂作用，迫使墙体作为独立单元（例如一个大型刚性框架）。当作为一个整体单元来设计时，这种组件被称为"双肢剪力墙"。

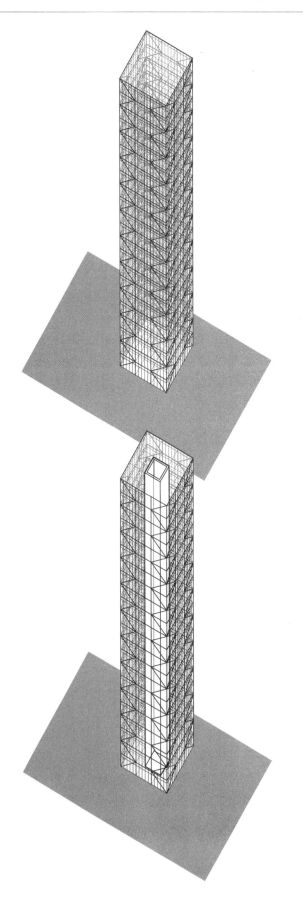

简体结构 Tube Structures

框架简体结构利用整体框架的四周承抵侧向荷载。基本的管状结构最好看作一个空腹的悬臂箱型梁，它固定在地面层，其外墙框架由密布的柱体组成，与梁截面很厚的外墙托梁刚性连接。框架简体系统的早期案例，譬如前世贸中心大楼，所用柱子的柱中距为 4~15 英尺（1.2~4.6 米），外墙托梁的梁高为 2~4 英尺（610~1220 毫米）。

简体可为矩形、圆形或其他相对规则的形状。由于外墙承抵全部或大部分的侧向荷载，所以去除了全部或大部分内部斜杆或剪力墙。通过增加对角斜撑，形成桁架作用，更好地加强立面的刚度。

当建筑在侧向荷载作用下倾斜作为悬臂梁时，结构框架的倾斜导致柱内轴向应力分布不均匀。角柱受到巨大的荷载，同时荷载从拐角到中点的分布呈非线性。框架简体特征的某些地方介于纯悬臂梁和纯框架之间，而柱体和外墙托梁具有柔性，这使得平行于侧向荷载的简体一侧倾向于作为独立的多开间刚性框架。这导致了朝着框架中间分布的柱子滞后于那些靠近拐角的柱子，与真正的简体特征不相同。这种现象称为"剪切滞后"。

为减少剪切滞后的影响，设计师已经开发了多种技术手段。在众多技术中，最显著的是使用带状桁架。带状桁架被设置在外墙面上，一般在设备层，有助于抵消剪切滞后产生的拉力和压力。

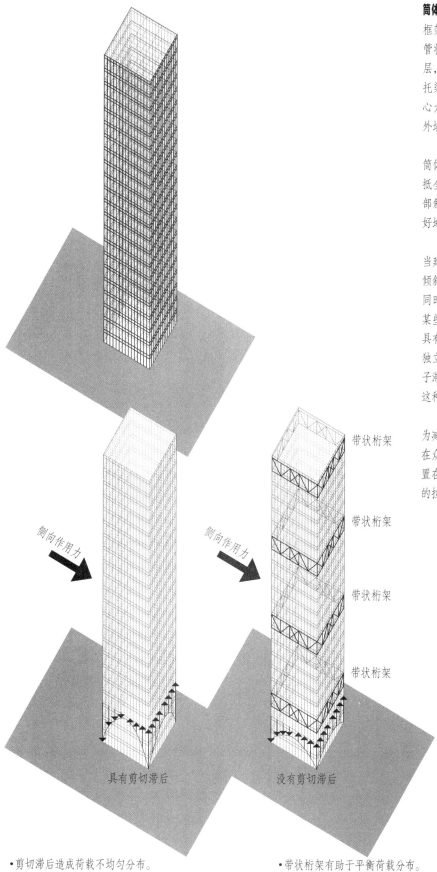

带状桁架

带状桁架

带状桁架

带状桁架

侧向作用力

侧向作用力

具有剪切滞后

没有剪切滞后

•剪切滞后造成荷载不均匀分布。

•带状桁架有助于平衡荷载分布。

筒中筒结构　Tube-in-Tube Structures

运用结构核心筒不仅支撑重力荷载还同时承抵侧向荷载，可以显著提高框架筒体结构的刚度。横隔楼板连接外筒和内筒，使两个筒体作为一个单元共同承抵侧向荷载。这种系统称为"筒中筒结构"。

平面尺寸巨大的外筒可有效承抵倾覆应力，然而，筒体要开的洞口会影响它的抗剪能力，尤其是在底层。另一方面，内筒（可由剪力墙、斜撑框架、抗弯刚架组成）的稳固性可以更好地承抵楼层剪切力。

斜撑筒体结构　Braced Tube Structures

框架筒体结构固有的脆弱性体现在它们的外墙托梁的柔性上。可通过在外墙框架上增加大型斜杆来增加框架筒体结构的刚度，例如100层的芝加哥约翰汉考克中心（John Hancock Center）。当在框架筒体结构上增加斜杆时，它被称为"斜撑筒体结构"。

大型对角斜撑与外墙托梁共同形成如墙体般的刚度，以承抵侧向荷载。周边框架的刚度克服了框架筒体结构面临的剪切滞后问题。斜杆主要通过轴向作用来支撑侧向荷载作用力，而且在承抵楼板重力荷载时相当于斜柱，由此外柱间距容许进一步加大。

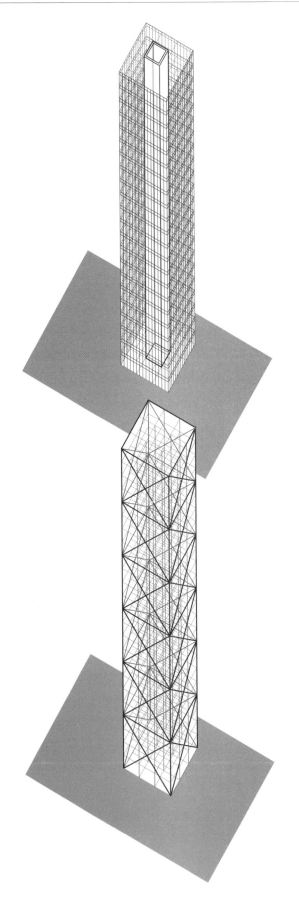

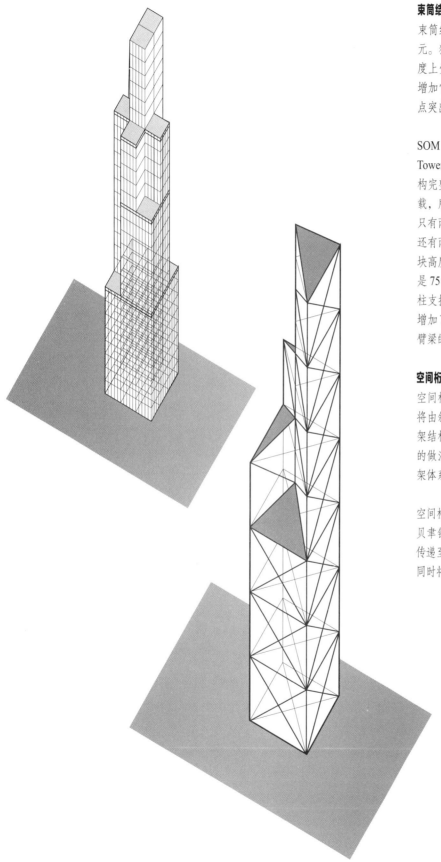

束筒结构   Bundled Tube Structures

束筒结构是一捆独立筒体缚在一起，共同作为一个独立单元。独立的框架筒体结构由于很细长（高宽比大）而在高度上受到限制。将多个筒体互相连接，彼此响应，可显著增加它们的刚度和减缓上部楼层的偏移。而这种系统有一点突出缺陷，是柱体缩短得长短不一。

SOM 事务所设计的 110 层的芝加哥希尔斯大厦（Sears Tower），包含九个钢质框架筒体，每个筒体具有各自的结构完整性。由于每个单独的筒体的独立强度足以承抵风荷载，所以它们可捆扎成为不同构造，并在不同层数束。只有两个模块达到了建筑结构的全高 1450 英尺（440 米）。还有两个降至 50 层，两个在 66 层，三个在 90 层。降低模块高度可减少由阻断气流造成的风偏移。九个模块每个都是 75×75 英尺（22×22 米）的方形，具有共同的内柱，内柱支撑两个横隔板，在两个方向将建筑分成三等分，由此增加了结构刚度。内部横隔板在承抵剪切力中作为巨型悬臂梁的腹板，将剪切滞后最小化。

空间桁架结构   Space Truss Structures

空间桁架结构是一种改良的斜撑筒体结构，其基本概念是将由斜杆组成的三棱体叠加起来，连接内外框架。空间桁架结构可同时承抵侧向和竖向荷载。斜撑筒体结构更通常的做法是将斜杆布置在外墙面，而与此不同的是，空间桁架体系引入的斜杆将成为内部空间的显著部分。

空间桁架体系的一个杰出实例是 72 层的香港中银大厦，由贝聿铭设计，由不同高度的三棱柱构成，它们将内部荷载传递至每隔 13 层的拐角处。空间桁架结构承抵了侧向荷载，同时将几乎整个建筑的重力传递到四个巨型角柱上。

巨型框架结构　Megaframe Structures

随着建筑提升至 60 层范围以上，巨型框架或超巨型框架结构就成为一种切实可行的选择。巨型框架结构用的巨型柱是由超大型斜撑框架的弦杆构成的，设置在建筑拐角处；巨型柱每隔15~20层由多层桁架连接起来，它们通常是设备层。设备层的整个层高可用于构建一个稳定的刚性水平次级系统。将这些十分巨大的纵梁或空间桁架连接到巨型柱体上，打造出一个刚性巨型框架，其间可由标准设计的轻质次级框架填充。

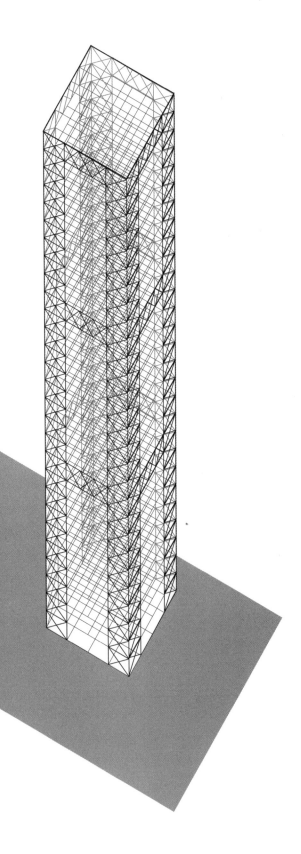

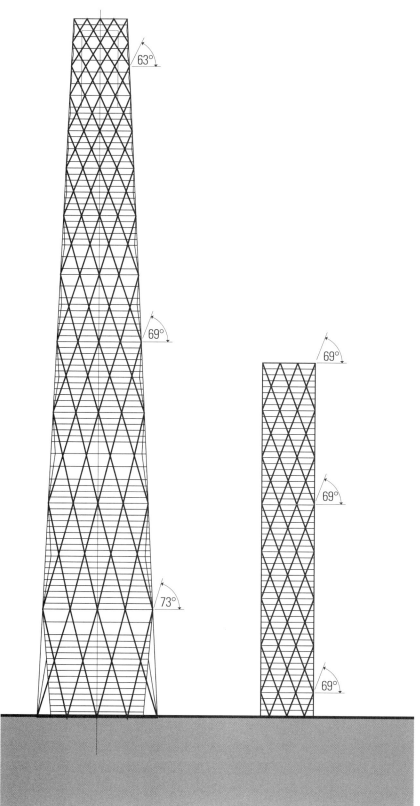

斜交网格结构 **Diagrid Structures**

新近有一种用在建筑外表面的网格状框架,以同时承抵侧向和重力荷载,这就是斜交网格(对角斜网格)体系。斜交网格结构与普通斜撑框架不同之处在于承抵重力荷载的能力上,它非常有效,以至于几乎可以去掉所有竖向柱子。

斜交网格体系中的对角构件通过三角形剖面支撑重力荷载和侧向荷载,这形成了相对均匀的荷载分布。由于斜杆通过轴向作用而不是竖向柱和托梁的弯曲来承抵剪切力,所以剪切变形可以非常有效地降到最低程度。斜交网格提供剪切和抗弯刚度,以承抵偏移和倾覆力矩的作用。斜交网格体系同样有很大冗余,万一在局部结构失效的情况下,可以通过多种路径传递荷载。

钢是斜交网格体系中最常用的结构材料。斜交网格在结构上更为有效,因此在高层结构中,斜交网格的用钢量通常比其他结构类型要少。

- 斜交网格体系可以适应各种开敞楼层的平面。除了用于服务功能的核心筒,标准层平面上可不加柱子或其他结构构件。

- 设计研究表明,对于超高的建筑,当其高宽比大于7时,使用角度可变的斜交网格,其结构效率较高。不过,当建筑高宽比小于7时,使用角度统一的斜交网格可减少用钢量。

赫斯特塔共46层，高597英尺（182米），内有860000平方英尺（80000平方米）的办公空间。斜交网格钢结构为立体形式的三角形，它既能支撑重力荷载又能承抵侧向风力，因此不需要任何竖向室外柱。据说斜交网格结构比起传统框架结构，在建造同样规模的高层建筑时可减少20%的用钢量。

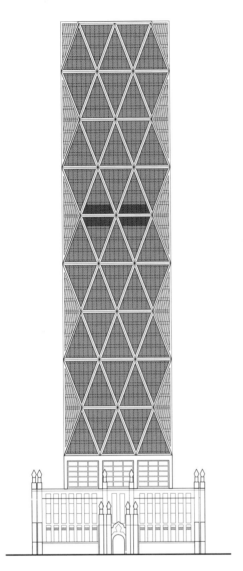

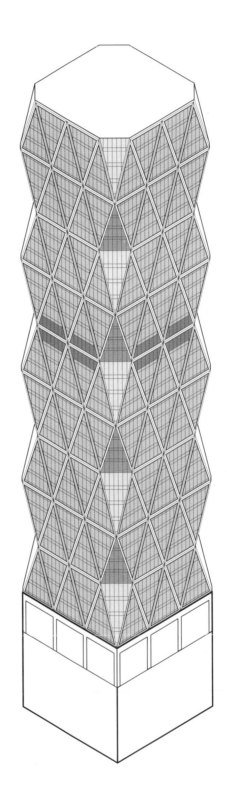

立面图和三维视图：美国纽约州纽约市的赫斯特塔（Hearst Tower），2000—2006年，诺曼·福斯特／福斯特联合建筑师事务所设计。

圣玛丽斧街30号，俗称"小黄瓜"，亦即此前的瑞士再保险大厦（Swiss Re Building），是伦敦金融区的摩天楼。塔楼共41层，高591英尺（180米），矗立在前波罗的海交易所的基址上，1992年爱尔兰共和军临时派极端分子在此安放的炸药爆炸，造成了建筑全面损毁。在建造千禧塔楼的计划被搁置后，圣玛丽斧街30号拔地而起，并很快地成为了伦敦的符号标志以及城市现代建筑中更被大家认可的典范。

塔楼的形状一定程度上受到以下需求的影响：建筑物周围的风要平缓柔和，尽量减少建筑对当地风环境的影响。在整个曲面上，产生了一种对角线相交并在两个方向螺旋上升的样式，由此形成了斜交网格结构。

塔楼的不凡几何形状在每个节点层（即斜柱相交处）上造成了明显的水平力，这些力与周边各圈箍相抵。因为是穹顶结构，所以箍在上部区域受压力，而在中下部则受到明显的拉力。这些箍同时把斜交网格转变成一个非常坚硬的三角网壳，免除了核心筒抵抗侧向风力的需求。同时，与那些由核心筒起稳定作用的高层结构相比，基础荷载也减少了。

标准层平面图和剖面图：英国伦敦的圣玛丽斧街30号（30 St. Mary Axe，"小黄瓜"），2001—2003年，诺曼·福斯特/福斯特联合建筑师事务所设计。

这个立面代表了威尔大厦最近一次重新设计：一座75层钢框架摩天楼，低于原计划的1050英尺（320米）高、78层的高楼。与赫尔斯塔和圣玛丽斧街30号的规则几何形不同，威尔大厦使用了不规则的斜交网格结构来构成外立面的不同块面，它向上收分，在塔顶形成了各不一样的三个不对称水晶顶。

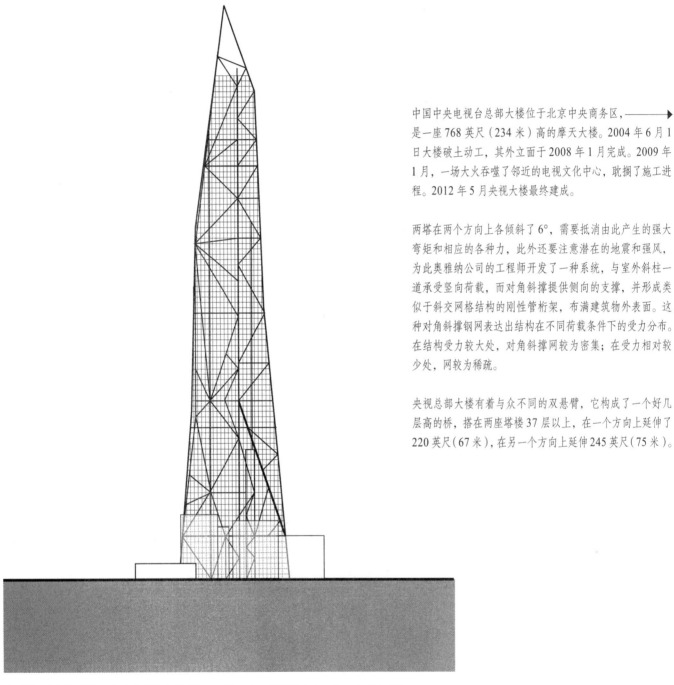

中国中央电视台总部大楼位于北京中央商务区，———▶是一座768英尺（234米）高的摩天大楼。2004年6月1日大楼破土动工，其外立面于2008年1月完成。2009年1月，一场大火吞噬了邻近的电视文化中心，耽搁了施工进程。2012年5月央视大楼最终建成。

两塔在两个方向上各倾斜了6°，需要抵消由此产生的强大弯矩和相应的各种力，此外还要注意潜在的地震和强风，为此奥雅纳公司的工程师开发了一种系统，与室外斜柱一道承受竖向荷载，而对角斜撑提供侧向的支撑，并形成类似于斜交网格结构的刚性管桁架，布满建筑物外表面。这种对角斜撑钢网表达出结构在不同荷载条件下的受力分布。在结构受力较大处，对角斜撑网较为密集；在受力相对较少处，网较为稀疏。

央视总部大楼有着与众不同的双悬臂，它构成了一个好几层高的桥，搭在两座塔楼37层以上，在一个方向上延伸了220英尺（67米），在另一个方向上延伸245英尺（75米）。

立面图：美国纽约州纽约市的威尔大厦（Tower Verre），设计审查中，让·努维尔（Jean Nouvel, 1945—，法国建筑师）

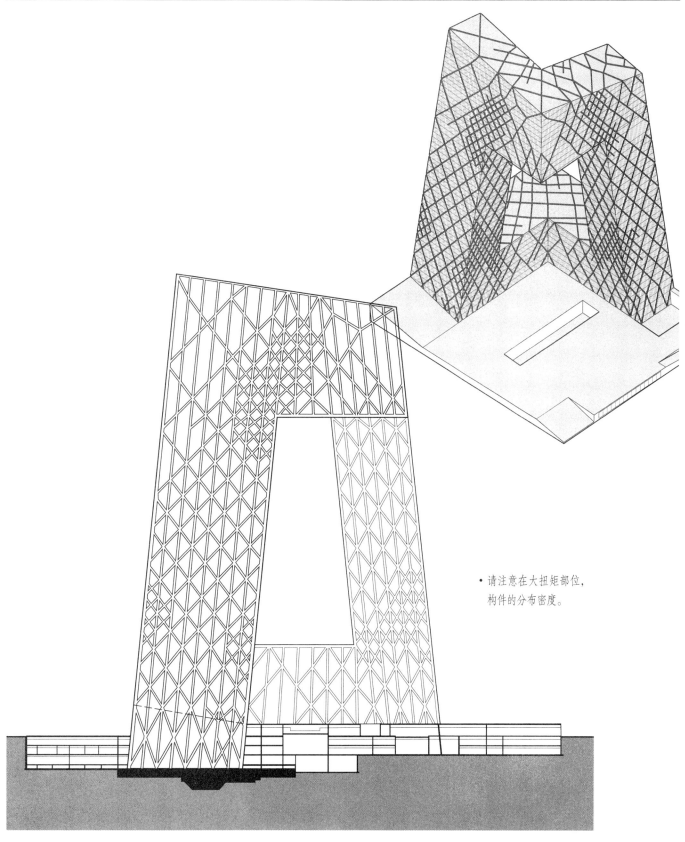

• 请注意在大扭矩部位，
  构件的分布密度。

立面图和鸟瞰图：中国北京的中国中央电视台总部大楼，2004—2012 年，雷姆·库哈斯（Rem
Koolhaas，1944—，荷兰建筑师）和奥雷·舍人（Ole Scheeren, 1971—，德国建筑师）/大都会建
筑事务所（OMA）设计，结构工程师：奥雅纳工程顾问公司（Arup）

尽管加强一个高层结构的刚度是为了减少在侧向荷载作用下的晃动以及限制偏移和变形，但要达到动态特性的要求，通常需要那些与强度需求相关的结构尺寸大幅度增加。更为经济实用的方法是使用阻尼系统，它可缓解在高层结构以及非结构建筑构件和机械设备上的风引起的摇动作用和地震晃动。在强风或地震活动中，通过吸收和消减大部分来自建筑的能量，阻尼系统可限制晃动和偏移，减小结构构件尺寸，同时降低居住者对晃动的不适感。

在第5章叙述的基础隔震系统，就是一种有效的阻尼系统，用于加强建筑高度七层以内的建筑。由于更高的建筑易于倾覆，所以有三种阻尼系统用于控制过大晃动和偏移，同时保证居住者的舒适性。它们是主动阻尼系统、被动阻尼系统、气动阻尼。

主动阻尼系统　Active Damping Systems

需要使用电动机功率、传感器、计算机控制的阻尼系统称为"主动系统"；那些不符合的则是被动系统。主动阻尼系统最明显的缺点就是需要外部电力调整它们的运转，当电力供应中断时，它们在地震中就将不再可靠。由于这个原因，主动控制式阻尼更适合于高层建筑经受风荷载时，而不是经受地震引起的更不可预测的周期性荷载。

半主动阻尼系统结合了被动和主动阻尼系统的特征。它们采用可控制的阻力减少震动，而不是推动建筑结构。它们可完全控制，但仍然需要少量的电力输入。

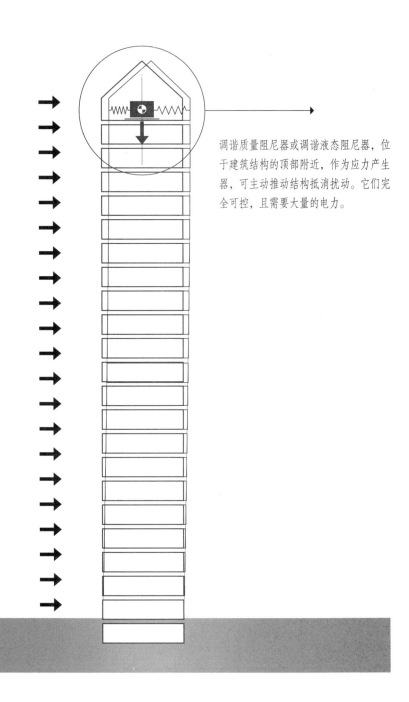

调谐质量阻尼器或调谐液态阻尼器，位于建筑结构的顶部附近，作为应力产生器，可主动推动结构抵消扰动。它们完全可控，且需要大量的电力。

所有调谐质量阻尼器都属于主动系统，由大量混凝土或钢材构成，它们或是像钟摆一样悬在拉索上，或是嵌在大楼顶部楼层的轨道上。当侧向荷载在建筑上产生晃动时，计算机检测到运动，同时向发动机发射信号，使其向相反方向移动重量，以抵消运动或将运动最小化。调谐质量阻尼器要采用经过认真斟酌的重量，会考虑建筑的重量、建筑中体块的位置、延迟时间、被抵消的运动模式。调谐质量阻尼器对减少建筑在风暴中的晃动十分有用，但对于控制建筑在地震中的偏移就不那么令人满意了。

调谐液态阻尼器运用水箱中的水或其他液体，其设计要达到水运动的理想自振频率。当建筑在风荷载作用下晃动时，容器中的水以相反方向来回移动，同时将它的动量传递至建筑，抵消风振的作用。使用调谐液态阻尼系统的优势是可利用消防蓄水池。

张力索主动阻尼系统采用计算机控制装置，即通过启动张力调节构件回应建筑的运动，该构件被连接在一列钢筋束上，靠近建筑结构的主要支撑构件来布置。张力调节构件将拉应力应用于钢筋束上，以抵消造成结构偏移和抑制结构移动的作用力。主动脉冲系统利用在建筑基础或层间的液压活塞，显著地减少了作用在结构上的侧向荷载。此外，主动系统和张力索体系都可以放置在建筑结构里偏离中心的位置，来抵消扭转作用。

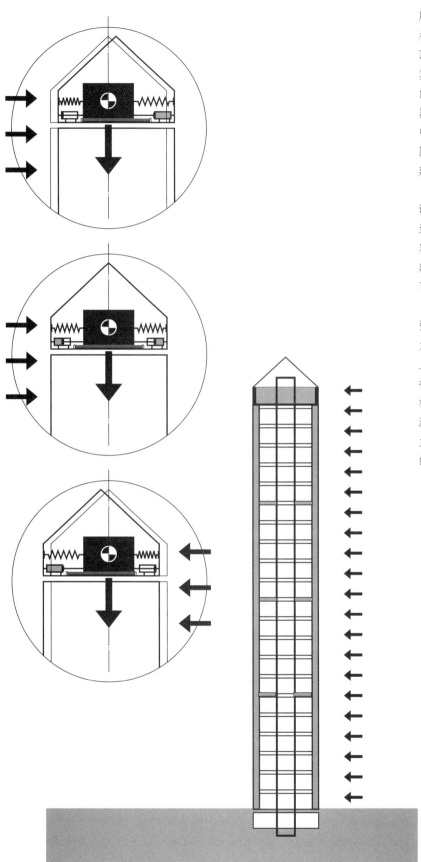

被动阻尼系统　Passive Damping Systems

被动阻尼系统会结合在结构中，以吸收部分风力或地震能量，并消减主要结构构件耗散能量的需要。有多种人工阻尼器可使用，它们采用了多种材料以获得不同等级的刚度和阻尼。其中包括黏弹性阻尼器、黏性流体阻尼器、摩擦阻尼器、金属屈服阻尼器。

黏弹性阻尼器和黏性阻尼器作为大型减震器，可以耗散大范围频率的能量。它们可与结构构件和连接件做一体化设计，以控制高层建筑的风和地震响应。

仅当两表面互相摩擦间的滑动力达成一致或超限时，摩擦阻尼器才会消耗能量。金属屈服阻尼器通过材料的非弹性形变消耗能量。摩擦阻尼器和金属屈服阻尼器是在地震工程应用中发展起来的，因此不适用于减缓风引起的运动。

气动阻尼　Aerodynamic Damping

高层建筑中风引起的运动主要有三种运动模式：阻力（沿着风向）、侧风（垂直于风向）以及扭转。其中，在两面建筑墙体中交替的侧风压力平行于风向，是由涡流产生的，可引起足够大的横向振动，以致影响用户的舒适度。

气动阻尼器涉及如何塑造建筑造型来影响周边气流，来调整作用在它表面的压力，来缓解结构中造成的移动。总之，具有最光滑的空气动力学造型的物体，例如圆形平面的建筑，相对于类似矩形平面的结构，将阻挡少得多的气流，由此减少风的作用。由于风在建筑立面上引起的作用力较大，所以将高层建筑做成空气动力学造型，就是一种用于提高对抗风荷载和风振性能的方法。这些调整包括：呈圆形和带收分的平面大样，外墙逐渐缩进，精雕细刻的屋顶，改良的转角几何形状，并增加贯穿建筑的洞口。

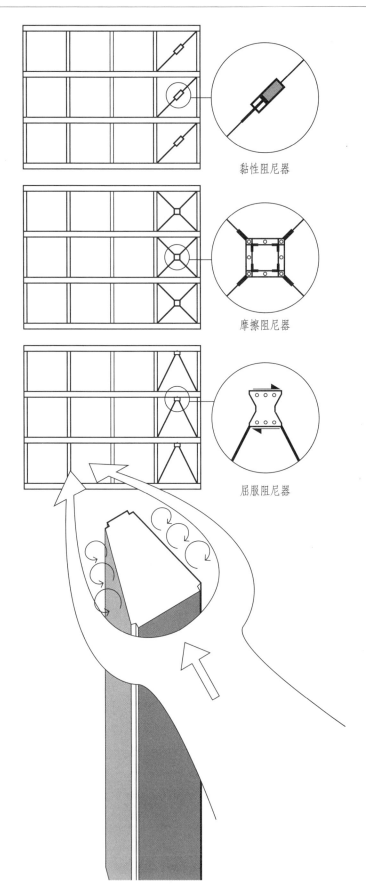

黏性阻尼器

摩擦阻尼器

屈服阻尼器

8 系统整合
Systems Integration

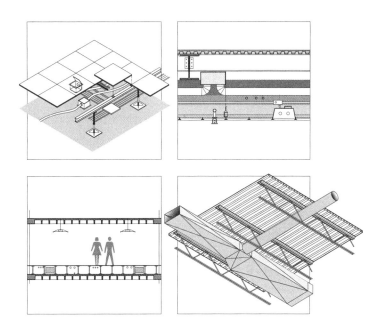

本章讨论的是机械、电气、管道系统与建筑的结构体系整合。这些系统与维持舒适、健康、安全的建筑环境密不可分，它们一般会包括：

• 采暖、通风、空调（英文分别为 heating、ventilation、air-conditioning，合称 HVAC）系统，它们为建筑的内部空间提供经调节处理的空气。调节可包括通风、采暖、制冷、加湿、过滤。

• 电气系统为照明、电动机、电器、音响系统和数据通信等提供电能。

• 管道系统用于饮用水供给、污废水处理、雨水控制、消防系统水供给。

这些系统的设备和硬件需要合适的空间和穿过建筑的连续分布路径。它们一般隐藏于构造空间内或特殊用房内，但它们需要检查和维修通道。要符合这些标准，需要认真地在平面和系统布局上与结构体系协调和整合。

除了暖通、电气、管道系统的竖井和空间外，提供通道和紧急疏散的循环系统同样必须遍布在多层建筑的结构体系中。要为走道、楼梯、电梯、自动扶梯提供竖井和空间，这不仅将影响结构体系的布局，在一定条件下，还将成为结构的整合部分。

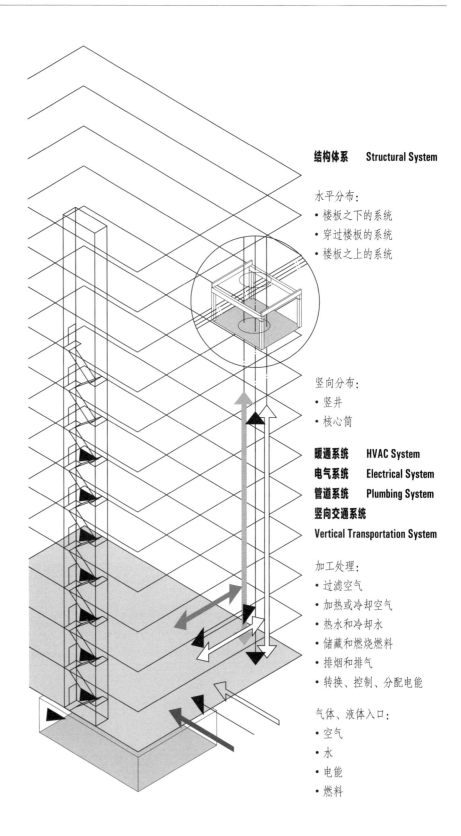

结构体系　Structural System

水平分布：
• 楼板之下的系统
• 穿过楼板的系统
• 楼板之上的系统

竖向分布：
• 竖井
• 核心筒

暖通系统　HVAC System
电气系统　Electrical System
管道系统　Plumbing System
竖向交通系统
Vertical Transportation System

加工处理：
• 过滤空气
• 加热或冷却空气
• 热水和冷却水
• 储藏和燃烧燃料
• 排烟和排气
• 转换、控制、分配电能

气体、液体入口：
• 空气
• 水
• 电能
• 燃料

供水系统　Water Supply Systems

供水系统在压强下运作。一个供水系统的额定压强必须足够大。竖向运输以及水流通过管道及管道的附属设施产生的摩擦会引起压强损失，而供水系统的要求是，除了吸收这些压强损失，依然满足每个管道设备的压强要求。公共水系统通常给水压强为 50 磅 / 平方英寸（345 千帕），满足建筑高度 6 层以内的低层建筑的下行上给式。对于更高的建筑，或额定压强不足以维持充足的服务设备的地区，水通过水泵被抽到架在高处或屋顶的蓄水容器，形成重力式下给系统。这些水的一部分往往作为储备用在消防系统上。

管道系统的加压式供水端使管道更小，分配布局更灵活。供水线路通常可轻易地纳入楼板或墙体构造空间内。它应该与建筑的结构体系或其他系统结合，例如与之平行、但体积较大的生活污水排水系统。给水管应在每层被竖向支撑，水平间隔为 6~10 英尺（1830~3050 毫米）。使用可调节的吊架，以保证水平导管有适当倾斜来排水。

• 热水器是为加热水和储藏用水的电力或煤气用具。对于大型设备或广泛分布的设备组，另需要分散式热水储存容器。另一种选择是，可使用内嵌式无水箱的即开即用热水器，即水在使用时间和使用终端来加热。这些系统减轻了蓄水容器的需要，但如果它们使用燃料的话，还需要烟道。太阳能加热也是一种可行的选择，可作为晴朗天气时的主要热水来源，也可作为标准热水系统的备用预热系统。

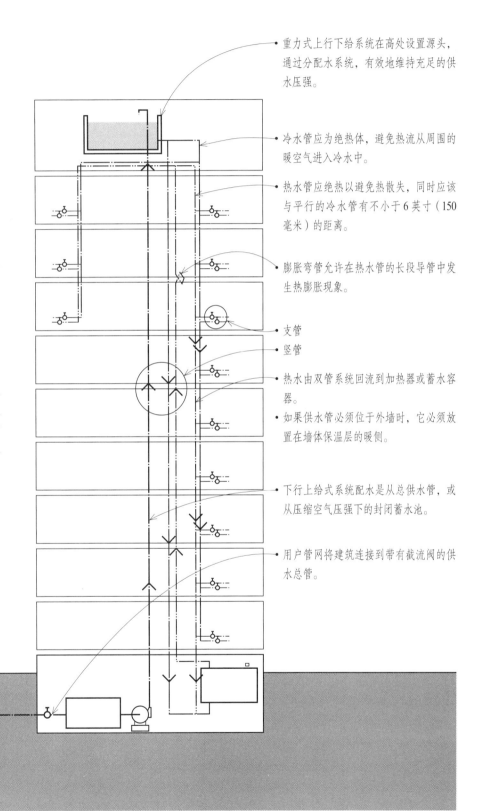

• 重力式上行下给系统在高处设置源头，通过分配水系统，有效地维持充足的供水压强。

• 冷水管应为绝热体，避免热流从周围的暖空气进入冷水中。

• 热水管应绝热以避免热散失，同时应该与平行的冷水管有不小于 6 英寸（150 毫米）的距离。

• 膨胀弯管允许在热水管的长段导管中发生热膨胀现象。

• 支管
• 竖管

• 热水由双管系统回流到加热器或蓄水容器。

• 如果供水管必须位于外墙时，它必须放置在墙体保温层的暖侧。

• 下行上给式系统配水是从总供水管，或从压缩空气压强下的封闭蓄水池。

• 用户管网将建筑连接到带有截流阀的供水总管。

生活污水排水系统　Sanitary Sewage Systems

供水系统的终端是每个卫生器具。水被排出和使用之后，它将进入生活污水排水系统。这个排水系统的主要目标是将废液和有机物尽快排出。由于生活污水排水系统依赖于重力排水，所以它的管道比负压的供水管要大得多。根据生活排水管线在系统中的位置和服务的卫生器具的总数和类型，可确定管线的尺寸。

生活污水排水系统的布局应尽量直接和笔直，以避免固体的沉积和堵塞。应设置清扫口，以便一旦它们堵塞时清洁。

- 排水支管将一个或多个的卫生器具连接到土壤或污水池。
- 直径3英寸（75毫米）以下的水平排水管应设1:100的坡度（每英尺起坡1/8英寸），直径3英寸以上的应设1:50的坡度（每英尺起坡1/4英寸）。
- 卫生器具排水管从卫生器具的存水弯延伸至排气管或排水立管。
- 污水立管将抽水马桶或小便器的排泄物带到建筑室内排水管道或室外排水管道。
- 废水立管将除抽水马桶或小便器以外的卫生器具的废水排出。
- 所有管道拐弯最小化。
- 建筑室内底层排水管是排水系统的最底层部分，它接受来自建筑墙体内的污水/废水立管的排泄物，并通过重力将它们排到建筑室外排水管道。
- 新鲜空气入口使新鲜空气进入建筑排水系统，在建筑水封处或前部接入建筑室内底层排水管。
- 建筑室外排水管将建筑室内底层排水管连接到公共污水管或私人处理设备。

雨水排出系统　Storm Drain Systems

雨水排出系统将来自屋顶、铺装表面及来自建筑物基础的排水口的雨水排到市政排水管或灌溉用的蓄水池或水箱。雨水管和生活排水管一样，必须有规定的坡度以保证适当的排水。

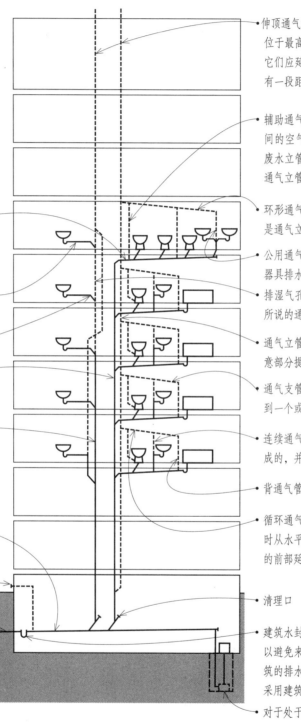

通气管系统　Vent Systems

通气管系统使废气能排到室外，同时提供新鲜空气进入排水系统，以保护存水弯水封，避免虹吸作用和回压。

- 伸顶通气管是污水/废水立管的延伸部分，位于最高水平排水管之上，与立管相连；它们应延伸到远高于屋面，同时与竖直面有一段距离。
- 辅助通气管提供排水系统和通气管系统之间的空气循环；在首个卫生器具和污水/废水立管之间，有一段水平排水管，它与通气立管相连，即构成辅助通气管。
- 环形通气管是循环的，与伸顶通气管而不是通气立管连接的循环通气管。
- 公用通气管提供两个连接到同一层的卫生器具排水管。
- 排湿气孔是作为污水/废水立管以及上文所说的通气管的超大型管道。
- 通气立管是现场安装的主要向排水系统任意部分提供空气流通的竖向通气管。
- 通气支管利用通气立管或伸顶通气管连接到一个或多个独立通气管。
- 连续通气管是由一段排水管的延长部分构成的，并与之连接。
- 背通气管安装在存水弯的废水侧。
- 循环通气管提供两个或更多的存水弯，同时从水平支管上最后一个卫生器具连接处的前部延伸至通气立管。
- 清理口
- 建筑水封安装在建筑室内底层排水管上，以避免来自室内底层排水管的臭气进入建筑的排水系统。并非所有建筑规范都要求采用建筑水封。
- 对于处于街道污水管之下的卫生器具，需要有排污泵来排出污水池中积累的液体。

消防系统   Fire Protection Systems

在大型商业和公共建筑中，公众安全是广受关注的问题，建筑规范通常要求有一个消防喷水系统，在火势失去控制之前熄灭大火；如果安装了合适的喷洒系统，某些建筑规范允许增加使用面积。某些管辖区要求在多户住宅里安装消防喷水系统。

消防喷水系统由位于天花板中或天花板下的管道构成，它们与合适的供水设备相连，并装备有阀门或喷头，会在特定温度下自动开启。对于喷头使用和位置的具体要求，使得系统的布置和协调成为设计天花板及板下空腔时的优先考虑因素。

两种主要的喷水系统是湿式喷水系统和干式喷水系统。

- 湿式喷水系统包括足够压强下的水，通过在火灾中自动开启的喷头提供即时、连续的排水。
- 干式喷水系统包括加压的空气，即当喷头在火灾中开启时，将释放加压空气，使水在管内流动，并从开启的喷嘴排出。干式喷水系统用于管道易冻结的地区。
- 预作用灭火系统是干式喷水系统，通过由火灾探测器操作的阀门控制流经本系统的水流，这种探测器比在喷头的探测器更为敏感。当意外的排放会损坏贵重材料的时候，可使用预作用灭火系统。
- 雨淋灭火系统始终保持开启状态，通过由热感应器、烟雾感应器、火焰感应器操作的阀门来控制喷头水流。

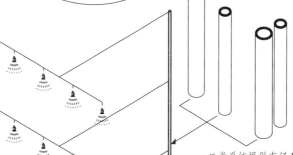

- 喷头是用于分散水流或喷射水流的喷嘴装置，通常由预先设定温度的熔断丝控制。
- 竖管是在建筑中竖向延伸的水管，供水至每层消防箱。
- 干式竖管包含空气，当干式竖管使用时，空气就被水代替；湿式竖管系统始终包含水。
- 一类系统提供直径为 2.5 英寸（64 毫米）的软管接头，它们可提供强大的水流，这些接头由消防员经培训后使用。

- 二类系统提供直径 1.5 英寸（38 毫米）的管件和软管，为未经训练的建筑使用人员和第一目击人员所使用。
- 三类竖管系统提供两种尺寸接头的通道，允许建筑使用者或消防员使用。
- 竖管或喷水系统的水压可由市政用水总管道或消防车提供，可由消防水池或屋顶蓄水池增压。

用水总管

消防水泵管件安装在建筑外立面靠近地面的位置，提供两个或更多的接头，消防人员能通过这些接头将水抽到竖管或喷水系统。

电气系统　Electrical Systems

公用事业公司高压传送电能，以将传输系统中的电压骤降和导体尺寸最小化。为了安全，变压器将电压逐步下降至使用点的低压。建筑中常用的电气系统电压有三种不同的方式：

- 120/240 伏，单相电源一般用于小型建筑和几乎所有居住建筑。公共事业拥有和维护变压器，它从高压输送线路中提供 120/240 伏电能。建筑只需要一个仪器表、主要开关、配电盘。
- 120/208 伏，三相电源用于中型建筑，以供用在通风机、电梯、自动扶梯上的大型电动机有效运作；120 伏电源同样可用于照明和插座。这种设施会拥有一座干式变压器，以逐步降低高压电源，它一般位于室外，或在室内作为一个单元变电所。
- 277/480 伏，三相电源用于大型商业建筑，它们会购买高压电源。这些建筑需要一个变电室和大型的变电器。除此以外，一个单独的配电室将电源分区。建筑内的大型电动机使用三相电源，而荧光灯照明使用 277 伏的单向电源。建筑的每一层都需要配电柜，用以放置干式变压器，用于为电插座提供 120 伏的单向电源。

建筑的电气系统为照明、采暖以及用电设备和用电器的运转提供电能。需要小型发电机组为出口指示灯、警报系统、电梯、电话系统、消防泵、医院的医疗设备等提供紧急电源。

引入连接可在顶棚或地下。顶棚引入比较经济，便于维修，同时可长距离传送高压电。地下引入费用较高，但可用于高负荷高密度地区，例如城市。服务电缆在管道或电线槽内运行以便于保护，将来也允许替换。直埋电缆可用于居住建筑的引入连接。

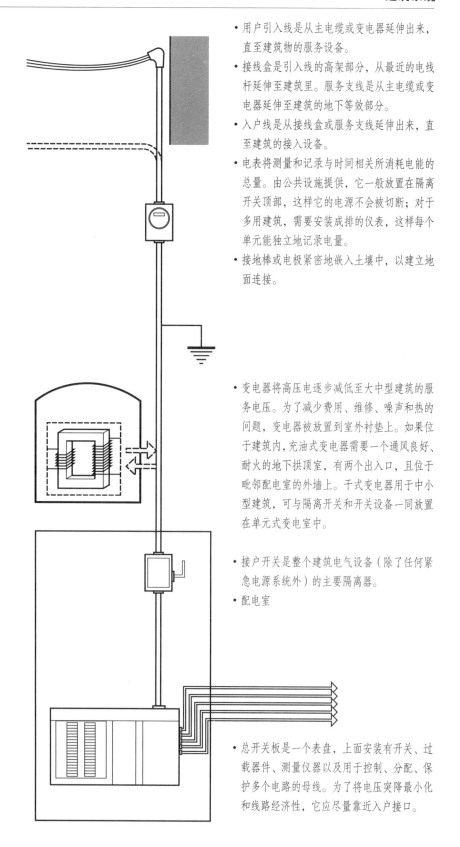

- 用户引入线是从主电缆或变压器延伸出来，直至建筑物的服务设备。
- 接线盒是引入线的高架部分，从最近的电线杆延伸至建筑里。服务支线是从主电缆或变压器延伸至建筑的地下等效部分。
- 入户线是从接线盒或服务支线延伸出来，直至建筑的接入设备。
- 电表将测量和记录与时间相关所消耗电能的总量。由公共设施提供，它一般放置在隔离开关顶部，这样它的电源不会被切断；对于多用建筑，需要安装成排的仪表，这样每个单元能独立地记录电量。
- 接地棒或电极紧密地嵌入土壤中，以建立地面连接。

- 变电器将高压电逐步减低至大中型建筑的服务电压。为了减少费用、维修、噪声和热的问题，变压器被放置到室外衬垫上。如果位于建筑内，充油式变压器需要一个通风良好、耐火的地下拱顶室，有两个出入口，且位于毗邻配电室的外墙上。干式变电器用于中小型建筑，可与隔离开关和开关设备一同放置在单元式变电室中。

- 接户开关是整个建筑电气设备（除了任何紧急电源系统外）的主要隔离器。
- 配电室

- 总开关板是一个表盘，上面安装有开关、过载器件、测量仪器以及用于控制、分配、保护多个电路的母线。为了将电压突降最小化和线路经济性，它应尽量靠近入户接口。

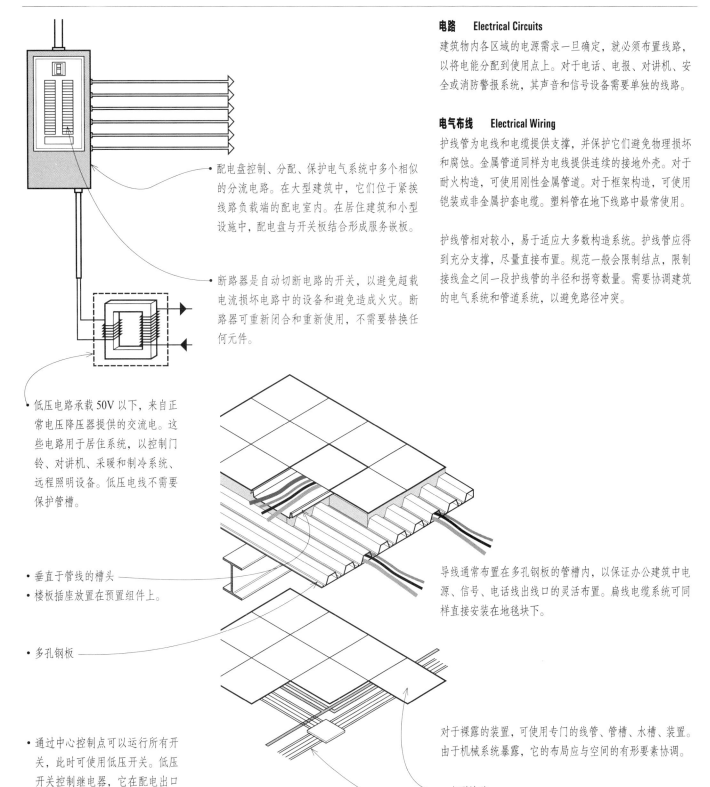

电路　Electrical Circuits

建筑物内各区域的电源需求一旦确定，就必须布置线路，以将电能分配到使用点上。对于电话、电报、对讲机、安全或消防警报系统，其声音和信号设备需要单独的线路。

电气布线　Electrical Wiring

护线管为电线和电缆提供支撑，并保护它们避免物理损坏和腐蚀。金属管道同样为电线提供连续的接地外壳。对于耐火构造，可使用刚性金属管道。对于框架构造，可使用铠装或非金属护套电缆。塑料管在地下线路中最常使用。

护线管相对较小，易于适应大多数构造系统。护线管应得到充分支撑，尽量直接布置。规范一般会限制结点，限制接线盒之间一段护线管的半径和拐弯数量。需要协调建筑的电气系统和管道系统，以避免路径冲突。

- 配电盘控制、分配、保护电气系统中多个相似的分流电路。在大型建筑中，它们位于紧挨线路负载端的配电室内。在居住建筑和小型设施中，配电盘与开关板结合形成服务嵌板。

- 断路器是自动切断电路的开关，以避免超载电流损坏电路中的设备和避免造成火灾。断路器可重新闭合和重新使用，不需要替换任何元件。

- 低压电路承载 50V 以下，来自正常电压降压器提供的交流电。这些电路用于居住系统，以控制门铃、对讲机、采暖和制冷系统、远程照明设备。低压电线不需要保护管槽。

- 垂直于管线的槽头
- 楼板插座放置在预置组件上。

- 多孔钢板

导线通常布置在多孔钢板的管槽内，以保证办公建筑中电源、信号、电话线出线口的灵活布置。扁线电缆系统可同样直接安装在地毯块下。

- 通过中心控制点可以运行所有开关，此时可使用低压开关。低压开关控制继电器，它在配电出口作为实际的开关。

对于裸露的装置，可使用专门的线管、管槽、水槽、装置。由于机械系统暴露，它的布局应与空间的有形要素协调。

- 方形地毯
- 1 个、2 个或 3 个带有扁平插座的扁线电缆回路

采暖、通风、空调系统
Heating,Ventilating,and Air-Conditioning Systems

暖通系统同时控制建筑室内空间空气的温度、湿度、洁净度、气流组织、气体流动。

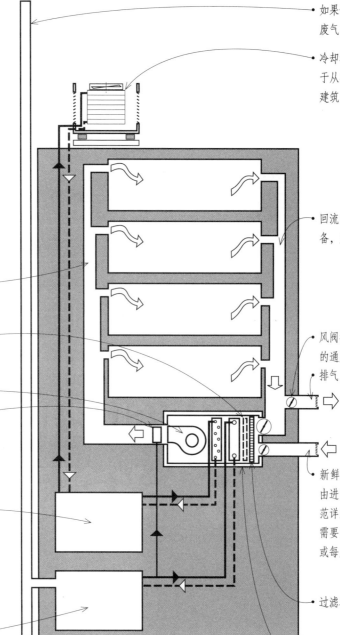

- 如果使用燃油锅炉，需要烟囱排放废气。

- 冷却塔，通常在建筑的屋顶上，用于从冷却水中吸取热量。它们应与建筑的结构框架形成声学隔离。

- 采暖和制冷源可通过空气、水或两者结合分布。

- 预热器必须在其他处理之前加热室外冷空气。

- 鼓风机提供中等压强的空气，在暖通系统中强制通风。

- 加湿器维持或增加送风中的水蒸气总量。

- 冷却水机组由电能、蒸汽或煤气驱动，将冷却水输送到空调设备用于制冷，同时将冷却水抽到冷却塔释放热气。

- 锅炉为采暖提供热水或热蒸汽。锅炉需要燃料（燃气或燃油）和助燃的空气。燃油锅炉同样需要一个侧边储藏容器。如果费电较少，用电锅炉也是可行的，它不再需要有助燃空气和烟囱。如果热水和热蒸汽可通过集中设备提供，则不需要锅炉。

- 回流空气从空调空间回送至集中设备，用于处理和循环。

- 风阀控制风管、进气口和出气口中的通风量。

- 排气

- 新鲜空气。往往20%的通风量是由进气口进入的新鲜空气。建筑规范详细说明了特定用途或使用者所需要的通风量，即每小时换气次数或每人每立方米换气次数。

- 过滤器去除送风中的悬浮杂质。

- 风机房安装着大型建筑中的空气处理设备。单独的风机房的放置点应尽量缩短空调风到最远空调房间的必要行程距离。分离的风机房可分散布置以服务于建筑的独立区域，或放置在每一层以将尽量缩短竖向管道路程。

- 空气处理装置包括风扇、过滤器及其他必要构件，以处理和分配空调风。

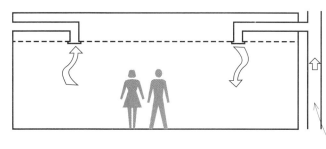

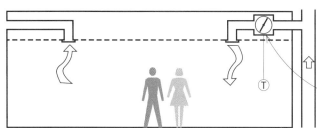

全空气暖通系统　　All-Air HVAC Systems

全空气系统的空气处理器和冷源可放置在离空调房间一定距离的中心位置。只有最终的采暖或制冷媒介通过管道被带入房间，或通过出风口或混合出风终端被分配到房间内。全空气系统不仅提供采暖和制冷，还清洁空气和控制湿度。空气返回集中设备，与室外空气混合通风。

- 多区系统为每个房间或区域提供单一气流，以法向速度通过指形风管。通过使用室温控制器控制的气阀将冷热空气在中部再度混合。

- 单风道、变风量（VAV，variable-air-volume）系统根据各区域或房间的温度需求，在进风口终端使用风阀控制已处理的气流。

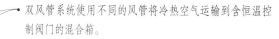

- 双风管系统使用不同的风管将冷热空气运到含恒温控制阀门的混合箱。

- 混合箱将冷热空气均匀划分和融合，使其到达理想的温度，再将混合空气分配到每个区域或房间。这通常是个高速系统 [2400 英尺 / 分钟（730 米 / 分钟）或更高]，以便减少风管尺寸和设备空间。

- 终端再加热系统为了满足变化的空间需要，具有更多的灵活性。它向装配有电能或热水再热器的终端提供温度大约为 55 华氏度（13℃）的空气，用以调控空气温度，再输送到每个独立控制的区域或房间。

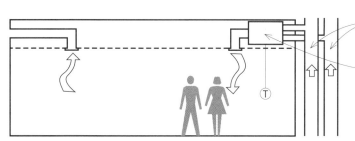

全水暖通系统　　All-Water HVAC Systems

全水系统通过管道，将来自集中设备的热水或冷冻水输送到空调房间的风机盘管，这比空气风管需要更少的设备空间。

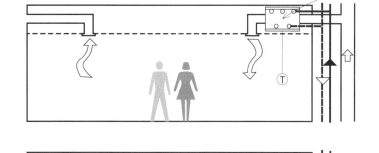

- 双管系统使用一根水管将热水或冷冻水输送到每个风机盘管，而另一个再将它们回送到锅炉或冷冻水机组。

- 风机盘管包括空气过滤器和离心式风机，离心式风机将室内空气和室外空气的混合体在热水盘管或冷水盘管上加工处理，然后将它们吹回到房间内。

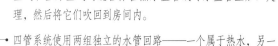

- 四管系统使用两组独立的水管回路———一个属于热水，另一个属于冷冻水，为建筑不同区域的需要同时提供采暖和制冷。

- 通风是通过墙体开洞来提供，或是穿进去，或是通过独立的通风设备。

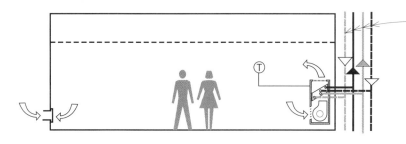

空气—水暖通系统　Air-Water HVAC Systems

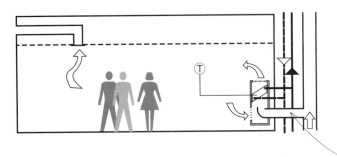

在空气—水系统中，空气处理器和冷源可能与服务空间分离。然而，通过空调房间的诱导器或辐射板中的热水或冷水循环初步平衡被输送到空调房间的空气温度。空气会回到集中设备或直接消耗完。空气水系统的常见类型包括：

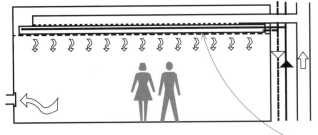

• 感应系统使用高速风管向每个区域和房间提供来自集中设备的初步处理的空气，室内外空气在每个区域和房间内混合，在诱导器中进一步加热或制冷。一次空气通过过滤器混入室内空气，混合体通过盘管，由来自锅炉或冷却机的二次水加热或冷却。区域恒温器控制水流过盘管以调节空气温度。

• 辐射板系统通过墙体上或顶棚上的辐射板加热或制冷，而恒定体积空气的供应能控制通风和湿度。

集成式暖通系统　Packaged HVAC Systems

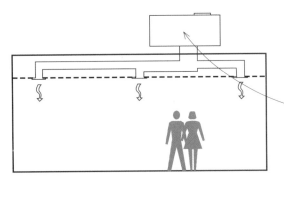

集成式系统独立的防雨水单元与风扇、过滤器、压缩机、冷凝器和用于制冷的蒸发盘管结合。对于采暖，单元可作为一个热泵来运行，或带有辅助加热元件。集成式系统由电能或电能＋煤气结合驱动。

• 集成式系统可作为一个独立设备安装在屋顶或沿着建筑外墙的混凝土基座上。

• 屋顶集成式单元可间隔布置为长条形建筑服务。
• 带有连接到水平支管的集成式竖向管井系统可为最多4层或5层高的建筑服务。

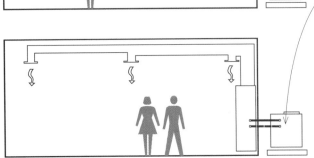

• 分体式系统包括结合压缩机和冷凝器的室外机以及包含冷却或加热盘管和循环风扇的室内机。隔热制冷管和控制线路连接室内、室外两部分。

暖通系统的典型空间要求
Typical Space Requirements for HVAC Systems

为了达到方案设计的目的，不同类型的暖通系统的空间要求可看作一定比例的建筑净面积。在下面的图表中，整座建筑的净面积可用作估算设备用房的尺寸和管道空间的净面积。如果没有特殊说明，立管空间包含在设备用房百分比中。

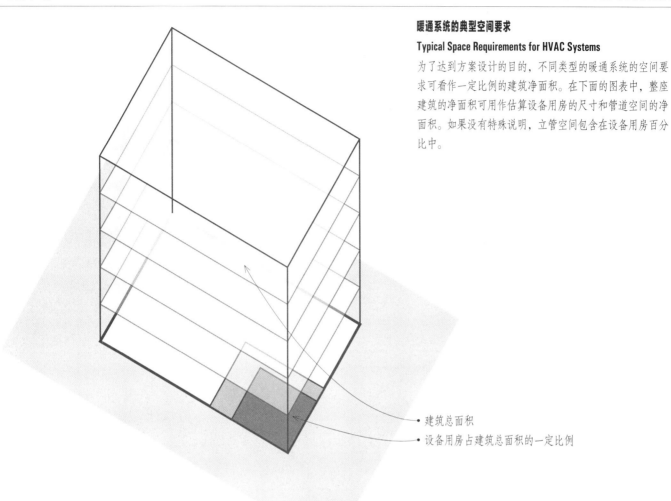

- 建筑总面积
- 设备用房占建筑总面积的一定比例

暖通系统	设备用房		管道系统分布	
	通风 %*	制冷 %*	立管 %*	水平管 %*
常规：低速	2.2~3.5	0.2~1.0		0.7~0.9
常规：高速	2.0~3.3	0.2~1.0		0.4~0.5
再加热终端：热水	2.0~3.3	0.2~1.0		0.4~0.5
再加热终端：电能	2.0~3.3	0.2~1.0		0.4~0.5
变风量		0.2~1.0		0.1~0.2
多区域		0.2~1.0		0.7~0.9
双面风管	2.2~3.5	0.2~1.0		0.6~0.8
全空气感应	2.0~3.3	0.2~1.0		0.4~0.5
全水感应：双管	0.5~1.5	0.2~1.0	0.25~0.35	
全水感应：四管	0.5~1.5	0.2~1.0	0.3~0.4	
风机盘管单元：双管	—	0.2~1.0	—	—
风机盘管单元：四管	—	0.2~1.0	—	—

* 占建筑总面积的百分比

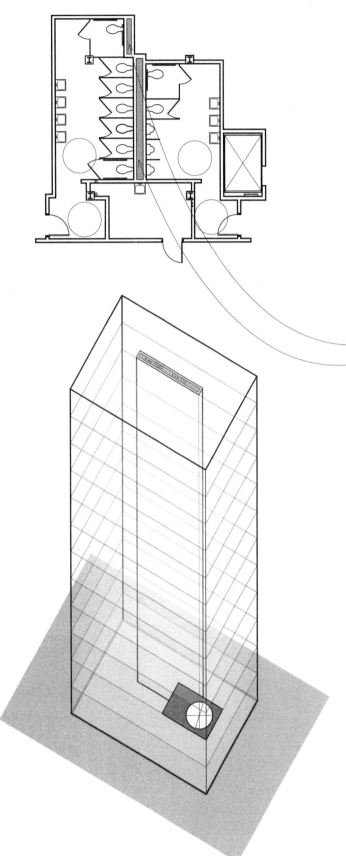

管道槽　Plumbing Chases

管道槽为建筑的供水和生活污水管线提供必要的空间。它们几乎总是与盥洗室、厨房、实验室有关。可将供水管和排水管限制在管道槽中，来避免建筑结构和管道线路之间的潜在冲突。

- 考虑到经济性和接入接出的便利性，理想的做法是将排水通气立管安排在贯穿多层建筑所有楼层的竖向管槽中。
- 在空间定位时，要求管道上下叠放，并让卫生器具紧靠在公共管道壁或管槽上，由此留出空间来安置排水通气立管以及那些必须穿过立管的横管。

- 管道槽为日常维护提供较为简便的通道。
- 在卫生器具后的排水管网或管道墙应足够厚，为支线、卫生器具引出口和气室预留空间。
- 单边式管道墙宽度为12英寸（305毫米）。
- 双边式管道墙宽度为18英寸（460毫米）。
- 水平生活污水管线和雨水管线必须设斜坡排水，所以在水平设备空间布局上优先考虑。

尽管管道槽的使用在低层建筑中不是十分重要，但这是组织和布置特定类型建筑的管道系统的有效方式，例如高层建筑、酒店、医院、宿舍。

通风机房　Fan Rooms

虽然更加有效的方式是，将通风机房设置在中间位置以减少空气输送管道的长度，但它也可布置在建筑的任意位置以提供进风口和排风口，同时其中的竖向管道井可为供气管道和回气管道预留必要空间。

- 在大型建筑中，为不同服务区域提供多个通风机房会十分经济。
- 空气设备只能推动空气最多在10~15层的建筑空间里上下流动。在高层建筑中需要多个通风机房，因此每隔20~30层就要设置设备层。一些高层建筑通过每层设置通风机房消除竖向管道井的需要。

核心筒　　Cores

高度在两层或三层的建筑中，无论机械设备的竖向管槽位于什么地方，它们都可容纳在楼板平面内，同时为有需要的地方提供服务。

在大型和高层建筑内，机械管槽通常紧挨着其他管道井布置，例如那些围合的出口楼梯、电梯、立管。这样自然导致将这些设备组成一组或更多的有效核心筒，竖直贯穿整个建筑高度。由于这些核心筒在穿过多个楼层的过程中是连续的——在它们的构造上需要附加的消防措施，所以它们同样可作为剪力墙，以帮助承抵侧向荷载，还可作为承重墙，以帮助支撑重力荷载。

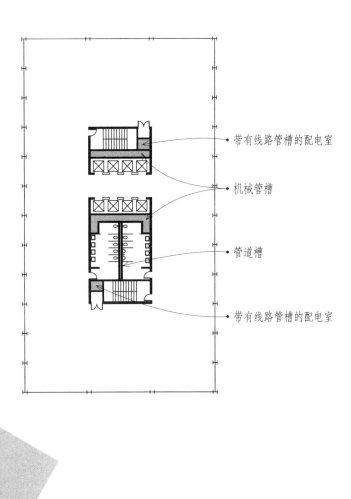

— 带有线路管槽的配电室

— 机械管槽

— 管道槽

— 带有线路管槽的配电室

核心筒位置　　Core Locations

建筑的设施管道或核心筒容纳了机械和电气设备的竖向配线、电梯井、出口楼梯。这些核心筒必须与柱、承重墙、剪力墙或侧向支撑构件等结构布局以及空间、用途、活动等所需模式相协调。

建筑类型和配置将影响核心筒的位置。

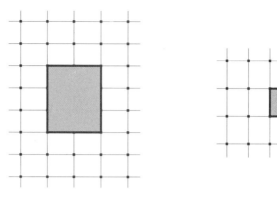

• 单个核心筒通常用于高层办公建筑，以预留最大数量的无障碍可出租空间。

• 中心放置是水平走线较短和有效分布模式的理想方式。

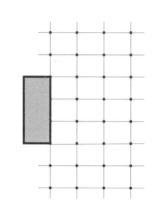 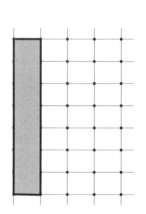

• 将核心筒沿着一边放置从而预留出畅通的楼层空间，但占用了一部分的四周采光。

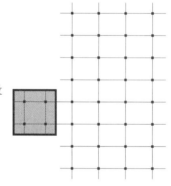 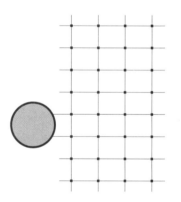

• 独立核心筒可留出最大数量的楼层空间，但需要较长的设施管道，且无法为建筑形成侧向支撑。

• 双核心筒可对称布置以减少设备管线，同时可有效地作为侧向支撑构件，但剩余的楼层面积会丧失一些布局和使用上的灵活性。

 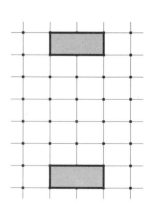

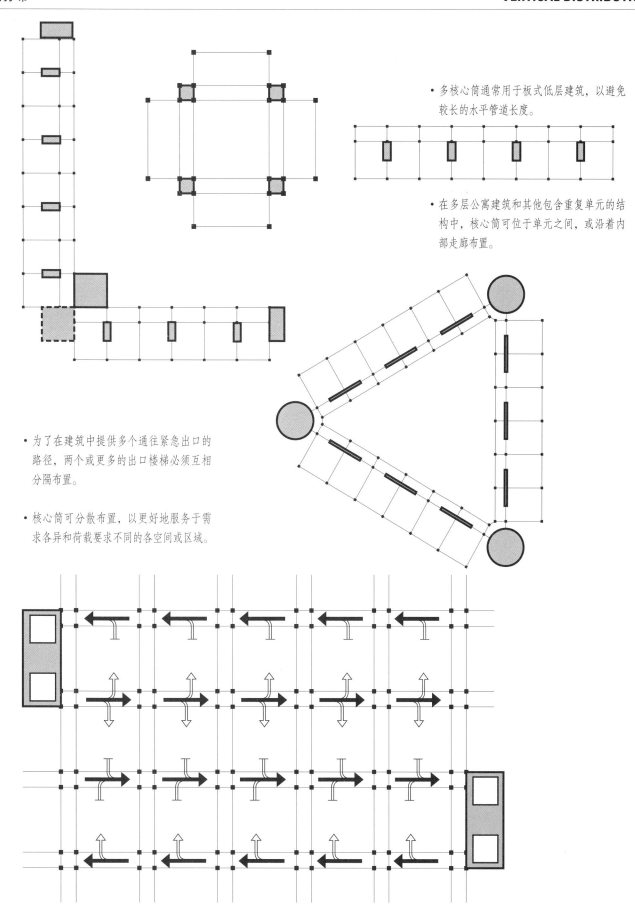

• 多核心筒通常用于板式低层建筑，以避免较长的水平管道长度。

• 在多层公寓建筑和其他包含重复单元的结构中，核心筒可位于单元之间，或沿着内部走廊布置。

• 为了在建筑中提供多个通往紧急出口的路径，两个或更多的出口楼梯必须互相分隔布置。

• 核心筒可分散布置，以更好地服务于需求各异和荷载要求不同的各空间或区域。

机械设备的水平布置
Horizontal Distribution of Mechanical Services

机械设备通过建筑的楼板—天花板组件以水平方式连接到竖井和管槽中，或直接分布在竖井和管槽中。这些设备与结构横跨体系厚度的关系决定了楼板—天花板组件的竖向范围，同时它反过来对建筑的整体高度有显著的影响。

机械设备水平走向分布有三种基本的方式：

• 在横跨结构之上
• 穿过横跨结构
• 在横跨结构之下

线路和输送管道需要较小空间，可布置在小型管槽和楼板或吊顶中。然而，分配空气需要大尺寸的供气管和回气管。在如下系统中尤其如此：有的系统中降低噪声十分重要，同时空气要低速供应；有的系统中理想温度与供气的温度有细微的差异，需要大量的空气流动。所以暖通系统与建筑结构的水平和竖向维度形成巨大的潜在冲突。

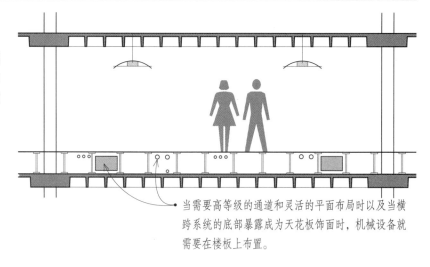

当需要高等级的通道和灵活的平面布局时以及当横跨系统的底部暴露成为天花板饰面时，机械设备就需要在楼板上布置。

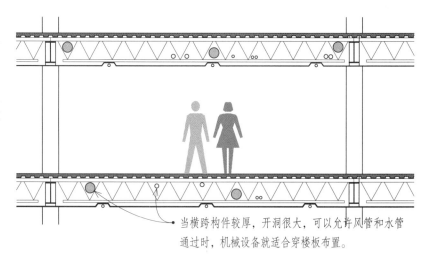

当横跨构件较厚，开洞很大，可以允许风管和水管通过时，机械设备就适合穿楼板布置。

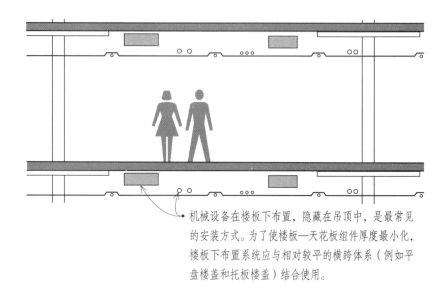

机械设备在楼板下布置，隐藏在吊顶中，是最常见的安装方式。为了使楼板—天花板组件厚度最小化，楼板下布置系统应与相对较平的横跨体系（例如平盘楼盖和托板楼盖）结合使用。

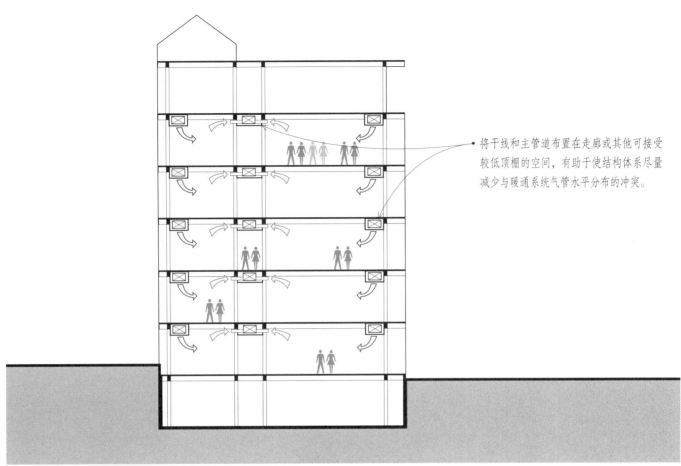

将干线和主管道布置在走廊或其他可接受
较低顶棚的空间，有助于使结构体系尽量
减少与暖通系统气管水平分布的冲突。

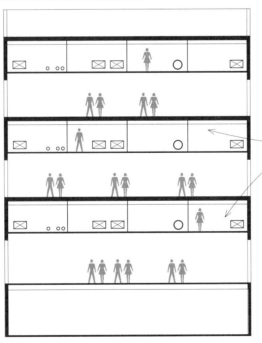

医院、实验室及其他建筑中的空调房间安
装有复杂的机械设备，需要例行保养或修
整。采用厚度较大、有一人高的风室，可
方便人们使用机械系统时不扰动这些空调
房间。

穿过楼板结构的机械设备的水平布置

Horizontal Distribution of Mechanical Services Through the Floor Structure

机械设备能水平布置在横跨体系中，这是利用特定结构构件中原有的开洞实现的，例如钢质和木质桁架、轻钢搁栅、空心混凝土板、穿孔金属板、木质工字梁。

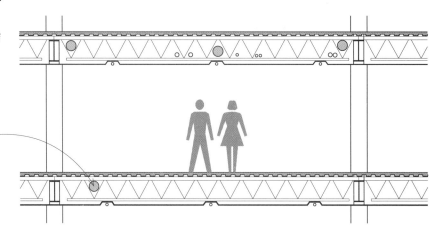

- 空气管道处在横跨结构的截面厚度内，其最大尺寸会受到该厚度的限制。例如，穿过一系列空腹搁栅的空气管道的最大直径是搁栅截面厚度的一半。
- 空气管道穿过楼板桁架或在搁栅之间，会降低机械系统适应变化的灵活性。

- 钢结构和木结构的纵梁和横梁可处于不同的层次上，使机械设备交织在结构体系中。

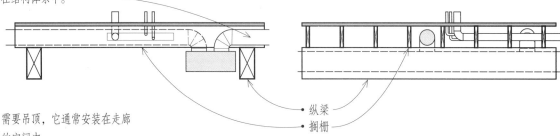

纵梁
搁栅

- 大型管道（例如干管）需要吊顶，它通常安装在走廊或其他顶棚高度可降低的空间中。
- 要注意，当结构构件是按顺序施工时，有时很难让机械系统刚性构件穿过结构构件的洞口来安装。

专业化的建筑系统已经发展得可以将机械系统和结构体系整合在一起。

- 线路管槽可安装在结构板或顶板中。在某些情况中，管槽可减少板的有效厚度。
- 一些钢面板允许使用瓦楞板的底面作为电气线路的管槽。

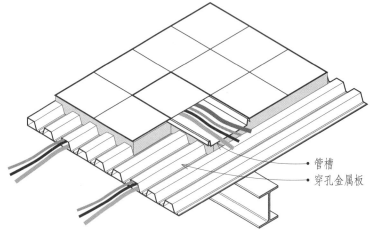

管槽
穿孔金属板

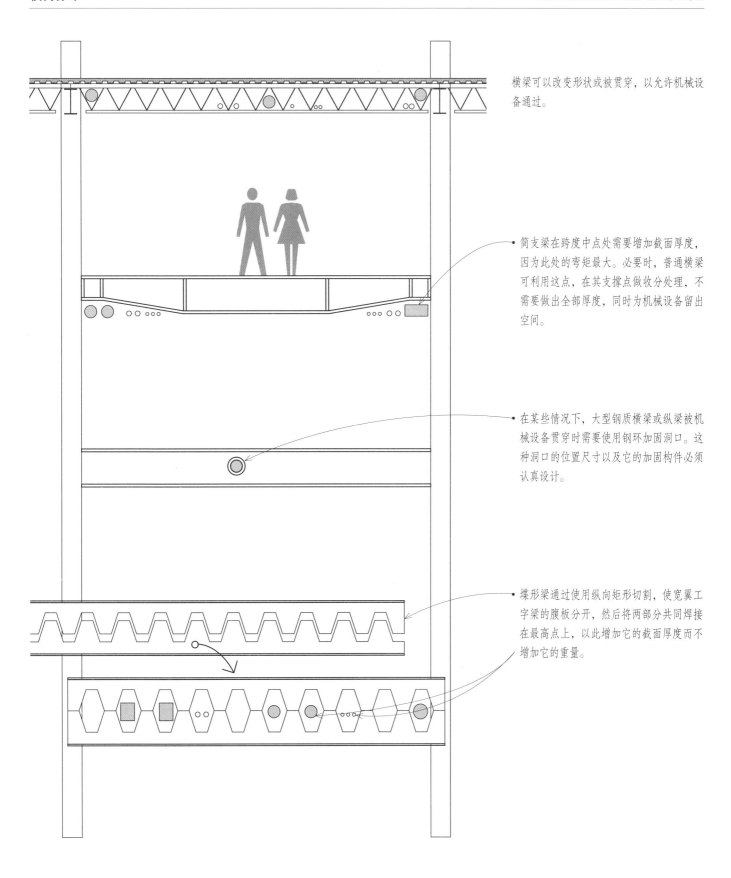

横梁可以改变形状或被贯穿，以允许机械设备通过。

简支梁在跨度中点处需要增加截面厚度，因为此处的弯矩最大。必要时，普通横梁可利用这点，在其支撑点做收分处理，不需要做出全部厚度，同时为机械设备留出空间。

在某些情况下，大型钢质横梁或纵梁被机械设备贯穿时需要使用钢环加固洞口。这种洞口的位置尺寸以及它的加固构件必须认真设计。

蝶形梁通过使用纵向矩形切割，使宽翼工字梁的腹板分开，然后将两部分共同焊接在最高点上，以此增加它的截面厚度而不增加它的重量。

楼板下机械设备的水平布置

Horizontal Distribution of Mechanical Services Below the Structural Floor

当机械设备位于楼板结构下时，紧靠结构正下方的水平区域层用于分布空气管道。为了达到最好的效果，空气管道的主线或干线应与纵梁或主梁平行。必要的地方，较小支管在纵梁下穿过，使楼板总厚度最小化。最底层往往留给照明设备和延伸在整个天花板内的喷水系统。

• 吊顶系统、电气元件、管道布置、活动地板必须施加斜撑以承抵侧向荷载作用下的偏移，同时承抵地震作用中的上升力。在这一地震作用下没有施加斜撑的系统会因重力荷载反转而离开原位。

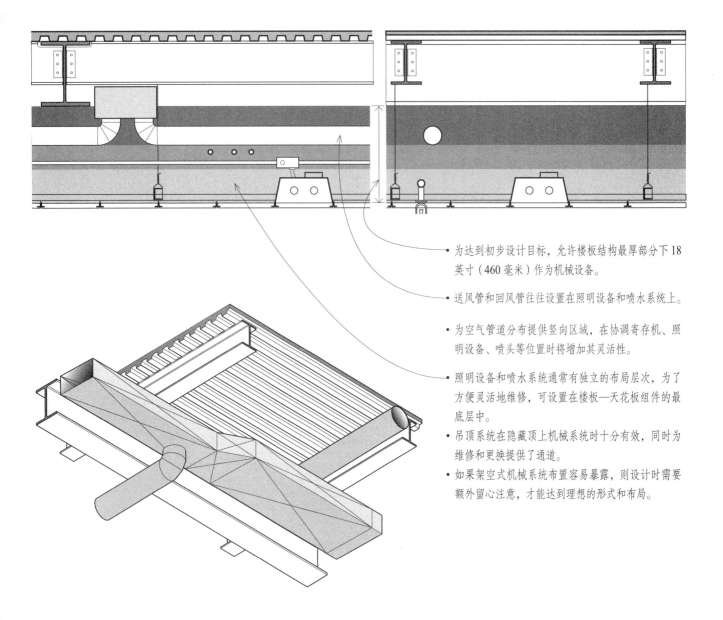

• 为达到初步设计目标，允许楼板结构最厚部分下 18 英寸（460 毫米）作为机械设备。

• 送风管和回风管往往设置在照明设备和喷水系统上。

• 为空气管道分布提供竖向区域，在协调寄存机、照明设备、喷头等位置时将增加其灵活性。

• 照明设备和喷水系统通常有独立的布局层次，为了方便灵活地维修，可设置在楼板—天花板组件的最底层中。

• 吊顶系统在隐藏顶上机械系统时十分有效，同时为维修和更换提供了通道。

• 如果架空式机械系统布置容易暴露，则设计时需要额外留心注意，才能达到理想的形式和布局。

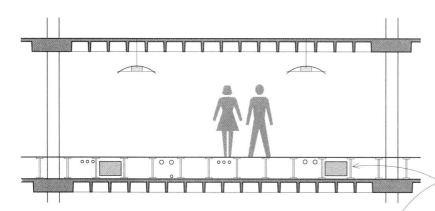

楼板上机械设备的水平布置
Horizontal Distribution of Mechanical Services Above the Structural Floor

活动地板系统往往使用于办公空间、医院、实验室、计算机房、电视台和商业中心，为布置工作台、工作站以及设备提供可变性和灵活性。设备可被移动，很容易与模数化的线路系统重新连接。当横跨结构的底面（例如井式楼板）暴露成为天花板饰面时，它们同样是理想的选择。

• 活动地板系统必须包括由可调节基座支撑的可移动、可互换的地板，以允许下部空间的自由活动。地板往往是边长 24 英寸（610 毫米）的方形，由铁芯、铝芯、木芯构成，被钢质、铝质或轻质钢筋混凝土所包裹。地板可用方块地毯、胶地板、高压胶合板覆盖；还可以做成耐火和控制静电放电的覆盖层。

• 基座是可调节的，提供成品地板高度范围 12~30 英寸（305~760 毫米）；成品地板最小高度可达 8 英寸（203 毫米）。

• 采用纵梁的系统比无纵梁系统具有更大的侧向稳定性；抗震基座可满足建筑规范对侧向稳定性的要求。

• 设计荷载的范围是 250~625 磅／平方英尺（12~30 千帕），但可提高到 1125 磅／平方英尺（54 千帕）以适应更大的荷载。

• 地板底部空间用来安装电路管、接线盒以及计算机、安全、通信系统的电缆线路。

• 喷水系统、照明供电、空调设备仍然需要穿进横跨的楼板结构。

• 空间同样可用作集气室，将暖通系统的空气供应分配出去，将天花板集气室仅用于回风。将冷气供应与暖气返回以这种方式分离，可减少能量耗散。将集气室的整体高度降低，同样可减少新构造的楼层高度。

平盘楼盖和托板楼盖　　Flat Plates and Slabs

• 由于平盘楼盖下和无梁楼盖托板间畅通无阻的空间，机械设备可在所有区域中双向布置，同时为机械设备的布局提供最大的灵活性和适应性。

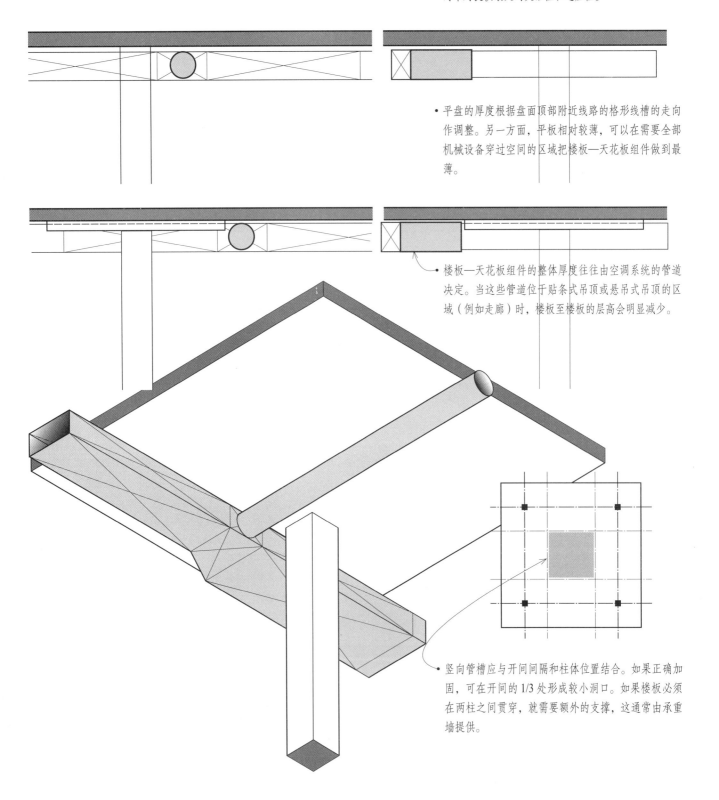

• 平盘的厚度根据盘面顶部附近线路的格形线槽的走向作调整。另一方面，平板相对较薄，可以在需要全部机械设备穿过空间的区域把楼板—天花板组件做到最薄。

• 楼板—天花板组件的整体厚度往往由空调系统的管道决定。当这些管道位于贴条式吊顶或悬吊式吊顶的区域（例如走廊）时，楼板至楼板的层高会明显减少。

• 竖向管槽应与开间间隔和柱体位置结合。如果正确加固，可在开间的1/3处形成较小洞口。如果楼板必须在两柱之间贯穿，就需要额外的支撑，这通常由承重墙提供。

单向板和梁　**One-Way Slab and Beams**

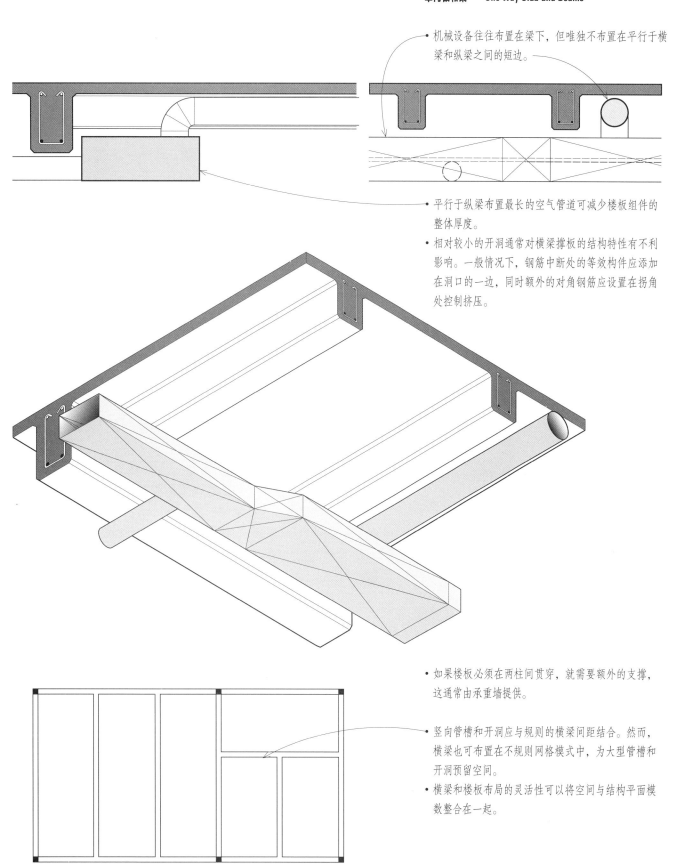

- 机械设备往往布置在梁下，但唯独不布置在平行于横梁和纵梁之间的短边。

- 平行于纵梁布置最长的空气管道可减少楼板组件的整体厚度。

- 相对较小的开洞通常对横梁撑板的结构特性有不利影响。一般情况下，钢筋中断处的等效构件应添加在洞口的一边，同时额外的对角钢筋应设置在拐角处控制挤压。

- 如果楼板必须在两柱间贯穿，就需要额外的支撑，这通常由承重墙提供。

- 竖向管槽和开洞应与规则的横梁间距结合。然而，横梁也可布置在不规则网格模式中，为大型管槽和开洞预留空间。

- 横梁和楼板布局的灵活性可以将空间与结构平面模数整合在一起。

搁栅和井字楼盖   **Joist and Waffle Slabs**

- 机械设备通常布置在搁栅或井字楼盖下。如果搁栅
  或镶板暴露成为天花板饰面，那么机械设备可布置
  在楼板上的活动地板系统中。

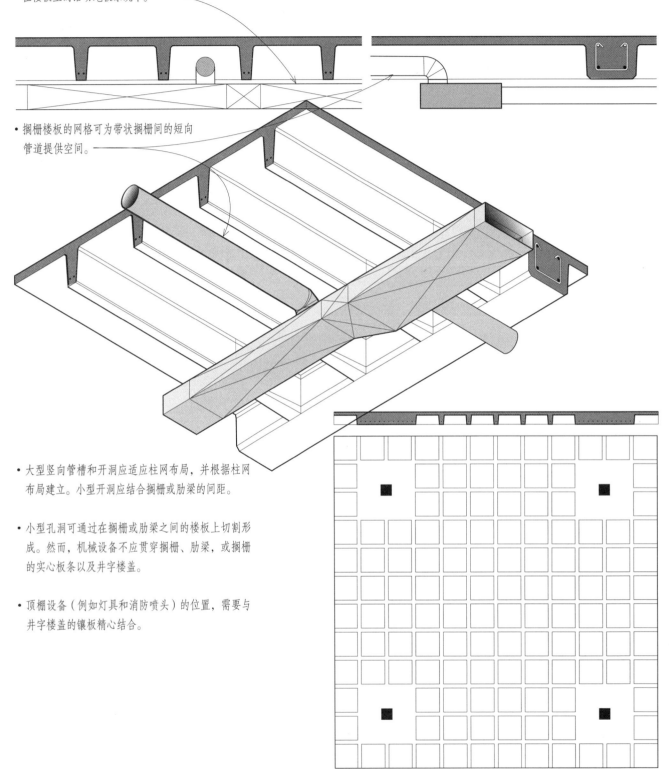

- 搁栅楼板的网格可为带状搁栅间的短向
  管道提供空间。

- 大型竖向管槽和开洞应适应柱网布局，并根据柱网
  布局建立。小型开洞应结合搁栅或肋梁的间距。

- 小型孔洞可通过在搁栅或肋梁之间的楼板上切割形
  成。然而，机械设备不应贯穿搁栅、肋梁，或搁栅
  的实心板条以及井字楼盖。

- 顶棚设备（例如灯具和消防喷头）的位置，需要与
  井字楼盖的镶板精心结合。

预制混凝土板　　Precast Concrete Planks

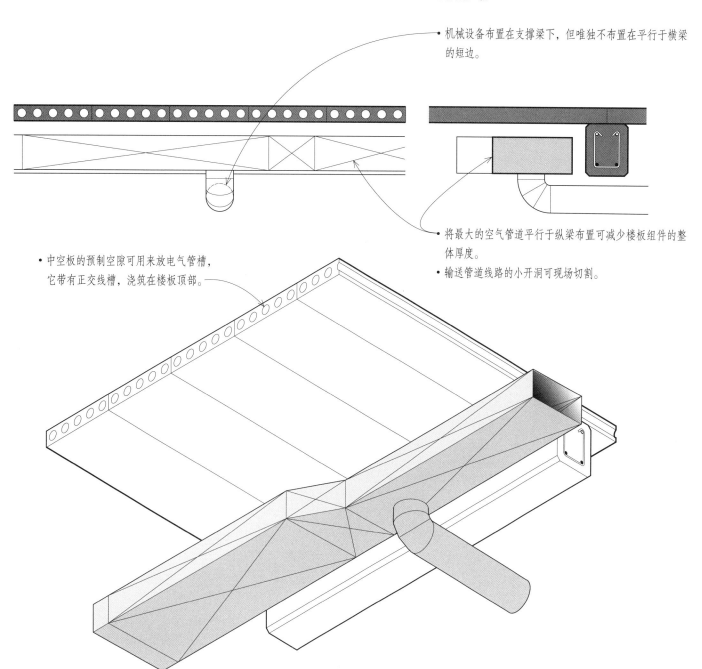

• 机械设备布置在支撑梁下，但唯独不布置在平行于横梁的短边。

• 将最大的空气管道平行于纵梁布置可减少楼板组件的整体厚度。

• 输送管道线路的小开洞可现场切割。

• 中空板的预制空隙可用来放电气管槽，它带有正交线槽，浇筑在楼板顶部。

• 如果混凝土板暴露成为天花板饰面，为了理想的效果，需要额外留心裸露的空气管道如何定位和安装。暴露的板还决定了其表面会密布裸露的线路，并会暴露并不想暴露的水平管道。

• 竖向管槽应与梁间距协调。可以让相邻各板断开着悬挂，来产生单板在开间方向的开洞；更宽的开洞必须支撑在额外的横梁或承重墙上。

钢质结构框架　　**Structural Steel Framing**

• 当钢质横梁和纵梁在同一平面内构建时，空气管道可布置在横梁之间，但必须布置在支撑纵梁下以穿过纵梁。将纵梁布置在横梁之下，虽然可使机械设备越过它，但增加了楼板组件的厚度。

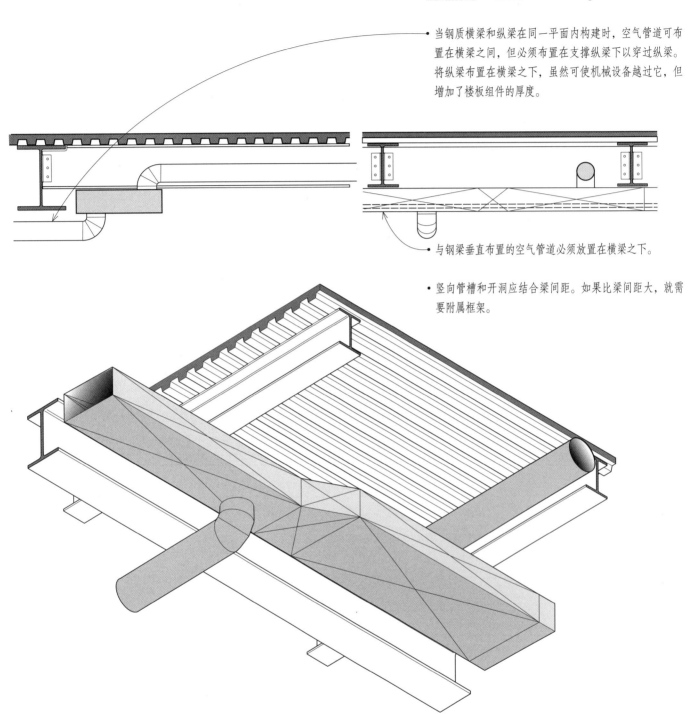

• 与钢梁垂直布置的空气管道必须放置在横梁之下。

• 竖向管槽和开洞应结合梁间距。如果比梁间距大，就需要附属框架。

• 必要时修整加固结构钢梁，为机械设备预留腹板内的空间。定制钢梁同样可收分、加腋、加蜂窝，为机械设备提供空间。参见第 323 页。

梁柱构造   **Post-and-Beam Construction**

- 次梁和工字梁间的面内框架要求空气管道和排水管从工字梁下穿过。
- 垂直于次梁布置的空气管道必须放置在横梁下。

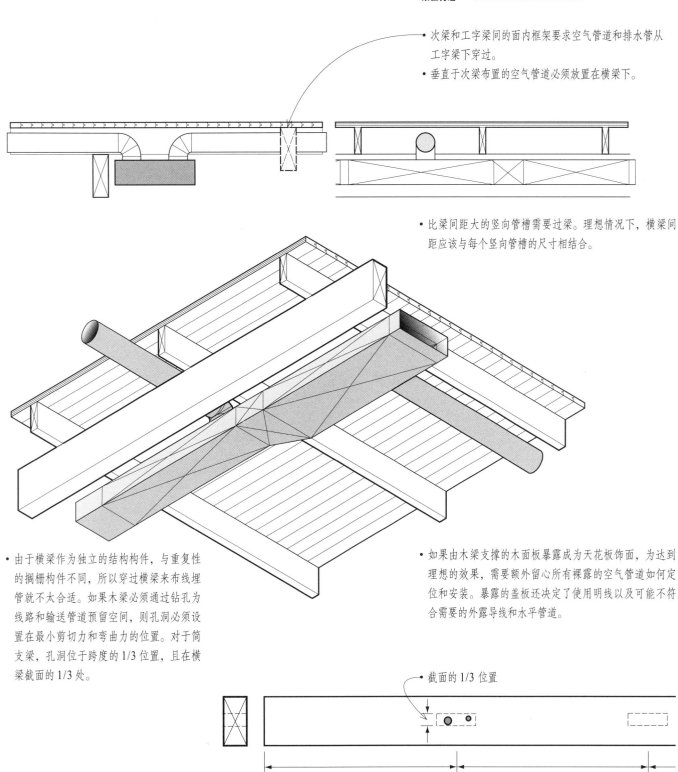

- 比梁间距大的竖向管槽需要过梁。理想情况下，横梁间距应该与每个竖向管槽的尺寸相结合。

- 由于横梁作为独立的结构构件，与重复性的搁栅构件不同，所以穿过横梁来布线埋管就不太合适。如果木梁必须通过钻孔为线路和输送管道预留空间，则孔洞必须设置在最小剪切力和弯曲力的位置。对于简支梁，孔洞位于跨度的 1/3 位置，且在横梁截面的 1/3 处。

- 如果由木梁支撑的木面板暴露成为天花板饰面，为达到理想的效果，需要额外留心所有裸露的空气管道如何定位和安装。暴露的盖板还决定了使用明线以及可能不符合需要的外露导线和水平管道。

       • 截面的 1/3 位置

• 跨度的 1/3 位置

空腹钢搁栅　　*Open-Web Steel Joists*

• 空腹钢搁栅允许机械设备穿过腹板或平行于搁栅通过。

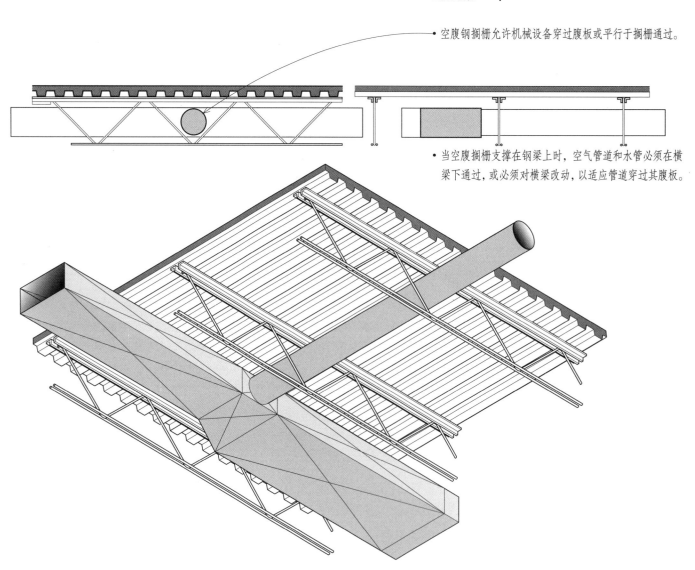

• 当空腹搁栅支撑在钢梁上时，空气管道和水管必须在横梁下通过，或必须对横梁改动，以适应管道穿过其腹板。

• 当机械设备平行于空腹搁栅布置时，如将空腹搁栅支撑在桁架梁上，则可使机械设备穿过纵梁通过。注意，桁架梁往往比承载相同荷载的钢梁截面厚，所以会造成更厚的楼板构造。

• 小型竖向开洞可采用角钢头来固定，由托梁来支撑。然而，大型开洞需要结构用钢材来固定。

轻质框架构造   Light-Frame Construction

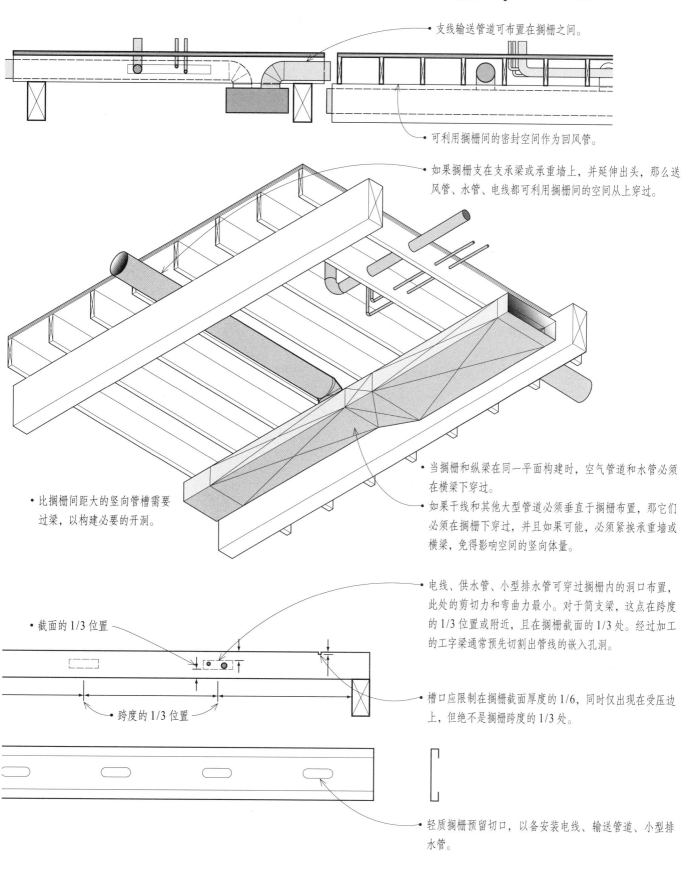

• 支线输送管道可布置在搁栅之间。

• 可利用搁栅间的密封空间作为回风管。

• 如果搁栅支在支承梁或承重墙上,并延伸出头,那么送风管、水管、电线都可利用搁栅间的空间从上穿过。

• 当搁栅和纵梁在同一平面构建时,空气管道和水管必须在横梁下穿过。

• 如果干线和其他大型管道必须垂直于搁栅布置,那它们必须在搁栅下穿过,并且如果可能,必须紧挨承重墙或横梁,免得影响空间的竖向体量。

• 比搁栅间距大的竖向管槽需要过梁,以构建必要的开洞。

• 电线、供水管、小型排水管可穿过搁栅内的洞口布置,此处的剪切力和弯曲力最小。对于简支梁,这点在跨度的 1/3 位置或附近,且在搁栅截面的 1/3 处。经过加工的工字梁通常预先切割出管线的嵌入孔洞。

• 截面的 1/3 位置

• 跨度的 1/3 位置

• 槽口应限制在搁栅截面厚度的 1/6,同时仅出现在受压边上,但绝不是搁栅跨度的 1/3 处。

• 轻质搁栅预留切口,以备安装电线、输送管道、小型排水管。

参考书目

Allen, Edward and Joseph Iano. *The Architect's Studio Companion: Rules of Thumb for Preliminary Design*, 5th Edition. Hoboken, New Jersey: John Wiley and Sons, 2011

Ambrose, James. *Building Structures Primer*. Hoboken, New Jersey: John Wiley and Sons,1981

Ambrose, James. *Building Structures*, 2nd Edition. Hoboken, New Jersey: John Wiley and Sons, 1993

The American Institute of Architects. *Architectural Graphic Standards*, 11th Edition. Hoboken, New Jersey: John Wiley and Sons, 2007

Arnold, Christopher, Richard Eisner, and Eric Elsesser. *Buildings at Risk: Seismic Design Basics for Practicing Architects*. Washington, DC: AIA/ACSA Council on Architectural Research and NHRP (National Hazards Research Program), 1994

Bovill, Carl. *Architectural Design: Integration of Structural and Environmental Systems*. New York: Van Nostrand Reinhold, 1991

Breyer, Donald. *Design of Wood Structures-ASD/LRFD*, 7th Edition. New York: McGraw-Hill, 2013

Charleson, Andrew. *Structure as Architecture–A Source Book for Architects and Structural Engineers*. Amsterdam: Elsevier, 2005

Ching, Francis D. K. *A Visual Dictionary of Architecture*, 2nd Edition. Hoboken, New Jersey: John Wiley and Sons, 2011

Ching, Francis D. K. and Steven Winkel. *Building Codes Illustrated—A Guide to Understanding the 2012 International Building Code*, 4th Edition. Hoboken, New Jersey: John Wiley and Sons, 2012

Ching, Francis D. K. *Building Construction Illustrated*, 4th Edition. Hoboken, New Jersey: John Wiley and Sons, 2008

Ching, Francis D. K. *Architecture—Form, Space, and Order*, 3rd Edition. Hoboken, New Jersey: John Wiley and Sons, 2007

Ching, Francis D. K., Mark Jarzombek, and Vikramaditya Prakash. *A Global History of Architecture*, 2nd Edition. Hoboken, New Jersey: John Wiley and Sons, 2010

Corkill, P. A., H. L. Puderbaugh, and H.K. Sawyers. *Structure and Architectural Design*. Davenport, Iowa: Market Publishing, 1993

Cowan, Henry and Forrest Wilson. *Structural Systems*. New York: Van Nostrand Reinhold, 1981

Crawley, Stan and Delbert Ward. *Seismic and Wind Loads in Architectural Design: An Architect's Study Guide*. Washington, DC: The American Institute of Architects, 1990

Departments of the Army, the Navy and the Air Force. *Seismic Design for Buildings—TM 5-809-10/Navfac P-355*. Washington, DC: 1973

Engel, Heino. *Structure Systems*, 3rd Edition. Germany: Hatje Cantz, 2007

Fischer, Robert, ed. *Engineering for Architecture*. New York: McGraw-Hill, 1980

Fuller Moore. *Understanding Structures*. Boston: McGraw-Hill, 1999

Goetz, Karl-Heinz., et al. *Timber Design and Construction Sourcebook*. New York: McGraw-Hill, 1989

Guise, David. *Design and Technology in Architecture*. Hoboken, New Jersey: John Wiley and Sons, 2000

Hanaor, Ariel. *Principles of Structures*. Cambridge, UK: Wiley-Blackwell, 1998

Hart, F., W. Henn, and H. Sontag. *Multi-Storey Buildings in Steel*. London: Crosby Lockwood and Staples, 1978

Hilson, Barry. *Basic Structural Behaviour—Understanding Structures from Models*. London: Thomas Telford,1993

Howard, H. Seymour, Jr. *Structure—An Architect's Approach*. New York: McGraw-Hill, 1966

Hunt, Tony. *Tony Hunt's Sketchbook*. Oxford, UK: Architectural Press, 1999

Hunt, Tony. *Tony Hunt's Structures Notebook*. Oxford, UK: Architectural Press, 1997

Johnson, Alford, et. al. *Designing with Structural Steel: A Guide for Architects*, 2nd Edition. Chicago: American Institute of Steel Construction, 2002

Kellogg, Richard. *Demonstrating Structural Behavior with Simple Models*. Chicago: Graham Foundation, 1994

Levy, Matthys, and Mario Salvadori. *Why Buildings Fall Down: How Structures Fail*. New York: W.W. Norton & Co., 2002

Lin, T. Y. and Sidney Stotesbury. *Structural Concepts and Systems for Architects and Engineers*. Hoboken, New Jersey: John Wiley and Sons, 1981

Lindeburg, Michael and Kurt M. McMullin. *Seismic Design of Building Structures*, 10th Edition. Belmont, California: Professional Publications, Inc., 1990

Macdonald, Angus. *Structural Design for Architecture*. Oxford, UK: Architectural Press, 1997

McCormac, Jack C. and Stephen F. Csernak. *Structural Steel Design*, 5th Edition. New York: Prentice-Hall, 2011

Millais, Malcolm. *Building Structures—From Concepts to Design*, 2nd Edition. Oxford, UK: Taylor & Francis, 2005

Nilson, Arthur et. al. *Design of Concrete Structures*. 14th Edition. New York: McGraw-Hill, 2009

Onouye, Barry and Kevin Kane. *Statics and Strength of Materials for Architecture and Building Construction*, 4th Edition. New Jersey: Prentice Hall, 2011

Popovic, O. Larsen and A. Tyas. *Conceptual Structural Design: Bridging the Gap Between Architects and Engineers*. London: Thomas Telford Publishing, 2003

Reid, Esmond. *Understanding Buildings—A Multidisciplinary Approach*. Cambridge, Massachusetts: MIT Press, 1984

Salvadori, Mario and Robert Heller. *Structure in Architecture: The Building of Buildings*. New Jersey: Prentice Hall, 1986

Salvadori, Mario. *Why Buildings Stand Up: The Strength of Architecture*. New York: W.W. Norton & Co., 2002

Schodek, Daniel and Martin Bechthold. *Structures*, 6th Edition. New Jersey: Prentice Hall, 2007

Schueller, Wolfgang. *Horizontal Span Building Structures*. Hoboken, New Jersey: John Wiley and Sons, 1983

Schueller, Wolfgang. *The Design of Building Structures*. New Jersey: Prentice Hall, 1996

Siegel, Curt. *Structure and Form in Modern Architecture*. New York: Reinhold Publishing Corporation, 1962

White, Richard and Charles Salmon, eds. *Building Structural Design Handbook*. Hoboken, New Jersey: John Wiley and Sons, 1987

Williams, Alan. *Seismic Design of Buildings and Bridges for Civil and Structural Engineers*. Austin, Texas: Engineering Press, 1998